高职高专建筑智能化工程技术专业系列教材

建筑电气技术

主　编　李秀珍　姜桂林
副主编　张宏军
参　编　李桂丹　英　秀

机械工业出版社

本书采用项目式编写模式，介绍建筑相关领域涉及的电气技术，内容全面，实用性强。

本书共6个学习情境，包括电路及分析、单相及三相正弦交流电路、变压器认知、供配电系统应用、电动机及其控制、电气照明技术。本书可作为高等职业院校建筑设备工程技术、建筑电气工程技术、建筑智能化工程技术、水电站电气设备、消防工程技术、电气自动化技术等专业的教材，也可作为成人教育、中职学校、培训学校的教材及工程技术人员的参考书。

为方便教学，本书还配有免费的电子教学课件、习题参考答案，凡选用本书作为授课教材的教师，可登录机械工业出版社教育服务网（www.cmpedu.com）注册后免费下载，咨询电话：010-88379375。

图书在版编目(CIP)数据

建筑电气技术/李秀珍，姜桂林主编. —北京：机械工业出版社，2020.9（2025.2重印）
高职高专建筑智能化工程技术专业系列教材
ISBN 978-7-111-66251-8

Ⅰ.①建… Ⅱ.①李… ②姜… Ⅲ.①房屋建筑设备-电气设备-高等职业教育-教材 Ⅳ.①TU85

中国版本图书馆CIP数据核字(2020)第140882号

机械工业出版社（北京市百万庄大街22号 邮政编码100037）
策划编辑：高亚云 责任编辑：王宗锋 高亚云
责任校对：樊钟英 封面设计：鞠 杨
责任印制：常天培
固安县铭成印刷有限公司印刷
2025年2月第1版第5次印刷
184mm×260mm · 13印张 · 321千字
标准书号：ISBN 978-7-111-66251-8
定价：39.00元

电话服务	网络服务
客服电话：010-88361066	机 工 官 网：www.cmpbook.com
010-88379833	机 工 官 博：weibo.com/cmp1952
010-68326294	金 书 网：www.golden-book.com
封底无防伪标均为盗版	机工教育服务网：www.cmpedu.com

前　言

近年来，随着经济的发展、技术的进步，高楼大厦不断建成，生活的便利及舒适程度越来越好，这都得益于建筑设备及技术的合理应用，与建筑电气技术密不可分。本书介绍建筑相关领域涉及的电气技术，在编写过程中，注重基础，强调应用，密切联系实际。本书还力求做到通俗易懂，反映建筑电气技术领域的新知识、新技术、新产品。

全书共6个学习情境，包括电路及分析、单相及三相正弦交流电路、变压器认知、供配电系统应用、电动机及其控制、电气照明技术，配合每一学习情境还有思考与练习、技能训练等。参考教学时数为68学时，内容可根据各专业要求和教学时数自行调整。

本书学习情境1及学习情境2的项目2.1由内蒙古建筑职业技术学院姜桂林编写，学习情境2的项目2.2、学习情境3由内蒙古建筑职业技术学院张宏军编写，学习情境4由内蒙古建筑职业技术学院李桂丹编写，学习情境5由内蒙古建筑职业技术学院英秀编写，学习情境6由内蒙古建筑职业技术学院李秀珍编写，李秀珍确定了编写大纲并负责全书的统稿。武尚君教授对本书的内容提出了宝贵意见，在此表示衷心的感谢！

在本书编写过程中，我们参考了许多文献资料，在此谨向有关资料的编著者表示衷心的感谢！

由于编者水平所限，书中难免存在疏漏和不当之处，恳请读者批评指正。

编　者

目 录

学习情境1 电路及分析

电路是电工技术和电子技术的基础，学好电路，特别是掌握电路的分析方法，为后面要学习的变压器认知、供配电系统应用、电动机及其控制及电气照明技术打下坚实的基础。本学习情境主要介绍电路模型和各种电路理想元件，重点掌握电压和电流参考方向的概念、欧姆定律、基尔霍夫电流定律与基尔霍夫电压定律。

项目 1.1 电路的基本概念与基本定律

任务 1.1.1 电路与电路模型

任务导入

为了便于对电路进行分析和计算，常把实际元件加以理想化，这样就产生了电路模型。

任务目标

理解电路模型的基本概念。

电路是电流流通的路径，是为了某种需要由若干电气元件按一定方式组合起来的整体，主要用来实现能量的传输和转换，或实现信号的传递和变换。

电路的结构形式，按所实现的任务不同而多种多样，但无论是哪种电路，均离不开电源、负载和必要的中间环节这三个最基本的组成部分。

电源是提供电能的设备，如发电机、电池、信号源等。

负载指用电设备，如电灯、电动机、空调、冰箱等。

中间环节用于电源与负载相连接，通常是一些连接导线、开关、接触器等辅助设备。

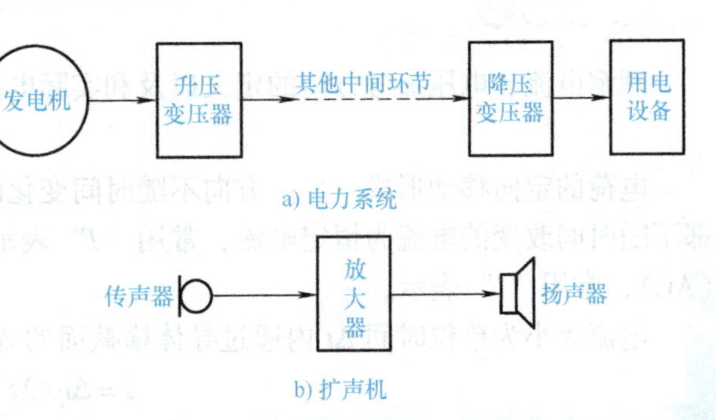

图 1-1 电路在两种典型场合应用示意图

图 1-1 是电路在两种典型场合的应用。图 1-1a 是发电厂的发电机把热能、水能或核能等转换成电能，通过变压器、输电线路等中间环节输送至各用电设备；图 1-1b 通过电路把所接收的信号经过变换（放大）和传递，再由扬声器输出。

无论是电能的传输和转换电路，还是信号的传递和变换电路，其中电源或信号源的电压、电流输入称为激励，它推动电路工作；激励在电路各部分所产生的电压和电流输出称为响应。分析电路，实质就是分析激励和响应之间的关系。

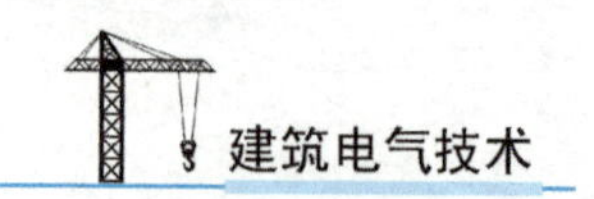

电路分析中常用电流、电压、磁通等物理量来描述其工作过程。然而，实际电路是由电工设备和元器件等组成的，它们的电磁性质较为复杂。因此，对实际电路的分析和计算，需将实际电路元件理想化（或模型化），即在一定条件下突出其主要的电磁性质，忽略次要因素，将它近似地看作理想元件。

如电炉通电后，会产生大量的热（电流的热效应），呈电阻性，同时由于有电流通过还要产生磁场（电流的磁效应），它又呈电感性。但其电感微小，是次要因素，可以忽略，因此可以理想化地认为电炉是一个电阻元件，用一个参数为 R 的电阻元件来表示。

对实际电路分析，可以在一定条件下将实际元器件理想化表示，即将电路中元器件看作理想元件。理想元件组成的电路称为电路模型，简称为电路。这是对实际电路电磁性质的科学抽象和概括。在今后学习中，我们所接触的电阻元件、电感元件、电容元件和电源元件等，若没有特殊说明，均表示理想元件，分别由相应的参数来描述，用规定的图形符号来表示。

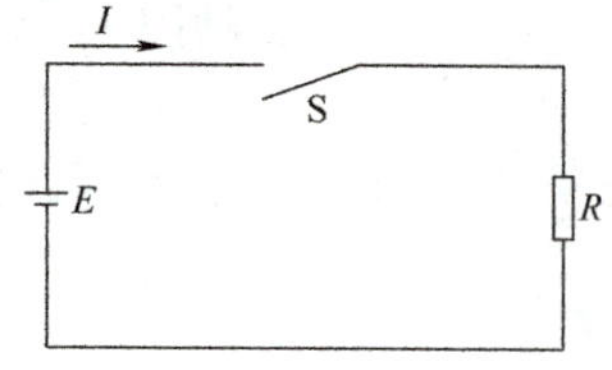

图 1-2　手电筒电路模型

如常用的手电筒，其电路模型如图 1-2 所示。实际电路中灯泡是电阻元件，其参数为电阻 R；干电池是电源元件，其参数为电动势 E（对于干电池，一般在考虑其电动势外，还要考虑其本身的内阻，在本例中，干电池的内阻阻值与灯泡的阻值相比，是次要因素，可忽略不计，故将干电池理想化为无电阻的电源元件）；干电池与灯泡的连接还有筒体和开关，其电阻微小忽略不计，认为是一个无电阻的理想导体。

任务 1.1.2　电流和电压的参考方向

任务导入

为了实际中分析电路方便，需要引入电流和电压参考方向的概念。

任务目标

理解电流和电压参考方向的定义以及和实际电流电压的关系。

1. 电流

电荷的定向移动形成电流。方向不随时间变化的电流称为直流电流（DC），大小、方向都不随时间改变的电流为恒定电流，常用“I”表示；方向随时间变化的电流称为交流电流（AC），常用“i”表示。

电流大小为单位时间 Δt 内通过导体横截面的 Δq，即

$$i=\Delta q/\Delta t$$

对于直流电流 I，其大小为

$$I=Q/t$$

式中，Δq、Q 为通过导体横截面的电量（C）；Δt、t 为时间（s）。

国际单位制中，电流的单位是安［培］，符号为“A”。常用单位还有千安（kA）、毫安（mA）、微安（μA）等，其换算关系为

$$1\text{A}=10^{-3}\text{kA}=10^{3}\text{mA}=10^{6}\mu\text{A}$$

电流的实际方向规定为正电荷定向移动的方向。然而，在分析较为复杂电路时，往往很难

知道电流的实际流动方向，特别是交流电路，由于电流的实际方向随时间变化，其实际方向难以在电路中标注。因此，引入了电流“参考方向”的概念，这是分析和计算电路的基础。

电流的参考方向是指在分析与计算电路时，任意假定某一个方向作为电流的参考方向。当所假定的电流方向与实际方向一致时，电流为正值（$I>0$）；若所假定的电流方向与实际方向不一致，则电流为负值（$I<0$）。

2. 电压

电场力把单位正电荷 Q 从 A 点移动到 B 点所做的功 W_{AB} 称为 A、B 两点间的电压。电压也分为直流电压和交流电压，通常用字母“U”或“u”表示，即

$$U_{AB}=W_{AB}/Q$$

电压的国际单位是伏［特］，符号为“V”。常用单位还有千伏（kV）、毫伏（mV）、微伏（μV）等，其换算关系为

$$1V=10^{-3}kV=10^{3}mV=10^{6}\mu V$$

电压的实际方向规定为正电荷在电场中的受力方向。电压的参考方向和电流的参考方向一样，可以任意指定，分析电路时，假定某一方向为参考方向，若所假定的电压参考方向与实际方向一致，则电压为正值（$U>0$）；若电压参考方向与实际方向不一致，则电压为负值（$U<0$）。

在电路中所标注的电流、电压方向，通常均为参考方向，它们的值为正还是负，与所假定的参考方向有关，如图 1-3 和图 1-4 所示。

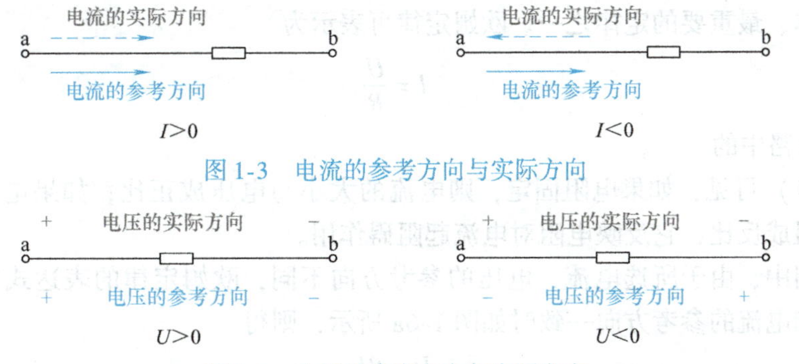

图 1-3　电流的参考方向与实际方向

图 1-4　电压的参考方向与实际方向

电压的参考方向除可以用“+”“−”极性表示外，还可以用双下标、实线箭头表示。如 a、b 两点间的电压 U_{ab}，它的参考方向是由 a 指向 b，即 a 点的参考极性为“+”，b 点的参考极性为“−”；若参考方向选为 b 指向 a，则为 U_{ba}，$U_{ba}=-U_{ab}$。

电流的参考方向用箭头标注，也可用双下标表示。如 I_{ab} 表示电流的参考方向是由 a 点流向 b 点。

课后练习

1. 图 1-5a 中，已知 $U_{ab}=-6V$，a，b 哪点电位高？
2. 图 1-5b 中，以 b 点为电位参考点，求其他两点的电位。
3. 图 1-5c 中，$U_1=-4V$，$U_2=-2V$，求 $U_{ab}=$？

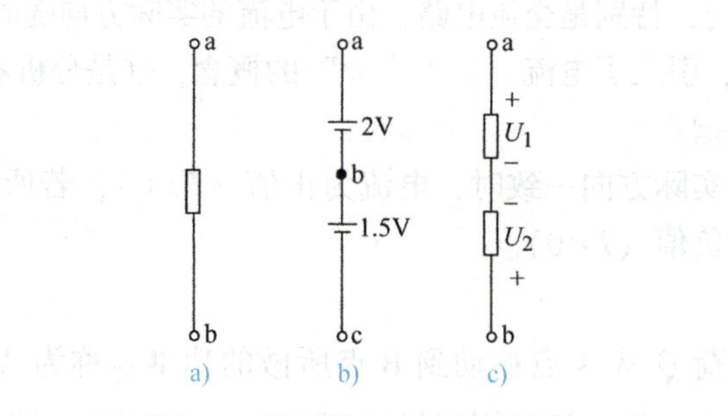

图 1-5　课后练习 1、2、3 电路

任务 1.1.3　欧姆定律

随着电压和电流参考方向的引入，欧姆定律的表述形式会略有不同。

任务目标

理解电流和电压不同的参考方向下欧姆定律的表述。

1. 欧姆定律

流过电阻的电流与电阻两端的电压成正比，这是欧姆定律的基本内容。欧姆定律是电路分析中最基本、最重要的定律之一。欧姆定律可表示为

$$I = \frac{U}{R} \tag{1-1}$$

式中，R 为电路中的电阻。

由式(1-1) 可见，如果电阻固定，则电流的大小与电压成正比；如果电压固定，电流的大小与电阻成反比，它反映电阻对电流起阻碍作用。

在电路图中，由于所选电流、电压的参考方向不同，欧姆定律的表达式中可带有正负号，当电压和电流的参考方向一致时如图 1-6a 所示，则得

$$U = RI \tag{1-2}$$

当电压和电流的参考方向不一致时，如图 1-6b、c 所示，则得

$$U = -RI \tag{1-3}$$

式(1-2) 和式(1-3) 中的正、负号是由于选取的电压和电流的参考方向不同而得出的，此外还应注意电压、电流其值本身也有正值和负值之分。

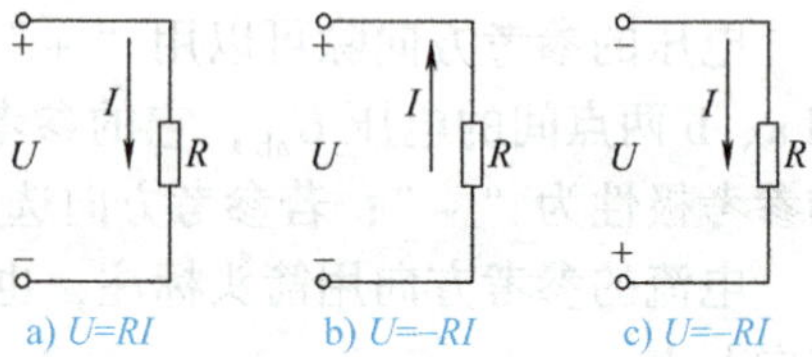

a) $U=RI$　　b) $U=-RI$　　c) $U=-RI$

图 1-6　欧姆定律

电阻的国际单位是欧［姆］(Ω)。当电路两端的电压为 1V 时，流过的电流是 1A，则该段电路的电阻阻值为 1Ω。电阻的单位除欧［姆］(Ω) 外，常用的还有千欧 (kΩ)、兆欧 (MΩ) 等，它们的换算关系为

$$1\text{k}\Omega = 1000\Omega = 10^3\Omega$$

$$1\text{M}\Omega = 1000\text{k}\Omega = 10^6\Omega$$

电阻的倒数（$1/R$）称为电导，用 G 表示，它的国际单位为西［门子］（S）。在电流、电压参考方向一致时，欧姆定律也可表示为

$$I = GU \tag{1-4}$$

2. 伏安特性

欧姆定律是德国物理学家欧姆于 1826 年采用实验的方法得到的。式(1-1) 中表示了电流与电压的正比关系。欧姆定律中电阻的伏安特性同样也采用实验的方法测得，它表示两端的电压与流过电流的关系，以电压为横坐标、电流为纵坐标时，电阻的特性曲线是一条经过原点的直线，如图 1-7 所示，具有该特性的电阻称为线性电阻；U 与 I 之间不具有图 1-7 所示关系的，称为非线性电阻，如在本书后面所要介绍的二极管，其伏安特性曲线为一曲线（见图 1-8），表明二极管的正向电阻为非线性电阻。本书中未特殊说明的电阻均为线性电阻。

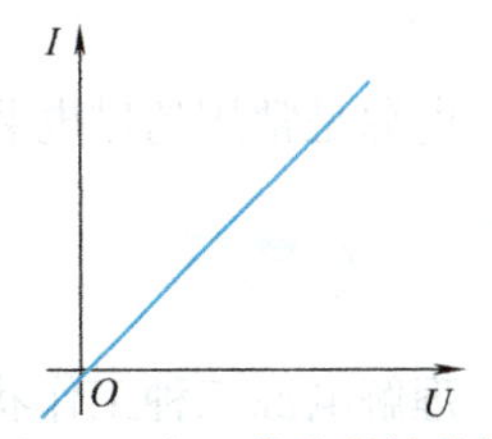

图 1-7 电阻伏安特性曲线

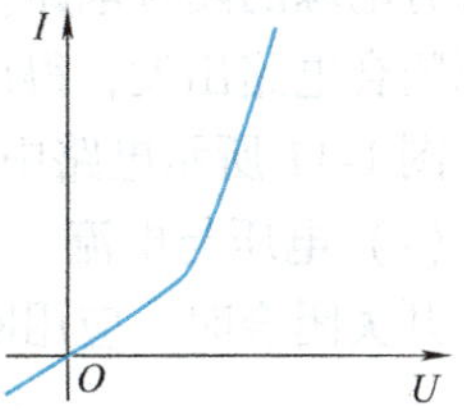

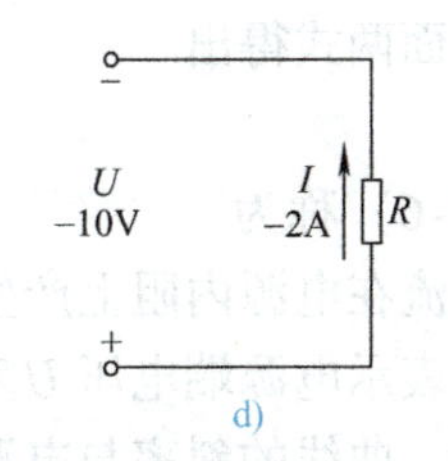

图 1-8 二极管伏安特性曲线

应该指出的是，欧姆定律只适用于线性电阻。

【例 1-1】 如图 1-9 所示的电路，试应用欧姆定律求电路中的电阻 R。

【解】 图 1-9a：$R = U/I = (10/2)\Omega = 5\Omega$

图 1-9b：$R = -U/I = [-10/(-2)]\Omega = 5\Omega$

图 1-9c：$R = -U/I = [-(-10)/2]\Omega = 5\Omega$

图 1-9d：$R = U/I = [(-10)/(-2)]\Omega = 5\Omega$

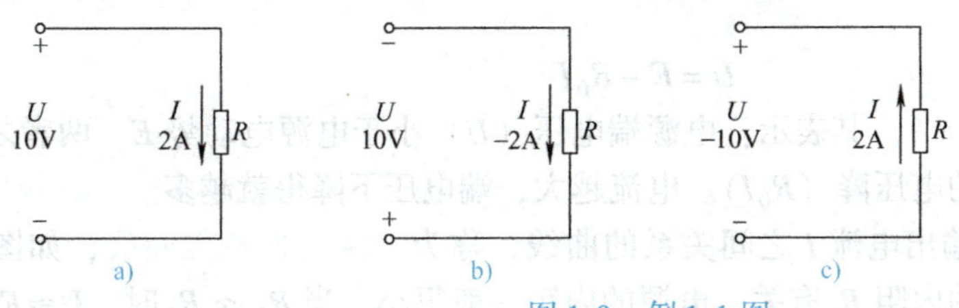

图 1-9 例 1-1 图

课后练习

计算图 1-10 中的各待求量。

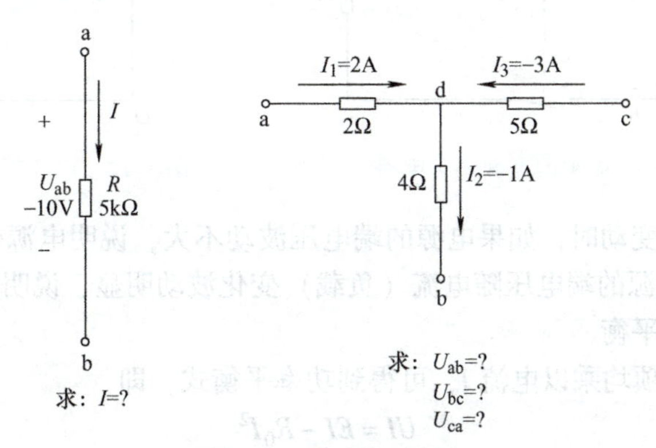

图 1-10 课后练习电路

任务 1.1.4　电源有载工作、开路与短路

任务导入

电源是常用的供电装置，熟练掌握电源的工作状态有助于正确地分析和求解电路。

任务目标

理解电源三种工作状态的特点。

1. 电源有载工作

前面主要介绍了不含电源的一段电阻电路（见图 1-6），而实际分析、应用的电路往往是含有电源的闭合电路。图 1-11 所示电路是一个简单的有源闭合电路，下面从这个简单的有源闭合电路出发，得出电源有载工作电路的常规分析方法。

图 1-11 所示电路中，R_L为负载电阻，R_0为电源内阻，E 为电源电动势。

（1）电压与电流

开关闭合时，应用欧姆定律得到电路中的电流为

$$I = \frac{E}{R_0 + R_L} \tag{1-5}$$

负载电阻两端的电压为

$$U = R_L I$$

由上面两式得出

$$U = E - R_0 I \tag{1-6}$$

式(1-6) 称为全电路欧姆定律，其表示：电源端电压（U）小于电源电动势 E，两者之差等于电流在电源内阻上产生的电压降（$R_0 I$）。电流越大，端电压下降得就越多。

表示电源端电压 U 和输出电流 I 之间关系的曲线，称为电源的外特性曲线，如图 1-12 所示。曲线的斜率与电源的内阻 R_0有关。电源的内阻一般很小，当 $R_0 \ll R_L$时，$U \approx E$。

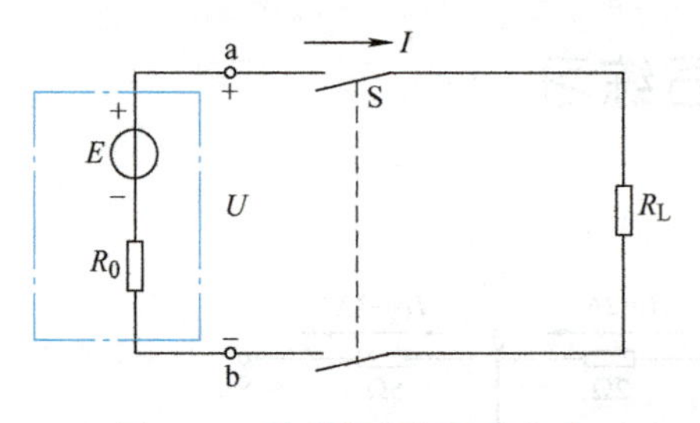

图 1-11　简单的有源闭合电路

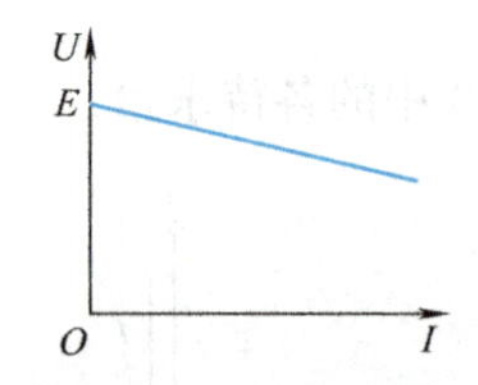

图 1-12　电源外特性曲线

当电流（负载）变动时，如果电源的端电压波动不大，说明电源带负载能力强。反之，当 R_0不能忽略时，电源的端电压随电流（负载）变化波动明显，说明它带负载能力弱。

（2）功率与功率平衡

对式(1-6) 的各项均乘以电流 I，可得到功率平衡式，即

$$UI = EI - R_0 I^2 \tag{1-7}$$

$$P = P_E - \Delta P$$

式中，$P_E=EI$，是电源产生的功率；$\Delta P=R_0I^2$，是电源内阻损耗的功率；$P=UI$，是电源输出的功率。

在国际单位制中，功率的单位是瓦［特］（W），常用的还有千瓦（kW）、兆瓦（MW）等。

【例1-2】 在图1-11所示的电路中，已知电源电动势$E=220V$，内阻$R_0=10\Omega$，负载$R_L=100\Omega$，求：（1）电路电流I；（2）电源端电压U；（3）负载上的电压降；（4）电源内阻上的电压降。

【解】 （1）由式(1-5)得 $I=\dfrac{E}{R_0+R_L}=\dfrac{220}{10+100}A=2A$

（2）电源端电压 $U=E-R_0I=(220-10\times2)V=200V$

（3）负载上的电压降 $R_LI=100\times2V=200V$

（4）电源内阻电压降 $R_0I=10\times2V=20V$

【例1-3】 图1-13所示电路中，已知$U=200V$，$I=5A$，内阻$R_{01}=R_{02}=0.5\Omega$。（1）求电源的电动势E_1和负载反电动势E_2；（2）试说明功率的平衡。

【解】 （1）求电源电动势E_1和负载反电动势E_2

由 $U=E_1-\Delta U_1=E_1-R_{01}I$，得

$E_1=U+R_{01}I=(200+0.5\times5)V=202.5V$

由 $U=E_2+\Delta U_2=E_2+R_{02}I$，得

$E_2=U-R_{02}I=(200-0.5\times5)V=197.5V$

（2）验证功率的平衡

由（1）可知

$$E_1=E_2+R_{01}I+R_{02}I$$

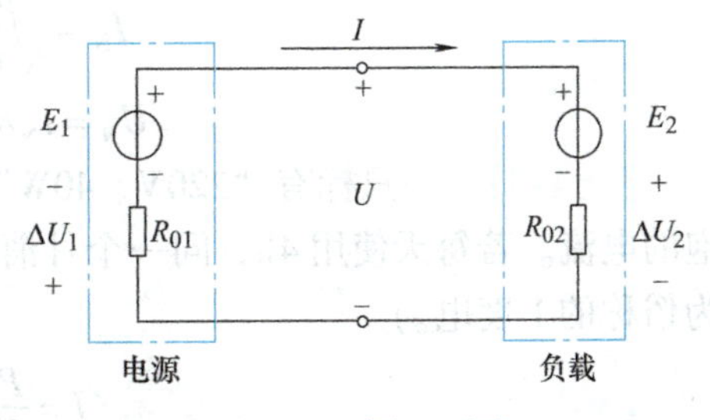

图1-13 例1-3图

等号两边同乘以I，则得

$$E_1I=E_2I+R_{01}I^2+R_{02}I^2$$

$$202.5\times5W=(197.5\times5+0.5\times5^2+0.5\times5^2)W$$

$$1012.5W=(987.5+12.5+12.5)W$$

其中，$E_1I=1012.5W$，是电源产生的功率；

$E_2I=987.5W$，是负载消耗的功率；

$R_{01}I^2=12.5W$，是电源内阻上损耗的功率；

$R_{02}I^2=12.5W$，是负载内阻上损耗的功率。

综上所述，可见在一个电路中，电源产生的功率和负载消耗的功率及内阻的损耗功率是平衡的。

（3）电气设备的额定值

通常负载（例如电灯、电动机等用电设备）都是并联运行的。由于电源的端电压是基本不变的，所以负载两端的电压也是基本不变的。电源带负载运行时，总希望整个电路运行正常、安全可靠，然而随着电源所带负载的增加，负载吸收电源的功率增大，即电源输出的总功率和总电流会相应增加。这说明电源输出的功率和电流取决于其所带负载的大小。从电路可靠正常运行角度讲，电气设备也不是在任何电压、电流下均可正常工作，其运行状态受其绝缘强度和耐热性能等自身因素决定。那么有没有一个最合适的数值呢？要回答这个问

题，必须了解电气设备的额定值的意义。

到商店去买灯泡，我们会告诉售货员这盏灯是多少瓦（功率），是照明用、冰箱用还是其他场合用的（电压等级）。每一个电气设备都有一个正常条件下运行而规定的正常允许值，这是由电气设备生产厂家根据其使用寿命与所用材料的耐热性能、绝缘强度等标注的，这就是该设备的额定值。电气设备的额定值常标注在铭牌上或写在说明书中，我们在使用中要充分考虑额定值。

如一只灯泡，标有电压220V、功率100W，这就是它的额定值，表示这只灯泡的额定电压是220V、额定功率是100W，在使用时就不会接到380V的电源上。

电气设备的额定值常有：额定电压、额定电流和额定功率等，分别用 U_N、I_N 和 P_N 表示。不能将额定值与实际值等同，例如前面所说的额定电压为220V、额定功率为100W的灯泡，在使用时，接到了220V的电源上，但电源电压经常波动，稍高于或低于220V，这样灯泡的实际功率就不会正好等于其额定值100W了。所以，电气设备在使用时，电压、电流和功率的实际值不一定等于它们的额定值。

【例1-4】 有一只额定值为5W、500Ω的线绕电阻，求其额定电流 I_N 和额定电压 U_N。

【解】

$$I_N=\sqrt{\frac{P_N}{R_N}}=\sqrt{\frac{5}{500}}\text{A}=0.1\text{A}$$

$$U_N=I_NR_N=0.1\times500\text{V}=50\text{V}$$

【例1-5】 一只标有“220V、40W”的灯泡，试求它在正常工作条件下的电阻和通过灯泡的电流。若每天使用4h，问一个月消耗多少度的电能？（一个月按30天计算，1kW·h即为俗称的1度电。）

【解】

$$I=\frac{P}{U}=\frac{40}{220}\text{A}=0.182\text{A}$$

$$R=\frac{U}{I}=\frac{220}{0.182}\Omega=1210\Omega \text{ 或 } R=\frac{U^2}{P}=1210\Omega$$

$$W=Pt=40\times(4\times30)\text{W}\cdot\text{h}=0.04\times120\text{kW}\cdot\text{h}=4.8\text{kW}\cdot\text{h}$$

所以，灯泡的电阻为1210Ω；通过灯泡的电流为0.182A；一个月耗电4.8度。

2. 电源开路

图1-14所示电路中，当开关S断开时，就称电路处于开路状态。开路时，电源没有带负载，所以又称电源处于空载状态。电路开路，相当于电源负载为无穷大，因此电路中电流为零。无电流，电源内阻就没有压降（ΔU）损耗，因此电源的端电压 U 等于电源电动势 E，电源也不输出电能。

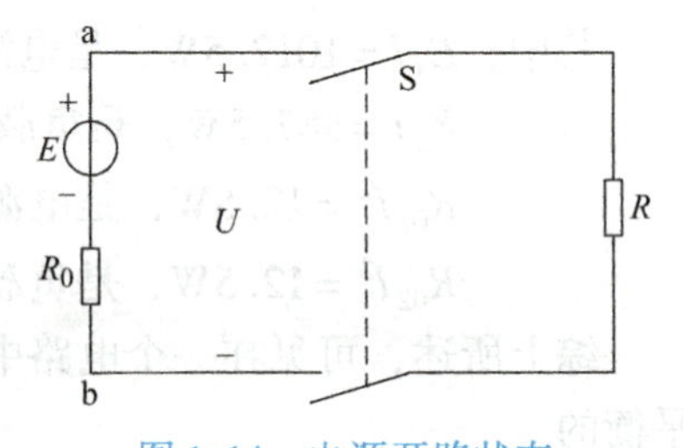

图1-14 电源开路状态

电路开路时外电阻视为无穷大，电路开路时的特征可表示为

$$\left.\begin{array}{l}I=0\\U=E\\P=0\end{array}\right\}\tag{1-8}$$

3. 电源短路

图1-15所示电路中，电源的两端由于某种原因被电阻值接近为零的导体连接在一起，

电源就处于短路状态。

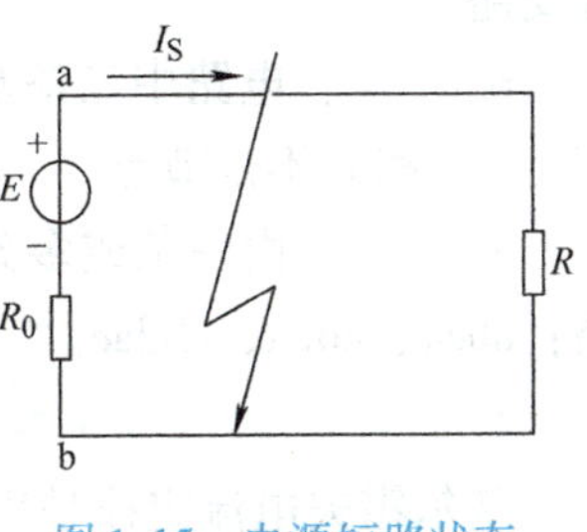

图 1-15 电源短路状态

电源短路状态下，外电阻可视为零，电源端电压也为零，电流不经过负载，电流回路中仅有很小的电源内阻 R_0。此回路中的电流很大，这个电流称为短路电流，用 I_S 表示。

电源短路时的特征可表示为

$$\left.\begin{aligned} &U=0\\ &I=I_S=\frac{E}{R_0}\\ &P_E=\Delta P=R_0I_S^2\\ &P=0 \end{aligned}\right\} \tag{1-9}$$

电源处于短路状态，其危害性是很大的，它会使电源或其他电气设备因严重发热而烧毁，因此应该积极预防并在电路中增加安全保护措施。

造成电源短路的原因主要有：绝缘损坏或接线不当，因此在实际工作中要经常检查电气设备线路的绝缘情况。此外，在电源侧接入熔断器和断路器，当发生短路时，能迅速切断故障电路，防止电气设备的进一步损坏。

课后练习

1. 什么是电路的开路状态、短路状态、空载状态、过载状态、满载状态？

2. 电气设备额定值的含义什么？

3. 一只白炽灯标有“220V、100W”，将它接到 110V 电源上时，其实际消耗的功率为多少？

4. 图 1-16 所示电路中，已知 $E=100\text{V}$，$R_0=10\Omega$，负载电阻 $R_L=100\Omega$，问开关处于 1、2、3 位置时电压表和电流表的读数分别是多少？

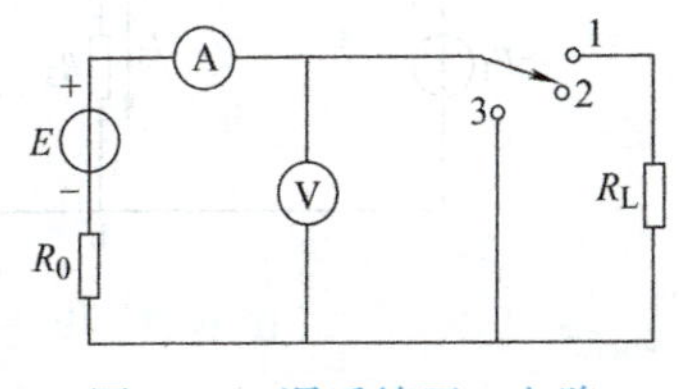

图 1-16 课后练习 4 电路

任务 1.1.5 基尔霍夫定律

任务导入

基尔霍夫定律包括基尔霍夫电流定律和基尔霍夫电压定律，主要用以描述电路中电流和电压的约束关系。

任务目标

理解基尔霍夫定律的实质并熟练掌握其应用。

欧姆定律是电路分析与计算的基础。除了欧姆定律，电路分析与计算还离不开基尔霍夫电流定律和基尔霍夫电压定律。基尔霍夫电流定律应用于对电路节点的分析，基尔霍夫电压定律应用于对电路回路的分析。

就图 1-17 电路，介绍支路、节点和回路的概念。

a. 支路：简单地说，电路中通过同一电流的分支称为支路。图 1-17 所示电路中有 acb、

adb 和 ab 三条支路。其中，acb、adb 支路中有电源，叫含源支路；ab 支路中无电源，叫无源支路。

b. 节点：电路中三条及三条以上支路的连接点叫节点。图 1-17 电路中，共有 a、b 两个节点，c 和 d 不是节点。

c. 回路：由一条或多条支路组成的闭合路径叫回路。在图 1-17 电路中，共有三个回路：abca、adba、cbdac。

1. 基尔霍夫电流定律（KCL）

基尔霍夫电流定律是用来确定连接在同一节点上的各个支路电流之间的关系。

“电路中任何一个节点，所有支路电流的代数和等于零”，这就是基尔霍夫电流定律的基本内容。电流的正负号通常规定为：参考方向指向节点的电流取正号，背离节点的电流取负号。

例如，图 1-17 所示电路中节点 a（见图 1-18）流经的电流可以表示为

$$I_1 + I_2 = I_3 \tag{1-10}$$

或将式(1-10) 表示为

$$I_1 + I_2 - I_3 = 0$$

即

$$\sum I = 0 \tag{1-11}$$

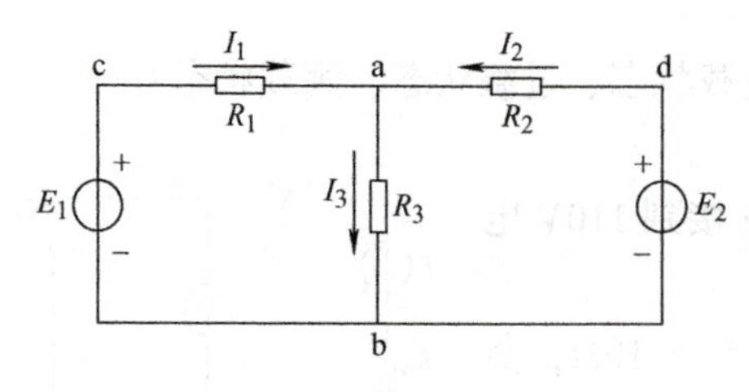

图 1-17　电路举例

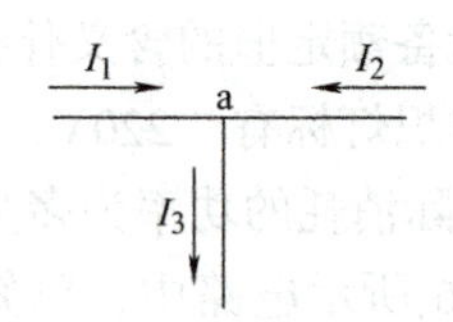

图 1-18　基尔霍夫电流定律

从上面的分析可知，基尔霍夫电流定律也可描述为：任何时刻，流入任一节点的支路电流等于流出该节点的支路电流。

基尔霍夫电流定律也可推广应用于包围几个节点的闭合面，图 1-19 所示电路中，闭合面 S 内有三个节点 A，B，C。

由基尔霍夫电流定律可列出

$$I_A = I_{AB} - I_{CA}$$
$$I_B = I_{BC} - I_{AB}$$
$$I_C = I_{CA} - I_{BC}$$

上面三式相加，得

$$I_A + I_B + I_C = 0$$

即

$$\sum I = 0$$

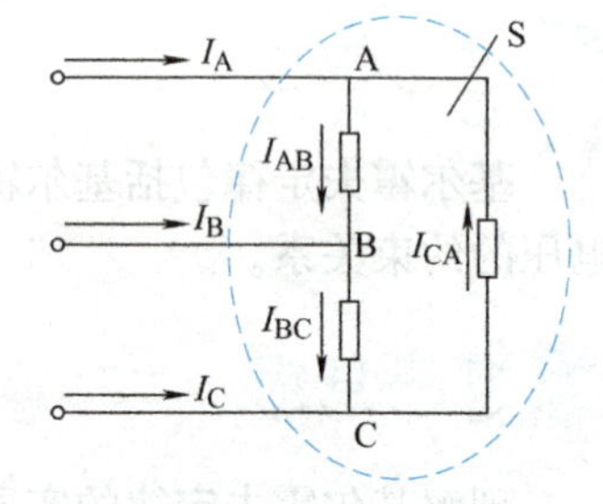

图 1-19　KCL 的推广应用

可见在任一时刻，通过任何一个闭合面的电流代数和也恒为零。它表示着流入闭合面的电流和流出闭合面的电流是相等的。基尔霍夫电流定律体现了电流的连续性。

2. 基尔霍夫电压定律（KVL）

基尔霍夫电压定律用来确定回路中的各段电压间的关系。“在任一回路中，从任何一点以顺时针或逆时针方向沿回路循行一周，则所有支路或元件电压的代数和等于零”，这就是基尔霍夫电压定律的基本内容。为了应用 KVL，必须指定回路的参考方向，当电压的参考方向与回路的参考方向一致时带正号，反之为负号。

例如，图 1-20 中的回路 cadbc，回路中电源电动势、电流和各段电压的参考方向均已标出。按虚线所示的回路参考方向可列出方程式：

$$U_{bc}+U_{ca}+U_{ad}+U_{db}=0$$

即
$$U_1+U_2+U_3+U_4=0$$

也就是
$$\sum U=0 \tag{1-12}$$

图 1-20 所示回路是由电动势和电阻构成的，因此式(1-12) 也可表示为

$$E+R_1I_1+R_2I_2+R_3I_2=0$$

或
$$E=-R_1I_1-R_2I_2-R_3I_2$$

即
$$\sum E=\sum(RI) \tag{1-13}$$

式(1-13) 表示：任一回路内，电阻上电压的代数和等于电源电动势的代数和。电动势正负号的选定通常规定为参考方向与所选回路循行方向相反时取正号，一致时取负号；电流的参考方向与所选回路循行方向一致时，电阻上电压降取负号，相反时电压降取正号。

基尔霍夫电压定律不仅适用于闭合回路，也可以推广应用到回路的部分电路，用于求回路中的开路电压。例如图 1-21 电路，求 U_{ab}。

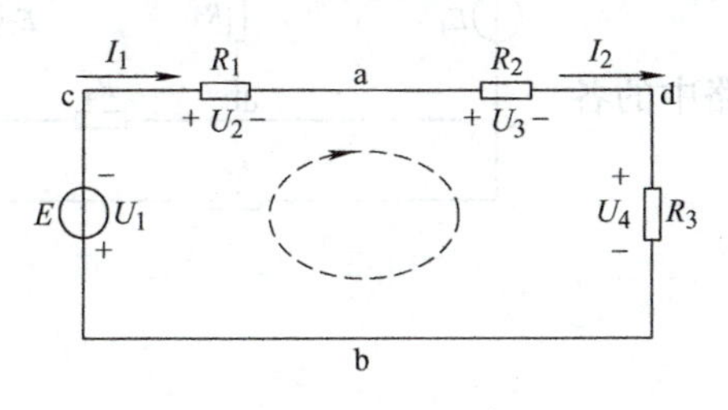

图 1-20　电路举例

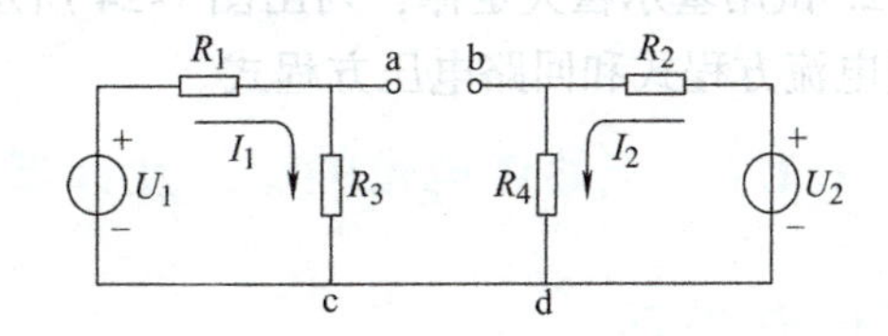

图 1-21　举例电路

因为

$$I_1=\frac{U_1}{R_1+R_3},\ I_2=\frac{U_2}{R_2+R_4}$$

对回路 acdb，由基尔霍夫电压定律得

$$U_{ab}+I_2R_4-I_1R_3=0$$

则
$$U_{ab}=I_1R_3-I_2R_4$$

【例 1-6】 如图 1-22 所示电路中，已知 $I_a=1\text{mA}$，$I_b=10\text{mA}$，$I_c=2\text{mA}$，求电流 I_d。

【解】 根据基尔霍夫电流定律的推广应用，流入闭合回路（见点画线框）的电流代数和为零，即

$$I_a+I_b+I_c+I_d=0$$

所以，
$$I_d=-(I_a+I_b+I_c)=-(1+10+2)\text{mA}=-13\text{mA}$$

【例 1-7】 如图 1-23 闭合回路中，各支路的元件是任意的，已知：$U_{ab}=10\text{V}$，$U_{bc}=-6\text{V}$，

$U_{da}=-5V$。求：U_{cd}和U_{ca}。

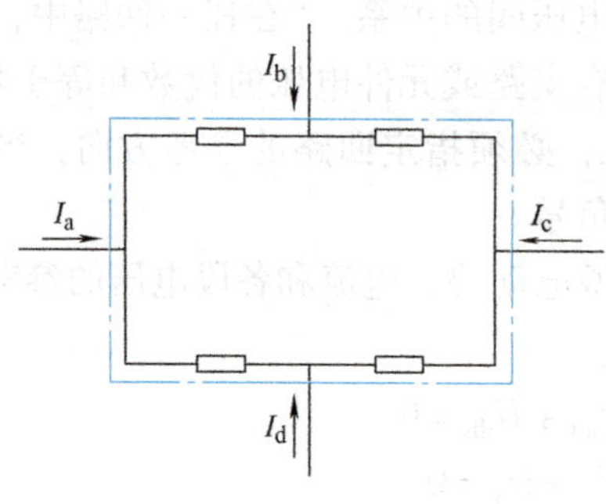

图 1-22　例 1-6 的电路

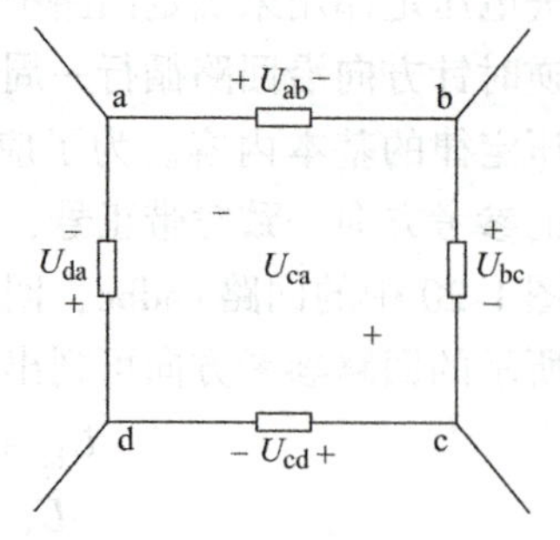

图 1-23　例 1-7 的电路

【解】 由 KVL 可列出下式：

$$U_{ab}+U_{bc}+U_{cd}+U_{da}=0$$

得

$$U_{cd}=-U_{ab}-U_{bc}-U_{da}=[-10-(-6)-(-5)]V=1V$$

由 KVL 得

$$U_{ab}+U_{bc}+U_{ca}=0$$

则

$$U_{ca}=[-10-(-6)]V=-4V$$

课后练习

1. 简述基尔霍夫电流定律和基尔霍夫电压定律的基本内容。

2. 试用基尔霍夫定律，列出图 1-24 所示电路中的各节点电流方程式和回路电压方程式。

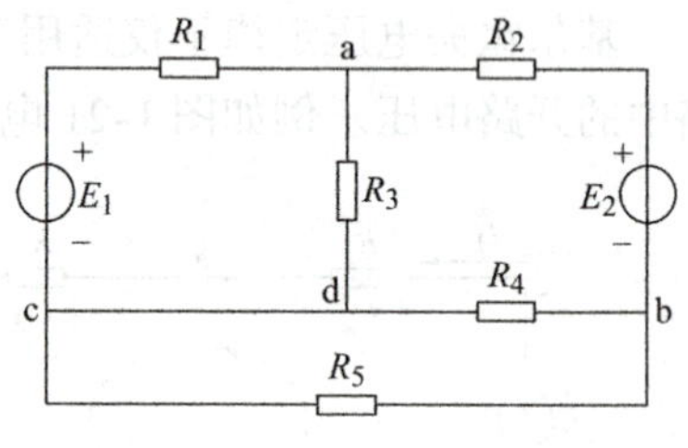

图 1-24　课后练习 2 电路

任务 1.1.6　电路中电位的概念及计算

任务导入

电位是一个相对概念，分析电位时需先选定参考点。电路中某点电位即为该点到参考点的电压，两点间的电位差即为两点间电压。

任务目标

理解电位的概念，会计算电路中某点电位。

在中学物理课程中我们已经学习了电位的概念。我们知道两点间的电压就是两点间的电位差。讲某点电位为多少，必须以某一点的电位作为参考电位，否则是无意义的。

电工学对电位的描述是这样的：在电路中指定某点为参考点，规定其电位为零，电路中其他点与参考点之间的电压，称为该点的电位，用“V”或“v”表示。

参考点可任意指定，但通常选择大地、接地点或电器设备的机壳为参考点，电路分析中常选择多条支路的连接点为参考点。

下面以图 1-25 所示电路为例，学习电路中电位的概念及计算。

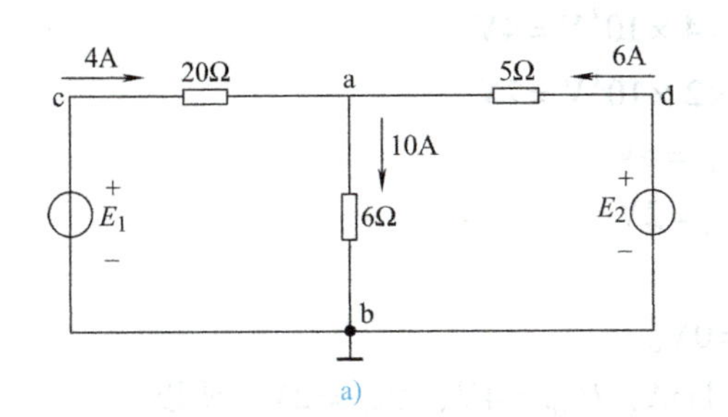

a)

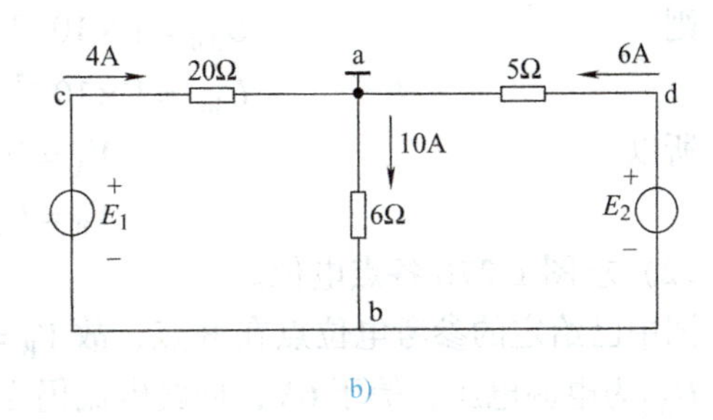

b)

图 1-25 电路举例

图 1-25a 所示电路：选择 b 点作为参考点，则 $V_b = 0V$

$$V_a - V_b = U_{ab} \to V_a = U_{ab} = 6 \times 10V = 60V$$

$$V_c - V_b = U_{cb} \to V_c = U_{cb} = (20 \times 4 + 10 \times 6)V = 140V$$

$$V_d - V_b = U_{db} \to V_d = U_{db} = (5 \times 6 + 10 \times 6)V = 90V$$

图 1-25b 所示电路：选择 a 点作为参考点，则 $V_a = 0V$

同理可得

$$V_b = -60V$$

$$V_c = 80V$$

$$V_d = 30V$$

从图 1-25 所示电路可以看出：尽管电路中各点的电位与参考点的选取有关，但任意两点间的电压值（即电位差）是不变的。在图 1-25a、b 电路中，a ~ d 四个点的电位值随参考点不同而不同，但 a 点电位比 b 点高 60V、比 c 点和 d 点分别低 80V 和 30V，是相同的。所以电位的高低是相对的，而两点间的电压值是绝对的。

电路中参考点被选定后，电路常可不画电源部分，端点标以电位值。图 1-25a 所示电路可简化为图 1-26a、b 所示电路。

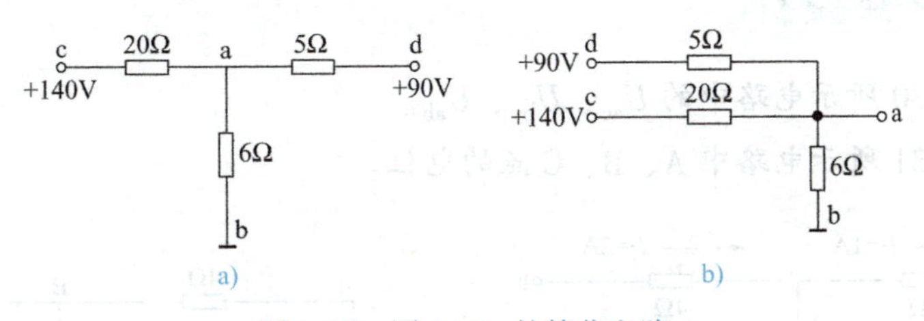

图 1-26 图 1-25a 的简化电路

【例 1-8】 计算图 1-27 所示电路中 A、B、C 各点的电位。

【解】 (1) 求图 1-27a 各点电位。

图中已给定的参考电位点为 C 点，故 $V_c = 0V$。

由欧姆定律得回路电流为

$$I = \frac{U}{R} = \frac{6}{4+2} mA = 1mA$$

式中，$U = U_{AC}$，为电源电压，6V；R 为两个串联电阻之和。

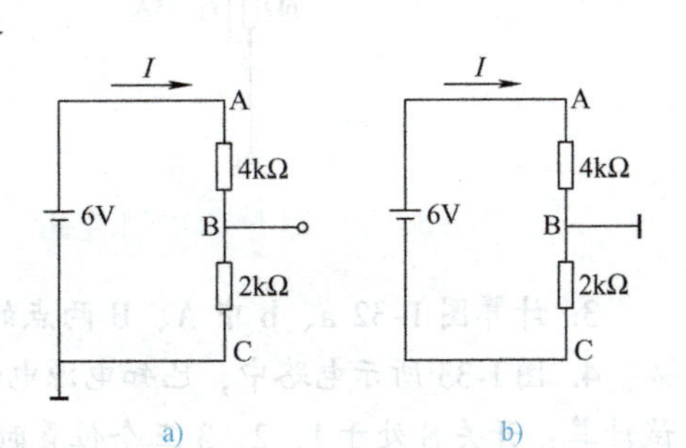

图 1-27 例 1-8 电路

则
$$U_{AB}=1\times10^{-3}\times4\times10^{3}V=4V$$
$$U_{BC}=1\times10^{-3}\times2\times10^{3}V=2V$$
所以
$$V_A=U_{AC}=6V$$
$$V_B=U_{BC}=2V$$
（2）求图1-27b各点电位。

图中已给定的参考电位点在B点，故 $V_B=0V$。

U_{AC}为电源电压，等于6V；回路电流仍为1mA；$U_{AB}=4V$，$U_{BC}=2V$，所以
$$V_A=U_{AB}=4V$$
$$V_C=-U_{BC}=-2V$$

课后练习

1. 请叙述电位、电位差及电压的概念与关系。
2. 求图1-28所示电路中A点的电位。
3. 求图1-29中开关S断开和闭合两种状态下A点电位。

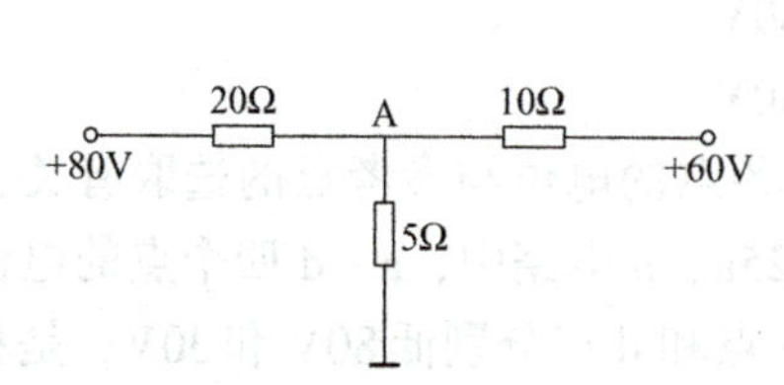

图1-28　课后练习2电路

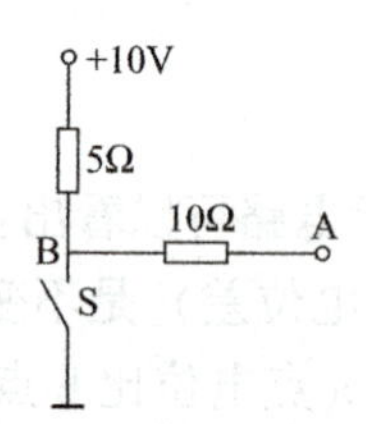

图1-29　课后练习3电路

思考与练习1

1. 计算图1-30所示电路中的U_{ac}、U_{bc}、U_{ab}。
2. 计算图1-31所示电路中A、B、C点的电位。

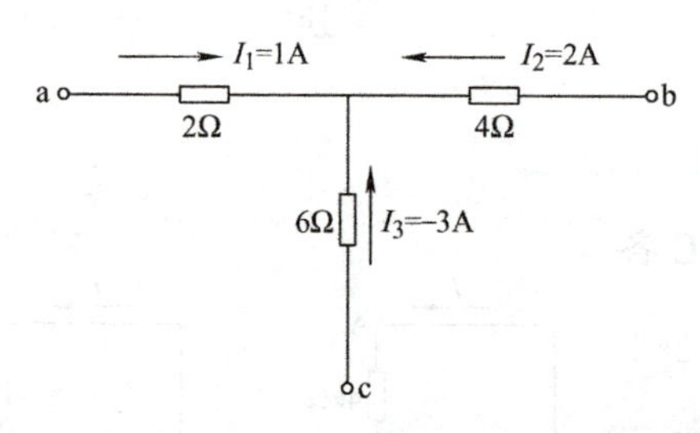

图1-30　思考与练习1电路

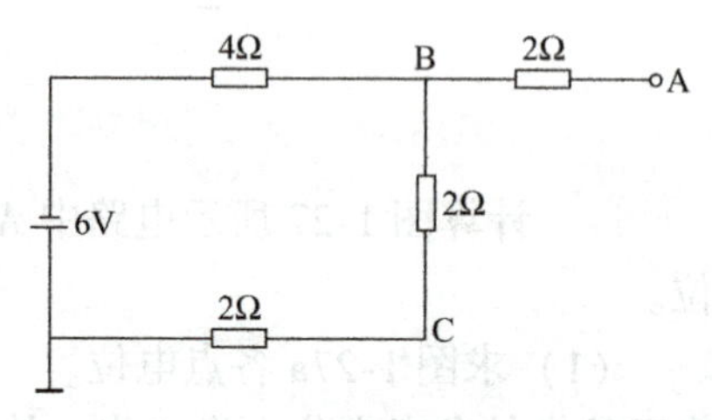

图1-31　思考与练习2电路

3. 计算图1-32a、b中A、B两点的电位。

4. 图1-33所示电路中，已知电源电动势$E=12V$，其内阻$R_0=0.2\Omega$，负载电阻$R_L=10\Omega$，试计算：开关S处于1、2、3三个位置时，（1）电路电流I；（2）电源端电压；（3）负载上的电压降；（4）电源内阻上的电压降。

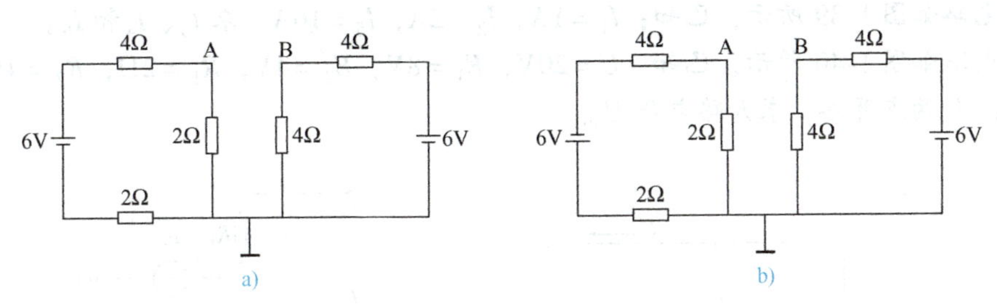

图 1-32　思考与练习 3 电路

5. 图 1-34 所示电路中，已知电源外特性曲线如图 1-35 所示，求：(1) 电源电动势 E 及内阻 R_0；(2) 负载电阻 R_L 上的电流；(3) 负载电阻 R_L 及内阻 R_0 消耗的功率。(已知 $R_L = 10\Omega$)

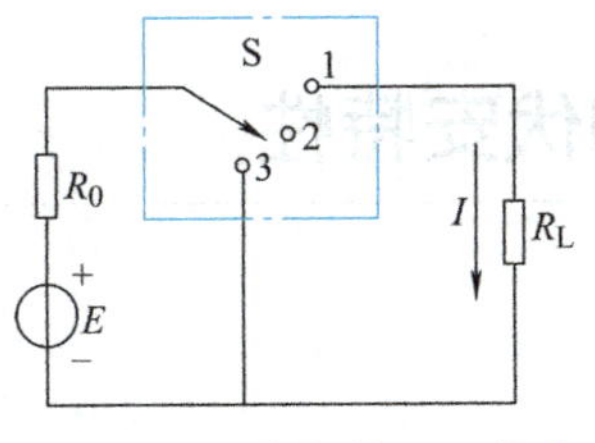

图 1-33　思考与练习 4 电路

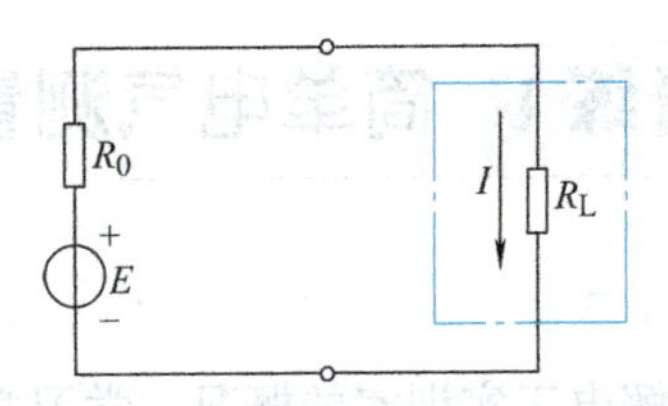

图 1-34　思考与练习 5 电路

6. 若上题中，电源外特性曲线如图 1-36 所示，电路负载电阻值不变，则负载电流和消耗功率为多少？

7. 已知电源外特性曲线如图 1-37 所示，求电路模型。

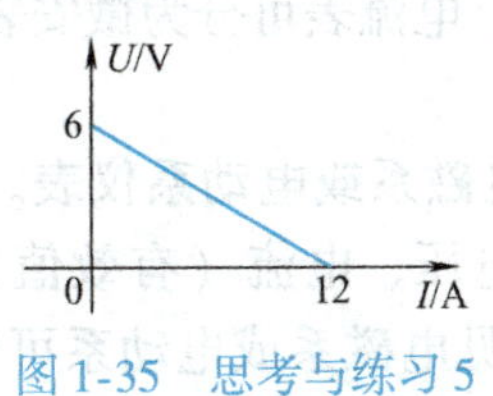

图 1-35　思考与练习 5
电源外特性曲线

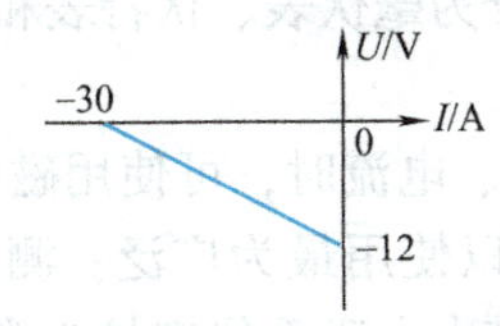

图 1-36　思考与练习 6
电源外特性曲线

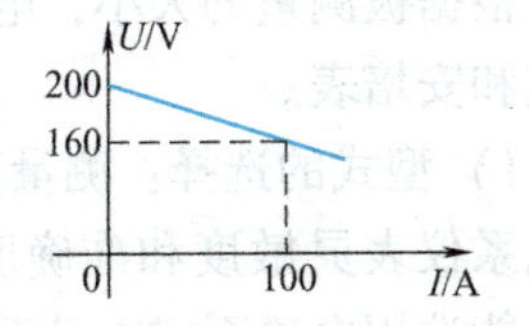

图 1-37　思考与练习 7
电源外特性曲线

8. 一输电线路的电阻为 2Ω，输送的功率 1000kW，用 400V 的电压送电，输电线路因发热产生的功率损耗是多少？若采用 6kV 电压送电，则输电线路的热损耗为多少？

9. 有一只标有“220V、60W”的白炽灯，欲接到 400V 的直流电源上工作，需串联多大阻值的电阻？其规格如何？

10. 电路如图 1-38 所示，求 I、U_{ab}。

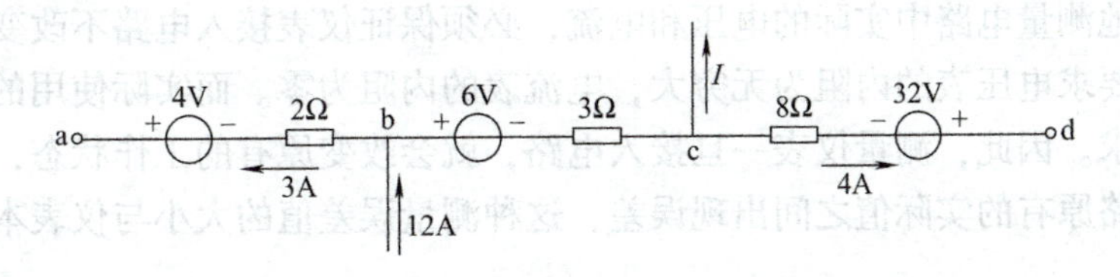

图 1-38　思考与练习 10 电路

11. 电路如图1-39所示，已知：$I_1=1A$，$I_2=2A$，$I_5=16A$，求I_3、I_4和I_6。

12. 电路如图1-40所示，已知：$U=20V$，$E_1=8V$，$E_2=4V$，$R_1=2\Omega$，$R_2=4\Omega$，$R_3=5\Omega$，设a、b两点开路，求开路电压U_{ab}。

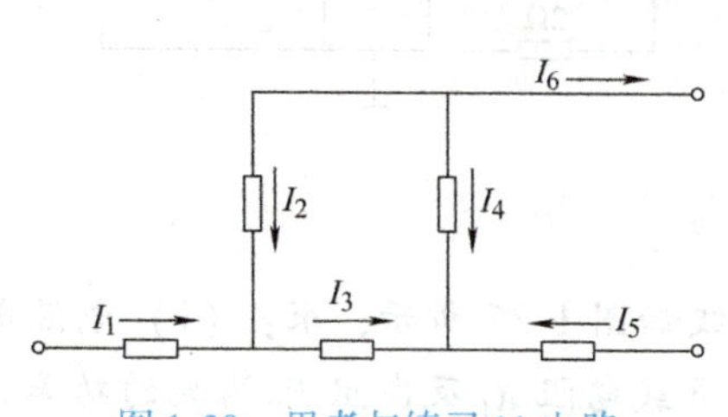

图1-39　思考与练习11电路

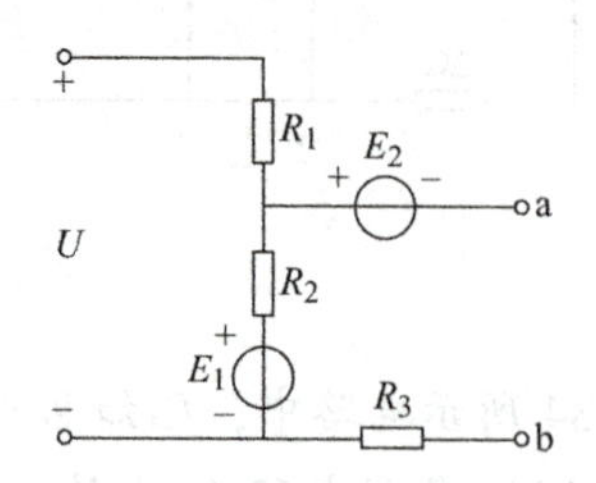

图1-40　思考与练习12电路

技能训练1　简单电气测量及组件的伏安特性

1. 实训目的

1）了解电工实训室的概况，学习学生实训规则。

2）掌握线性组件伏安特性的测试方法。

3）学习电压表、电流表、万用表及稳压电源的使用方法。

2. 电压表、电流表、万用表及稳压电源的使用

（1）电压表、电流表的使用说明

根据被测量的大小，电压表可分为毫伏表、伏特表和千伏表；电流表可分为微安表、毫安表和安培表。

1）型式的选择：测量直流电压、电流时，可使用磁电系、电磁系或电动系仪表。由于磁电系仪表灵敏度和准确度高，所以使用最为广泛；测量交流电压、电流（有效值）时，则只能选用电磁系或电动系仪表，其中电磁系仪表较为常用。可见电磁系或电动系可以交、直流两用。整流系仪表用以测量周期电压、电流的平均值。

2）接线方法：电压表必须并接在被测电压的两端；电流表必须串接到被测量的电路中。使用磁电系仪表测量直流量时，还应注意仪表接线端钮上的“+”“−”极性标记，应和被测两点的高低电位相一致，不能接错，否则指针会反转，并会损坏仪表。

3）量程的选择：选择电压表（电流表）量程时，应使所选量程大于被测电压（电流）的值，以免损坏仪表。此外，在选择量程时还应注意使指针尽可能接近满标值，最好让仪表工作在不小于满标值的三分之二的区域，以提高测量的准确度。

为了准确地测量电路中实际的电压和电流，必须保证仪表接入电路不改变被测电路的工作状态。这就要求电压表的内阻为无穷大，电流表的内阻为零。而实际使用的电工仪表都不能满足上述要求。因此，测量仪表一旦接入电路，就会改变原有的工作状态，这就导致仪表的读数值与电路原有的实际值之间出现误差，这种测量误差值的大小与仪表本身内阻值的大小密切相关。

(2) 万用表的使用方法

万用表可测量多种电量，虽然精度不高，但是使用简单，携带方便，特别适用于检查线路和修理电气设备。万用表有磁电系（指针式）和数字式两种。常用指针式万用表的面板如图 1-41 所示。

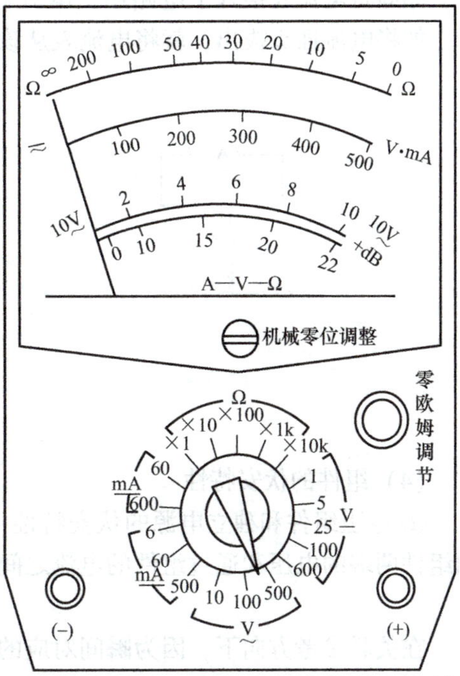

1）端钮（或插孔）选择要正确：

① 万用表一般配有红、黑两种颜色的表笔，面板上也有红、黑两色端钮或标有“+”“-”极性的插孔。使用时应将红表笔接红色端钮或插入标有“+”号的插孔内，黑表笔接黑色端钮或插入标有“-”号的插孔内。

② 测量电流与电压的方法与一般电表相同，即测电流时串接于电路，测电压时并接于电路。测量直流时要注意正负极性，红表笔接正极，黑表笔接负极。

图 1-41　指针式万用表面板

2）转换开关位置选择要正确：

① 根据测量对象，将转换开关转至需要的位置上。例如测量电流，转换开关转至相应的电流档；测量电压，转换开关转至相应的电压档。**应注意**，*严禁在带电测量时旋转转换开关；严禁带电测电阻。*

② 合理选择量程。测量电压或电流时，应使被测量的值落在量程的$\frac{1}{2}\sim\frac{2}{3}$范围内；测量电阻时，测量值应尽量落在欧姆档中心值的0.1～10倍范围内。这样，读数比较准确。

3）进行机械调零和欧姆调零：

用万用表测量前，应通过面板上的调零螺钉进行机械调零，以保证测量的准确性。

在测量电阻时，每转换一次量程时，都要进行欧姆调零。方法是将两根表笔短接，如指针不在$R=0$的位置上，则调整面板上的“零欧姆调节”旋钮，使指针指零，如果这种方法不能使指针指零，则说明表中所用电池的电压不足，应更换新电池。

4）结束测量：

测量完毕，将转换开关转至交流电压档最大量程位置上或旋至“OFF”档。

数字式万用表与磁电系（指针式）万用表比较，测量精度较高，测量范围较大，此外，还可检查二极管的导电性能，并能测量晶体管的电流放大系数h_{FE}（即$\bar{\beta}$）和检查线路通断。

需要说明的是，万用表面板上的“+”端是接至内部电池的负极上的，而“-”端是接至内部电池的正极上的。

(3) 电流插座和插头的使用

实验箱的各实验电路中，提供有多个独立的电流插座，其符号如图 1-42a 所示。它主要用在有多个支路的电流需要测量时，以减少电流表的用量。当需要测量某一支路电流时，可利用串联在被测电流支路上的电流插座，将与一个电流表相连接的电流插头插入电流插座中，亦即将电流表接入了电路中，电流就流经电流表而测得所需支路电流，如图 1-42b 所示。如将电流插头拔出，就将电流表从该支路中取出，而该支路经过电流插口仍保持导通。

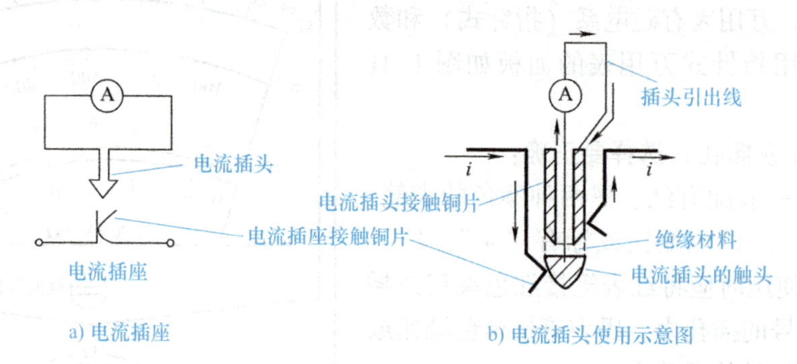

图 1-42　电流插头示意图

（4）组件的伏安特性

① 电阻组件和独立电源的伏安特性可用电压表、电流表来测定。二端组件的特性，可用组件两端的电压和通过组件的电流之间的关系来表示。这种关系称为组件的伏安特性。即

$$u = iR$$

在关联参考方向下，因为瞬间对应的电压和电流同时存在，可以得出电压、电流值。将电压和电流分别作为直角坐标系的纵轴和横轴，就可画出其伏安特性曲线。因 R 不随电压和电流变化，所以线性组件的伏安特性曲线是通过坐标原点的直线。

② 电压源的伏安特性

理想电压源：其端电压与其流过的电流大小无关，即内阻为零。

实际电压源：有内阻，即　　$U = U_s - R_s I$

③ 电流源的伏安特性

理想电流源：电流固定不变，其内阻无穷大。

实际电流源：可用理想电流源和一电导来表示。

3. 预习要求

1）复习教材中的相关内容，阅读电工技术实训导论、实训报告要求，了解如何进行电工实训、安全规程及应注意的问题。

2）阅读实训指导书，了解实训原理和内容步骤。

3）参见本次实训的原理与说明，了解电气仪表的使用方法。

4. 仪器设备

直流稳压电源、万用表、直流电压表、直流电流毫（微）安表各一只，可变电阻器一个，电阻若干，导线若干，电路实验板一块。

5. 实训内容与步骤

1）电阻组件伏安特性的测定。设计一个测试电路，如图 1-43 所示，确认无误后，接直流稳压电源，缓慢调节电源，分别读出电压表和电流表的值，填入表 1-1 内，之后画出伏安特性曲线。

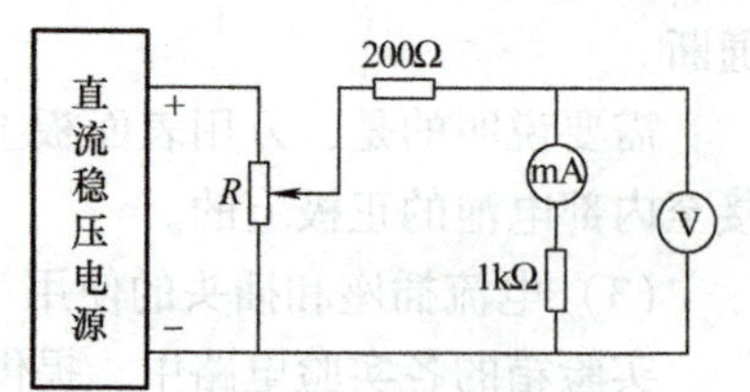

图 1-43　伏安特性测定电路

表 1-1 伏安特性测定数据（一）

U/V	2	3	4	5	6	7
I/mA						

2）按电压源模型电路图接线，R_s 为内阻，检查无误后通电测量。调节可变电阻器，改变其电流值，并将读出的电压值填入表 1-2 内。

表 1-2 伏安特性测定数据（二）

I/mA	0	10	20	30	40	50	60
U/V							

3）测量电阻值。用万用表不同欧姆档测出电路实验板上的各电阻值，填入表 1-3 中，并计算相对误差。注意万用表使用前先调零。

表 1-3 测量电阻值

电阻值	$R_1(200\Omega)$	$R_2(1k\Omega)$	$R_3(200\Omega)$
实测电阻值			
选择量程			
相对误差			

6. 报告要求

按实训要求列出测量值，并得出相应的结论。

技能训练 2 基尔霍夫定律

1. 实训目的

1）验证基尔霍夫定律。

2）学会测定电路的开路电压与短路电流，加深对参考方向的理解。

2. 实训原理

1）基尔霍夫定律是电路理论中最基本也是最重要的定律之一。它概括了集总电路中电流和电压分别应遵循的基本规律。

基尔霍夫电流定律（KCL）：在集总电路中，任何时刻，对任一节点，所有支路的电流代数和恒等于零。即

$$\sum i = 0$$

基尔霍夫电压定律（KVL）：在集总电路中，任何时刻，沿任一回路，所有支路的电压代数和恒等于零。即

$$\sum u = 0$$

2）参考方向：电路中，我们往往不知道某一组件两端电压的真实极性或流过电流的真实流向，只有预先假定一个方向，这就是参考方向。在测量或计算中，如果得出某一组件两端电压的极性或电流的流向与参考方向相同，则把该电压值或电流值取为正，否则把该电压

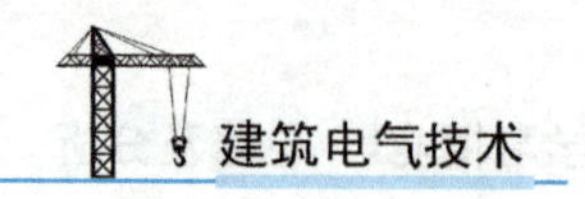

值或电流值取为负。

3. 预习要求

1）复习教材中的相关部分。

2）阅读实验指导书，了解实训理论和内容步骤。

4. 实训仪器

直流稳压电源一个，直流电压表一只，直流电流表三只（可用万用表替代），电阻若干，导线若干，电路实验板一块。

5. 实训内容与步骤

（1）测定及计算支路电流和电压

1）根据图 1-44，先设定支路电流 I_1、I_2、I_3和回路电流的参考方向。

2）根据参考方向计算出各电流值及电压值。

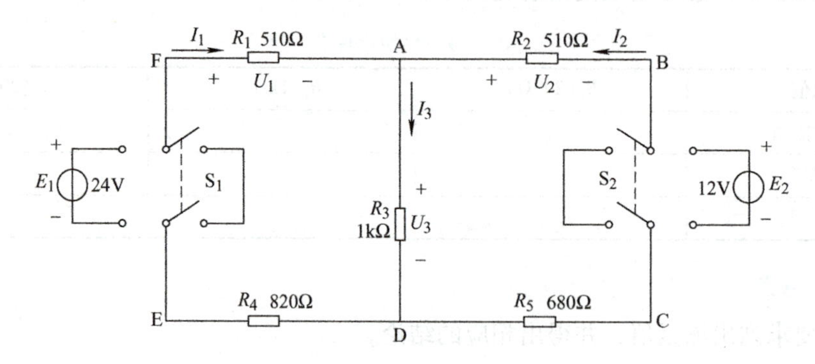

图 1-44　基尔霍夫定律验证电路

（2）基尔霍夫电流定律（KCL）的验证

将电流表串入相应的支路，选择大量程，调整接法，测量出相应的值，填入表 1-4 中。

表 1-4　测量电流值

电　流	计算值/mA	测量值/mA	误差（%）
I_1			
I_2			
I_3			

（3）基尔霍夫电压定律（KVL）的验证

在图 1-44 中，用万用表依次读出回路 ABCDEFA 的支路电压 U_{AB}、U_{BC}、U_{CD}、U_{DE}、U_{EF}、U_{FA}以及回路 ABCDA 的支路电压 U_{AB}、U_{BC}、U_{CD}、U_{DA}，并把计算值和测量值填入表 1-5 中。

表 1-5　测量电压值

	U_{AB}	U_{BC}	U_{CD}	U_{DE}	U_{EF}	U_{FA}	U_{DA}	$\sum U$(ABCDEFA 回路)	$\sum U$(ABCDA 回路)
计算值/V									
测量值/V									
误差（%）									

6. 注意事项

1）使用指针式仪表时应注意极性，并注意其测量量程。

2）改接电路时，一定要切断电源，确认无误后，再通电。

3）测量的电压和电流，应根据假定的参考方向，分别标上相应的正、负号。

7. 报告要求

按实训要求列出测量值，并得出相应的结论。

项目 1.2 电路的分析

根据实际的需要，电路的结构形式多种多样。最简单的电路只有一个回路，称之为单回路电路。对于含有多个回路的电路，若能用串、并联的方法化简为单回路的电路，这种电路就是简单电路；反之，则为复杂电路。

应用欧姆定律和基尔霍夫定律分析电路与计算，当电路较复杂时，计算过程就极为繁琐。因此，要根据电路结构的特点来寻找分析与计算的简便方法。本项目以电阻电路为例简要地讨论几种常用的电路分析方法，如等效变换、支路电流法、节点电压法、叠加定理、戴维南定理等。

任务 1.2.1 电阻串并联连接的等效变换

任务导入

在分析电路时，常将电路进行等效，从而简化电路。本学习任务讨论串联、并联电路的等效变换。

任务目标

掌握串联电路及并联电路的变换原理与方法。

在电路中，电阻的连接形式是多种多样的，其中最简单和最常用的是串联和并联。

1. 电阻的串联

电路中有两个或两个以上的电阻一个接一个地顺序相连，并且在这些电阻中通过同一电流，这种连接方式叫作电阻的串联。图 1-45a 所示是两个电阻串联的电路。电阻串联电路有如下特点：

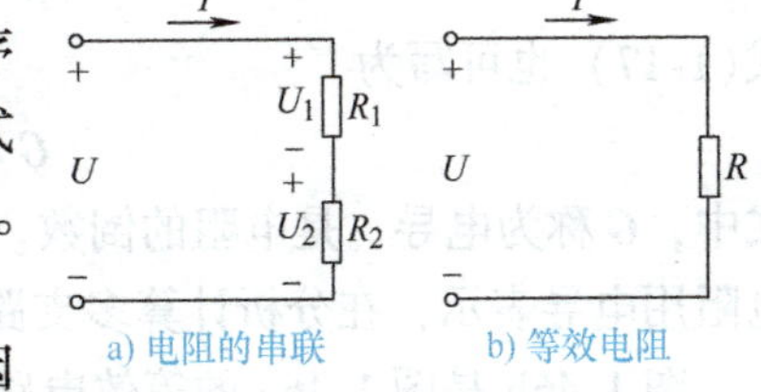

图 1-45 两电阻串联

1）串联电路中流过每个电阻的电流都相等。这是因为在电压 U 作用下，整个闭合回路都有电流流过，由于串联电路没有分支而只有唯一通路，电荷不会在电路中任一地方堆积，所以在相同时间内通过电路任意截面的电荷必然相等，也就是各串联电阻中流过的电流相同。

2）电路两端的总电压等于各电阻两端的电压之和，即

$$U = U_1 + U_2 + U_3 + \cdots + U_n \tag{1-14}$$

在图 1-45a 中，电压的关系为

$$U = U_1 + U_2$$

3）串联电路的等效电阻（即总电阻）等于各串联电阻之和，即

$$R = R_1 + R_2 + R_3 + \cdots + R_n \tag{1-15}$$

在分析电路时，为了方便起见，常用一个电阻来代替几个串联电阻的总电阻，这个电阻叫作等效电阻。图 1-45b 就是等效电阻和等效后的电路。在图 1-45a 中，总电阻为

$$R = R_1 + R_2$$

4）在串联电路中，各电阻上分配的电压与各电阻值成正比。图 1-45a 中，它们的分压分别是

$$U_1 = \frac{R_1}{R_1 + R_2} U$$

$$U_2 = \frac{R_2}{R_1 + R_2} U$$

串联电路的应用很广，除分压器外，还可以利用电阻来限制或调节电路中的电流。

2. 电阻的并联

电路中两个或两个以上的电阻一端连在一起，另一端也连在一起，使各电阻都承受同一电压的作用，这种连接方式叫作电阻的并联。图 1-46a 所示是两个电阻并联的电路。

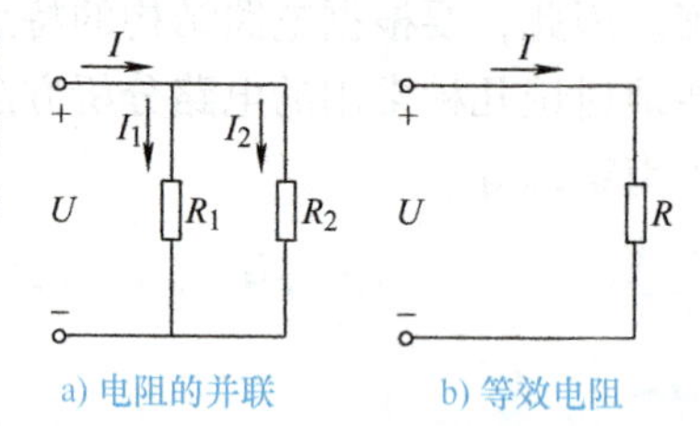

a) 电阻的并联　　b) 等效电阻

图 1-46　两电阻并联

电阻并联电路有如下特点：

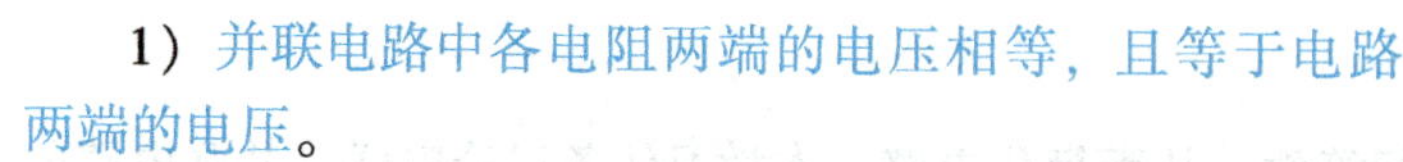

1）并联电路中各电阻两端的电压相等，且等于电路两端的电压。

2）并联电路中的总电流等于各电阻中的电流之和，即

$$I = I_1 + I_2 + I_3 + \cdots + I_n \tag{1-16}$$

从图 1-46a 可看出，电流从正极流出后，分两条支路继续流动，由于形成电流的运动电荷不会在中途停留，所以流入负极的电流始终等于从正极流出的电流。

3）并联电路的等效电阻（即总电阻）的倒数，等于各并联电阻的倒数之和，即

$$\frac{1}{R} = \frac{1}{R_1} + \frac{1}{R_2} + \frac{1}{R_3} + \cdots + \frac{1}{R_n} \tag{1-17}$$

式(1-17) 也可写为

$$G = G_1 + G_2 + G_3 + \cdots + G_n \tag{1-18}$$

式中，G 称为电导，是电阻的倒数。在国际单位制中，电导的单位是西［门子］(S)。并联电阻用电导表示，在分析计算多支路并联电路时可以简便些。

图 1-46b 是图 1-46a 的等效电路。在图 1-46a 中，根据式(1-17) 和式(1-18) 可得

$$\frac{1}{R} = \frac{1}{R_1} + \frac{1}{R_2}$$

$$R = R_1 /\!/ R_2 = \frac{R_1 R_2}{R_1 + R_2}$$

$$G = G_1 + G_2$$

4）在电阻并联电路中，各支路分配的电流与支路的电阻值成反比。

从图 1-46a 中，两条支路的电流分别为

$$I_1=\frac{R_2}{R_1+R_2}I$$

$$I_2=\frac{R_1}{R_1+R_2}I$$

并联电路应用十分广泛，由于各支路都承受相同的电压，额定电压相同的负载几乎全是并联的。这样，在变动任一个负载时都不会影响其他负载。有时为了某种需要，可将电路中的某一段与电阻或变阻器并联，以起到分流或调节电流的作用。

3. 电阻的混联

在一个电路中，既有电阻的串联，又有电阻的并联，这种连接方式叫作电阻的混联。这种电路在实际中应用更为广泛，电路形式也是多种多样的。然而，不管混联电路的形式如何、元件的多少，都可根据串、并联电路的特点，简化成为单一回路的电路。表面上看起来一个混联电路的支路很多，似乎很复杂，但其仍属于简单电路。所以只要掌握电路串、并联等效变换的内容，混联电路的计算是不难解决的。

【例 1-9】 图 1-47a 所示是一电阻混联电路，其中 $R_1=10\Omega$，$R_2=5\Omega$，$R_3=2\Omega$，$R_4=3\Omega$，电源电压 $U=125\text{V}$，试求电流 I_1。

【解】 $R_{34}=R_3+R_4=2\Omega+3\Omega=5\Omega$

$$R_{ab}=R_2//R_{34}=\frac{R_2R_{34}}{R_2+R_{34}}=\frac{5\times5}{5+5}\Omega=2.5\Omega$$

$$R=R_1+R_{ab}=10\Omega+2.5\Omega=12.5\Omega$$

$$I_1=\frac{U}{R}=\frac{125\text{V}}{12.5\Omega}=10\text{A}$$

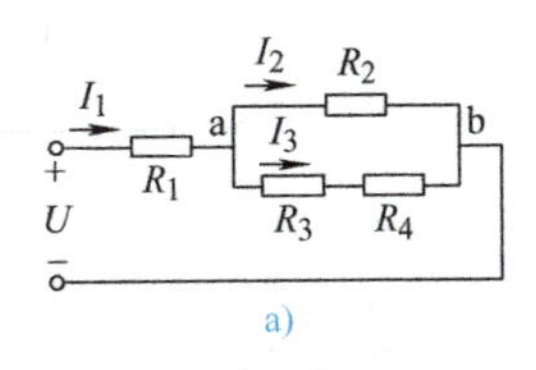

a)

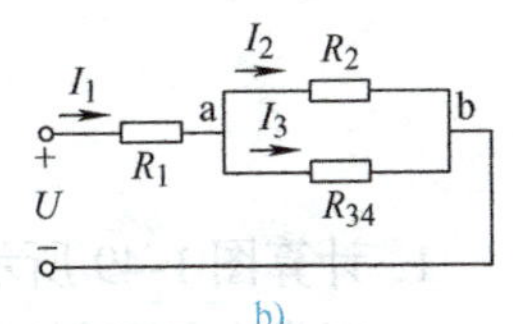

b)

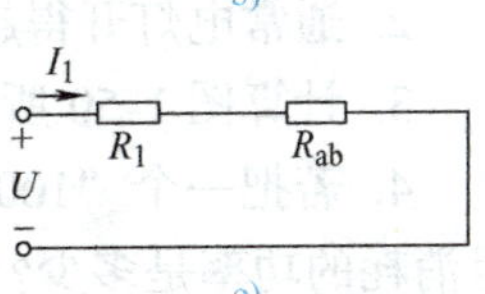

c)

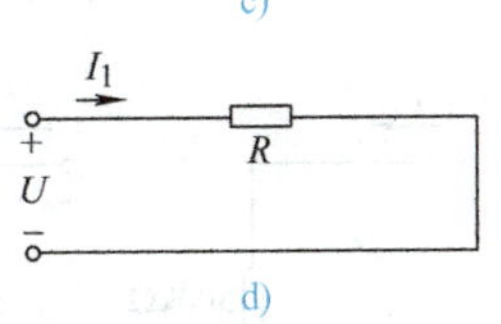

d)

图 1-47 例 1-9 电路

【例 1-10】 计算图 1-48a 所示电路的等效电阻 R，并求电流 I 和 I_5。

【解】 在图1-48a 中，有

$$R_{12}=R_1//R_2=2\Omega//2\Omega=1\Omega$$

$$R_{34}=R_3//R_4=4\Omega//4\Omega=2\Omega$$

从而简化为图 1-48b 所示的电路，有

$$R_{3456}=(R_{34}+R_6)//R_5=(2\Omega+1\Omega)//6\Omega=2\Omega$$

再化简为图 1-48c 所示的电路。由此最后化简为图 1-48d 所示电路，等效电阻为

$$R=(R_{12}+R_{3456})//R_7=\frac{(1+2)\times3}{1+2+3}\Omega=1.5\Omega$$

由图 1-48d 得出

$$I=\frac{U}{R}=\frac{3\text{V}}{1.5\Omega}=2\text{A}$$

在图 1-48c 中，有

$$I_7=\frac{U}{R_7}=\frac{3\text{V}}{3\Omega}=1\text{A}\qquad I_{12}=I-I_7=2\text{A}-1\text{A}=1\text{A}$$

根据图 1-48b 应用分流公式可得

$$I_5 = \frac{R_{34} + R_6}{R_{34} + R_6 + R_5} I_{12} = \frac{2 + 1}{2 + 1 + 6} \times 1\text{A} = \frac{1}{3}\text{A}$$

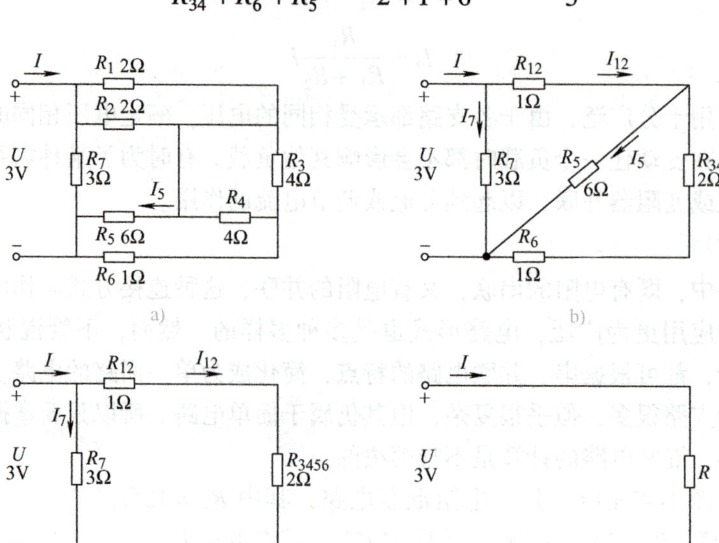

图 1-48　例 1-10 电路

课后练习

1. 计算图 1-49 所示两个电路的电流 I。

2. 通常电灯开得越多，总电阻越大还是越小？

3. 计算图 1-50 所示两电路中 a、b 两点间的等效电阻 R_{ab}。

4. 若把一个“100V、50W”的灯泡，接在 200V 的电源上，需串多大的降压电阻？电阻消耗的功率是多少？

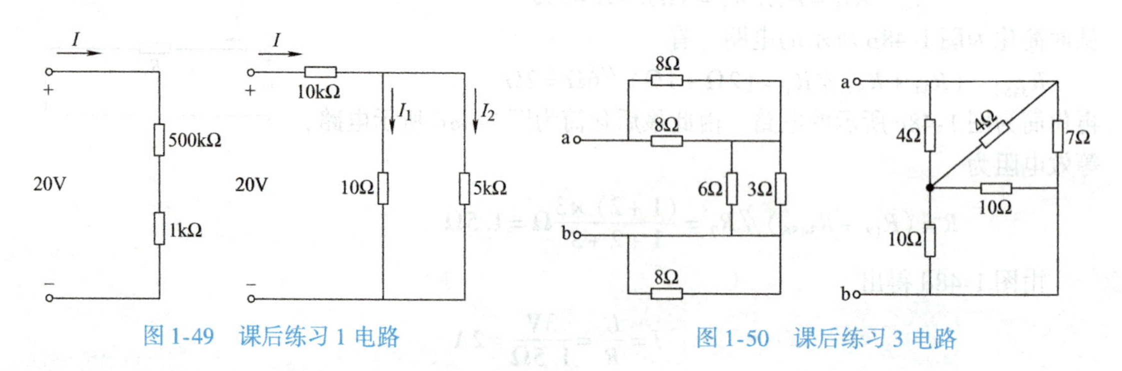

图 1-49　课后练习 1 电路　　　图 1-50　课后练习 3 电路

任务 1.2.2　电压源与电流源及其等效变换

任务导入

在分析电路时，常将电路进行等效，从而简化电路。本任务讨论电源的等效变换。

掌握电源等效变换的原理与方法。

一个电源可以用两种不同的电路模型来表示：一种是用电压的形式来表示，称为电压源；一种是用电流的形式来表示，称为电流源。

1. 电压源

任何一个电源，例如发电机、电池或各种信号源，都含有电动势 E 和内阻 R_0。用一个电动势 E 和一个电阻 R_0 相串联的有源支路所表示的电源称为电压源，如图 1-51 所示。图中，U 是电源端电压，R_L 是负载电阻，I 是负载电流。

根据图 1-51 所示电路可得

$$U = E - R_0 I \tag{1-19}$$

由此可作出电压源的外特性曲线，如图 1-52 所示。当电源开路时，$I=0$，$U=U_0=E$；当短路时，$U=0$，$I=I_S=\frac{E}{R_0}$。内阻 R_0 越小，则直线越平缓。

当 $R_0=0$ 时，端电压 U 恒等于电动势 E，是一定值，而其中的电流 I 则是任意的，由负载电阻 R_L 及端电压 U 确定。这样的电源称为理想电压源或恒压源，其符号和电路如图 1-53 所示。它的外特性曲线是与横轴平行的一条直线，如图 1-52 所示。

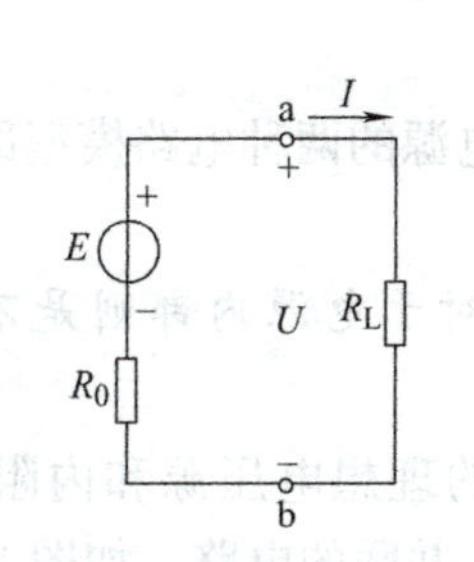

图 1-51　电压源电路

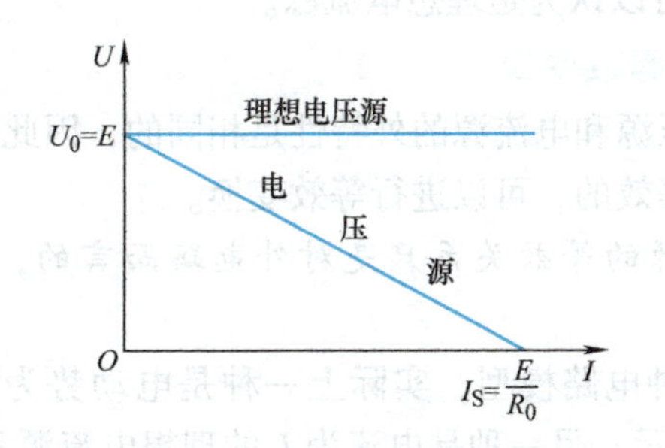

图 1-52　电压源和理想电压源的外特性曲线

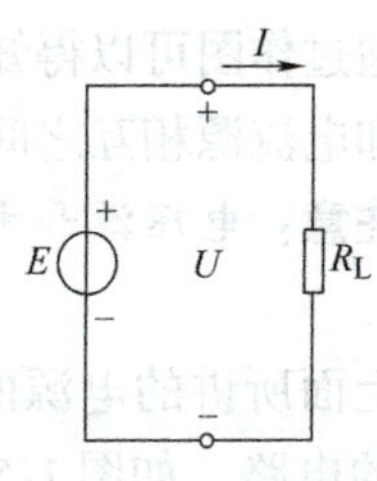

图 1-53　理想电压源

理想电压源就是理想的电源。如果一个电源的内阻远小于负载电阻，即 $R_0 \ll R_L$，则内阻压降 $R_0 I \ll R_L I = U$，于是 $U \approx E$，可以认为是理想电压源。常用的稳压源就可以认为是一个理想电压源。

2. 电流源

电源除了用电动势 E 和内阻 R_0 串联的电路模型来表示外，还可以用另一种电路模型来表示。

如将式(1-19) 两端除以 R_0，则得

$$\frac{U}{R_0} = \frac{E}{R_0} - I = I_S - I$$

即

$$I_S = \frac{U}{R_0} + I \tag{1-20}$$

式中，I_S 为电源的短路电流；I 是负载电流。电路如图 1-54 所示。

图 1-54 中电源模型是两条支路并联，其中电流分别为 I_S 和 $\frac{U}{R_0}$。对负载电阻 R_L 来讲，和图 1-51 是一样的，其上电压 U 和通过的电流 I 未有改变。

由式(1-20) 可作出电流源的外特性曲线，如图 1-55 所示。当电流源开路时，$I=0$，$U=U_0=I_SR_0$；短路时，$U=0$，$I=I_S$。内阻 R_0 越大，则直线越陡。

当 $R_0=\infty$（相当于并联支路 R_0 断开），电流 I 恒等于电流 I_S，是一定值，而其两端电压则是任意的，由负载电阻 R_L 及电流 I_S 本身确定。这样的电源称为理想电流源或恒流源，其符号及电路如图 1-56 所示。它的外特性曲线是与纵轴平行的一条直线，如图 1-55 所示。

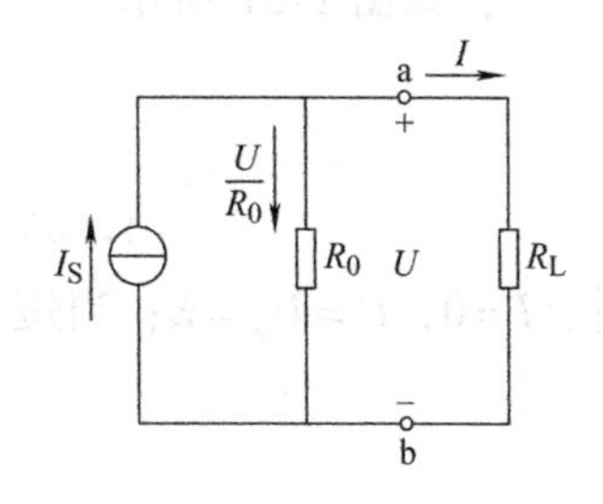

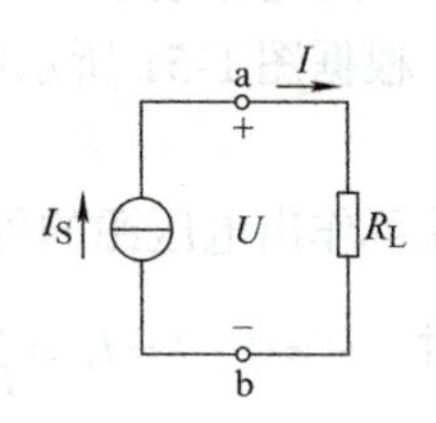

图 1-54　电流源电路　　图 1-55　电流源和理想电流源的外特性曲线　　图 1-56　理想电流源

理想电流源也是理想的电源。如果一个电源的内阻远大于负载电阻，即 $R_0 \gg R_L$，则 $I \approx I_S$，基本上是恒定的，可以认为是理想电流源。

3. 电压源与电流源的等效变换

通过作图可以得知电压源和电流源的外特性是相同的，因此，电源的两种电路模型即电压源和电流源相互之间是等效的，可以进行等效变换。

注意： 电压源和电流源的等效关系只是对外电路而言的，而对于电源内部则是不等效的。

上面所讲的电源的两种电路模型，实际上一种是电动势为 E 的理想电压源和内阻 R_0 串联的电路，如图 1-51 所示；另一种是电流为 I_S 的理想电流源和 R_0 并联的电路，如图 1-54 所示。

一般电动势 E 和某个电阻 R 串联的电路，都可以等效变换为一个电流为 I_S 的理想电流源和这个电阻并联的电路，如图 1-57 所示，两者是等效的，其中

$$I_S=\frac{E}{R} \quad 或 \quad E=RI_S \tag{1-21}$$

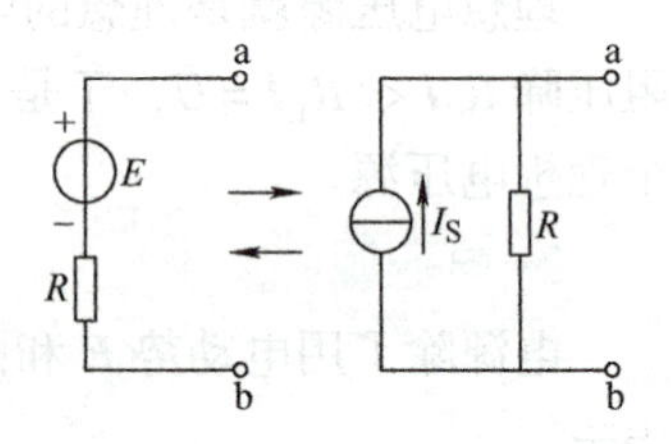

图 1-57　电压源和电流源的等效变换

在进行电路分析与计算时，可以进行两种电源的等效变换。但是，理想电压源和理想电流源本身之间没有等效的关系。因为对理想电压源而言，其内阻 $R_0=0$，则短路电流 I_S 为无穷大；对理想电流源而言，其内阻 $R_0=\infty$，开路电压 U_0 为无穷大。因此都不能得到有限的数值，故两者之间不存在等效变换的条件。

【例 1-11】 电路如图 1-58a 所示，$U_1=10\text{V}$，$I_S=2\text{A}$，$R_1=1\Omega$，$R_2=2\Omega$，$R_3=5\Omega$，$R=1\Omega$。(1) 求电阻 R 中的电流 I；(2) 计算理想电压源 U_1 中的电流 I_{U1} 和理想电流源 I_S 两端的电压 U_{IS}；(3) 分析功率平衡。

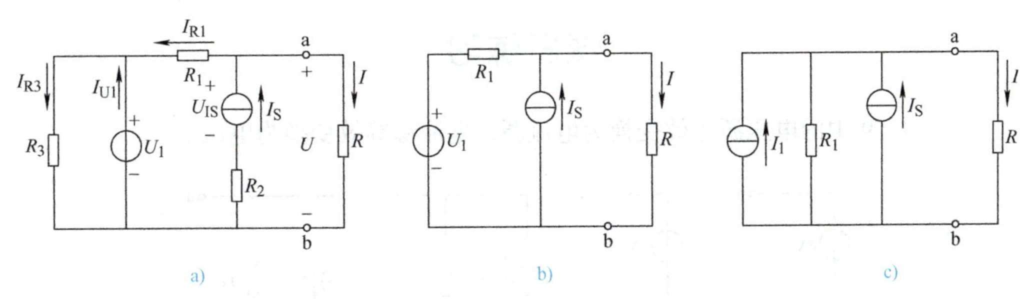

图 1-58 例 1-11 电路

【解】 (1) 可将与理想电压源 U_1 并联的电阻 R_3 断开，并不影响该并联电路两端的端电压 U_1；也可将与理想电流源串联的电阻 R_2 短接，并不影响支路中的电流 I_S。简化后的电路如图 1-58b 所示。之后将电压源（U_1、R_1）等效变换为电流源（I_1、R_1），得出图 1-58c 所示电路。由此可得

$$I_1 = \frac{U_1}{R_1} = \frac{10\text{V}}{1\Omega} = 10\text{A}$$

$$I = \frac{I_1 + I_S}{2} = \frac{10 + 2}{2}\text{A} = 6\text{A}$$

(2) 应注意，求解理想电压源 U_1 和电阻 R_3 中的电流、理想电流源 I_s 两端的电压、电源的功率时，电阻 R_3 和 R_2 应保留。

在图 1-58a 中

$$I_{R1} = I_S - I = 2\text{A} - 6\text{A} = -4\text{A}$$

$$I_{R3} = \frac{U_1}{R_3} = \frac{10\text{V}}{5\Omega} = 2\text{A}$$

于是，理想电压源 U_1 中的电流为

$$I_{U1} = I_{R3} - I_{R1} = 2\text{A} - (-4\text{A}) = 6\text{A}$$

理想电流源 I_S 两端的电压为

$$U_{IS} = U + R_2 I_S = RI + R_2 I_S = 1\Omega \times 6\text{A} + 2\Omega \times 2\text{A} = 10\text{V}$$

(3) 本例中，理想电压源 U_1 和理想电流源 I_S 都是电源，它们发出的功率分别为

$$P_{U1} = U_1 I_{U1} = 10\text{V} \times 6\text{A} = 60\text{W}$$

$$P_{IS} = U_{IS} I_S = 10\text{V} \times 2\text{A} = 20\text{W}$$

各电阻所消耗或取用的功率分别为

$$P_R = RI^2 = 1 \times 6^2\text{W} = 36\text{W}$$

$$P_{R1} = R_1 I_{R1}^2 = 1 \times (-4)^2\text{W} = 16\text{W}$$

$$P_{R2} = R_2 I_S^2 = 2 \times 2^2\text{W} = 8\text{W}$$

$$P_{R3} = R_3 I_{R3}^2 = 5 \times 2^2\text{W} = 20\text{W}$$

两者平衡：

$$P_{U1} + P_{IS} = P_R + P_{R1} + P_{R2} + P_{R3}$$

即

$$60\text{W} + 20\text{W} = 36\text{W} + 16\text{W} + 8\text{W} + 20\text{W}$$

课后练习

1. 把图 1-59 中的电压源等效变换为电流源，电流源等效变换为电压源。

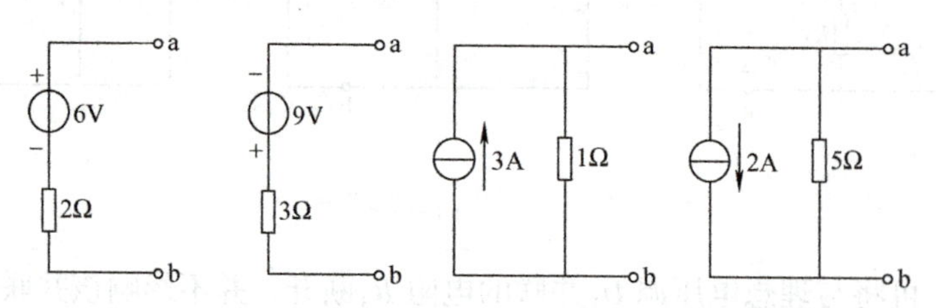

图 1-59　课后练习 1 电路

2. 在图 1-60 所示的两个电路中，(1) R_1是不是电源的内阻？(2) R_2中的电流I_2及其两端的电压U_2各等于多少？(3) 改变R_1的阻值，对I_2和U_2有无影响？(4) 理想电压源中的电流I和理想电流源两端的电压U各等于多少？(5) 改变R_1的阻值，对 (4) 中的I和U有无影响？

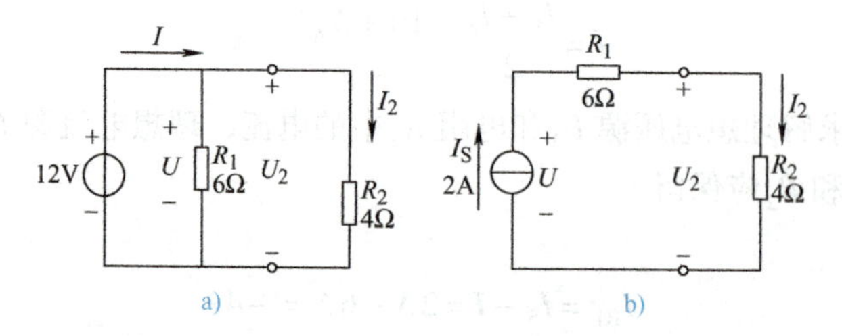

图 1-60　课后练习 2 电路

任务 1.2.3　支路电流法

任务导入

在分析复杂电路时，可以应用支路电流法。

任务目标

通过本任务学会利用支路电流法分析复杂电路。

支路电流法是分析复杂电路最基本的方法之一。支路电流法以支路电流为未知量，利用基尔霍夫电流定律和基尔霍夫电压定律，分别对节点和回路列写出所需要的方程组，而后解出各未知电流。以图 1-61 电路为例，说明用支路电流法求解电路的步骤：

1) 标出各支路电流、电压和电动势的参考方向。

2) 一般地说，对具有 n 个节点的电路，应用基尔霍夫电流定律只能列出 $(n-1)$ 个独立的节点电流方程。

3) 对 b 条支路的电路，应用基尔霍夫电压定律可列出 $b-(n-1)$ 个方程。

应用基尔霍夫电流定律和电压定律一共可列出$(n-1)+[b-(n-1)]=b$个独立方程，

所以能解出 b 个支路电流。

图 1-61 所示电路中，支路数 $b=3$，节点数 $n=2$，共要列出 3 个独立方程。电动势和电流的参考方向如图所示。根据以上所述，能列出 1 个独立的节点电流方程。

首先，应用基尔霍夫电流定律对节点 a 列出

$$I_1+I_2-I_3=0 \tag{1-22}$$

在图 1-61 中有两个网孔。对左面的网孔可列出

$$E_1=R_1I_1+R_3I_3 \tag{1-23}$$

对右面的网孔可列出

$$E_2=R_2I_2+R_3I_3 \tag{1-24}$$

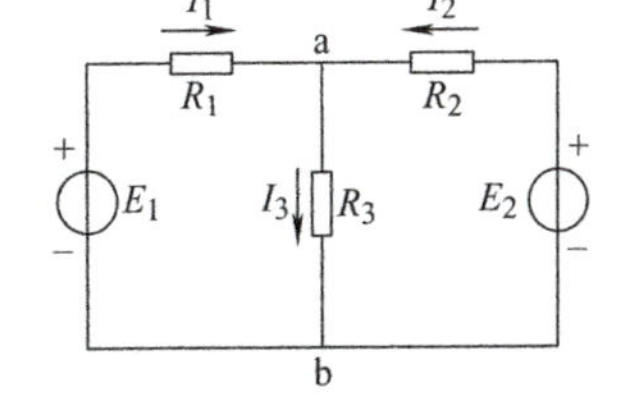

图 1-61 两个电源并联的电路

【例 1-12】 在图 1-61 所示的电路中，设 $E_1=140\text{V}$，$E_2=90\text{V}$，$R_1=20\Omega$，$R_2=5\Omega$，$R_3=6\Omega$，试用支路电流法求解各支路电流。

【解】 应用基尔霍夫电流定律和电压定律列出式(1-22)、式(1-23) 及式(1-24)，并将数据代入，即得

$$\begin{cases}I_1+I_2-I_3=0\\140\text{V}=20\Omega\times I_1+6\Omega\times I_3\\90\text{V}=5\Omega\times I_2+6\Omega\times I_3\end{cases}\quad\overset{\text{解之得}}{\Rightarrow}\quad\begin{cases}I_1=4\text{A}\\I_2=6\text{A}\\I_3=10\text{A}\end{cases}$$

课后练习

1. 什么叫支路电流法？用该方法解题时应注意哪些方面？

2. 图 1-62 所示电路有几条支路？几个节点？在图上标出各绕行方向，列出求解各支路电流所需的方程。

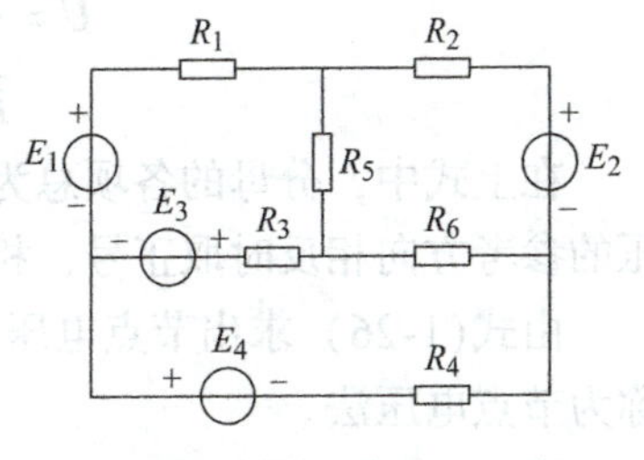

图 1-62 课后练习 2 电路

任务 1.2.4 节点电压法

任务导入

针对节点较少的电路，可以采用节点电压法来求解电路。

任务目标

掌握节点电压法的原理与方法。

节点电压法的基本思路是以某一节点为参考点（零电位点），其他独立节点对该参考点的电压为节点电压，以节点电压为未知量，按照 KCL 列写方程，求解各节点电压，从而计算各支路电流。

以图 1-63 所示电路为例，图中只有两个节点 a 和 b。以 b 点为参考点，则 a 点对 b 点的电压 U 称为节点电压，图中其参考方向由 a 指向 b。

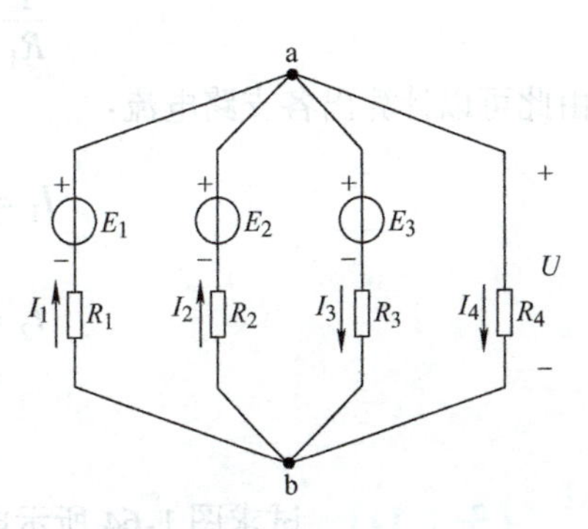

图 1-63 具有两个节点的复杂电路

各支路的电流应用基尔霍夫电压定律或欧姆定律得出

$$\left.\begin{aligned}U=E_1-R_1I_1\Rightarrow I_1=\frac{E_1-U}{R_1}\\U=E_2-R_2I_2\Rightarrow I_2=\frac{E_2-U}{R_2}\\U=E_3+R_3I_3\Rightarrow I_3=\frac{-E_3+U}{R_3}\\U=R_4I_4\Rightarrow I_4=\frac{U}{R_4}\end{aligned}\right\}\tag{1-25}$$

由式(1-25)可见，在已知电动势和电阻的情况下，只要先计算出节点电压 U，就可以计算支路电流了。

计算节点电压的公式可应用基尔霍夫电流定律得出。在图 1-63 中，有

$$I_1+I_2-I_3-I_4=0$$

将式(1-25)代入上式，可得

$$\frac{E_1-U}{R_1}+\frac{E_2-U}{R_2}-\frac{-E_3+U}{R_3}-\frac{U}{R_4}=0$$

经整理后可得节点电压方程

$$U=\frac{\frac{E_1}{R_1}+\frac{E_2}{R_2}+\frac{E_3}{R_3}}{\frac{1}{R_1}+\frac{1}{R_2}+\frac{1}{R_3}+\frac{1}{R_4}}=\frac{\sum\frac{E}{R}}{\sum\frac{1}{R}}=\frac{\sum(EG)}{\sum G}\tag{1-26}$$

在上式中，分母的各项总为正；分子的各项可以为正，也可以为负。当电动势和节点电压的参考方向相反时取正号，相同时则取负号，而与各支路电流的参考方向无关。

由式(1-26)求出节点电压后，即可根据式(1-25)计算各支路电流，这种计算方法就称为节点电压法。

【例 1-13】 用节点电压法计算例 1-12。

【解】 图 1-61 所示的电路只有两个节点 a 和 b。以 b 点为参考点，节点电压为

$$U_{ab}=\frac{\frac{E_1}{R_1}+\frac{E_2}{R_2}}{\frac{1}{R_1}+\frac{1}{R_2}+\frac{1}{R_3}}=\frac{\frac{140}{20}+\frac{90}{5}}{\frac{1}{20}+\frac{1}{5}+\frac{1}{6}}\text{V}=60\text{V}$$

由此可以计算出各支路电流：

$$I_1=\frac{E_1-U_{ab}}{R_1}=\frac{140-60}{20}\text{A}=4\text{A}$$

$$I_2=\frac{E_2-U_{ab}}{R_2}=\frac{90-60}{5}\text{A}=6\text{A}$$

$$I_3=\frac{U_{ab}}{R_3}=\frac{60}{6}\text{A}=10\text{A}$$

【例 1-14】 试求图 1-64 所示电路中的 U_{AO} 和 I_{AO}。

【解】 图 1-64 的电路也只有两个节点，即 A 点和参考点 O。U_{AO} 即为节点电压或 A 点

的电位 V_A。

$$U_{AO}=\frac{-\frac{4}{2}+\frac{6}{3}-\frac{8}{4}}{\frac{1}{2}+\frac{1}{3}+\frac{1}{4}+\frac{1}{4}}\text{V}=\frac{-2}{\frac{4}{3}}\text{V}=-1.5\text{V}$$

$$I_{AO}=-\frac{1.5}{4}\text{A}=-0.375\text{A}$$

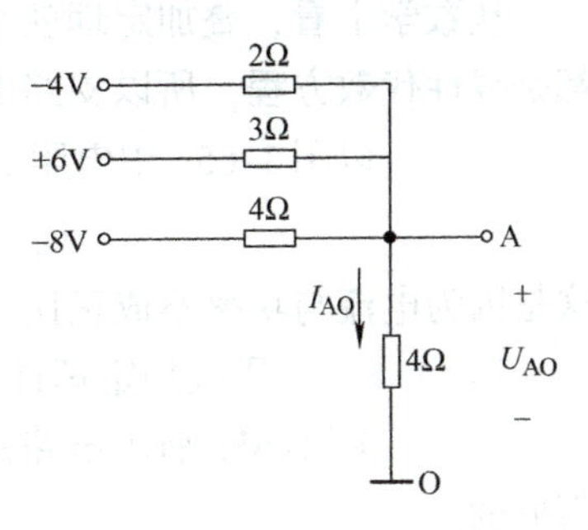

图 1-64 例 1-14 电路

任务 1.2.5 叠加定理

任务导入

在分析线性电路时，可以利用叠加定理来求解电路。

任务目标

掌握叠加定理求解电路的原理与方法。

在图 1-65a 所示电路中有两个电源，各支路的电流是由这两个电源共同作用产生的，对于线性电路而言，任何一条支路中的电流或任意两点间的电压，都可以看成是由电路中各个电源（电压源或电流源）分别作用时，在此支路中所产生的电流或电压的代数和。这就是叠加定理。

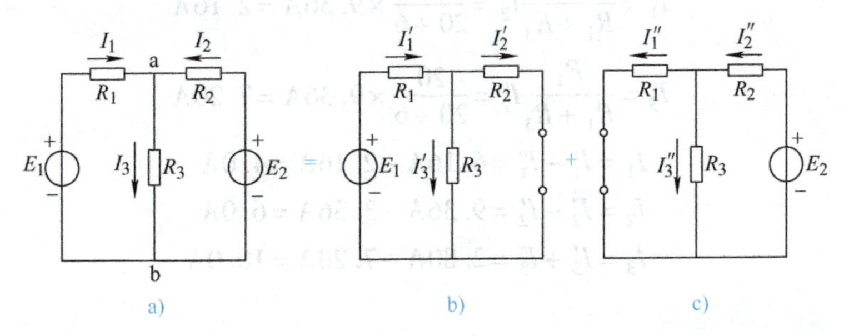

图 1-65 叠加定理

显然，I_1'是当电路中只有 E_1 单独作用时，在第一条支路中所产生的电流，如图 1-65b 所示。而 I_1''是当电路只有 E_2 单独作用时，在第一条支路中所产生的电流，如图 1-65c 所示。因此

$$I_1=I_1'-I_1'' \tag{1-27}$$

因为 I_1''的方向同 I_1 的方向相反，所以带负号。

同理可得

$$I_2=I_2''-I_2' \tag{1-28}$$

$$I_3=I_3'+I_3'' \tag{1-29}$$

所谓电路中只有一个电源单独作用，就是假设将其余电源均除去（将理想电压源短接，即其电动势为零；将理想电流源开路，即其电流为零），但是它们的内阻则保留在原支路中不动。

用叠加定理计算复杂电路，就是把一个多电源的复杂电路化为几个单电源电路来进行计算。

从数学上看，叠加定理就是线性方程的可加性。由前面支路电流法和节点电压法得出的都是线性代数方程，所以支路电流或电压都可以用叠加定理来求解。但功率的计算就不能用叠加定理。以图1-65a中电阻R_3上的功率为例，显然

$$P_3 = R_3 I_3^2 = R_3 (I_3' + I_3'')^2 \neq R_3 I_3'^2 + R_3 I_3''^2$$

这是因为电流与功率不成正比，它们之间不是线性关系。

【例1-15】 用叠加定理计算例1-12，即图1-65a所示电路中的各个电流。

【解】 图1-65a所示电路的电流可以看成是由图1-65b和图1-65c两个电路的电流叠加而成的。

在图1-65b中

$$I_1' = \frac{E_1}{R_1 + R_2 // R_3} = \frac{140}{20 + \frac{5 \times 6}{5+6}}\text{A} = 6.16\text{A}$$

$$I_2' = \frac{R_3}{R_2 + R_3} I_1' = \frac{6}{5+6} \times 6.16\text{A} = 3.36\text{A}$$

$$I_3' = \frac{R_2}{R_2 + R_3} I_1' = \frac{5}{5+6} \times 6.16\text{A} = 2.80\text{A}$$

在图1-65c中

$$I_2'' = \frac{E_2}{R_2 + R_1 // R_3} = \frac{90}{5 + \frac{20 \times 6}{20+6}}\text{A} = 9.36\text{A}$$

$$I_1'' = \frac{R_3}{R_1 + R_3} I_2'' = \frac{6}{20+6} \times 9.36\text{A} = 2.16\text{A}$$

$$I_3'' = \frac{R_1}{R_1 + R_3} I_2'' = \frac{20}{20+6} \times 9.36\text{A} = 7.20\text{A}$$

所以

$$I_1 = I_1' - I_1'' = 6.16\text{A} - 2.16\text{A} = 4.0\text{A}$$

$$I_2 = I_2'' - I_2' = 9.36\text{A} - 3.36\text{A} = 6.0\text{A}$$

$$I_3 = I_3' + I_3'' = 2.80\text{A} + 7.20\text{A} = 10.0\text{A}$$

任务1.2.6 戴维南定理

任务导入

戴维南定理提供了有源二端网络的等效方法，对简化电路的分析和计算十分有用。

任务目标

理解戴维南定理的内容，掌握利用该定理简化和分析复杂电路。

在实际问题中，往往有这样的情况：一个复杂电路，并不需要把所有支路电流都求出来，而只要求出某一支路的电流。在这种情况下，如果用前面几节所述的方法来计算，就显得不够简便。为了使计算简便些，常常应用戴维南定理来求解。

我们先来介绍三个概念，即二端网络、有源二端网络和无源网络。任何具有两个出线端的部分电路都称为二端网络。二端网络内若含有电源则称为有源二端网络，如图1-66所示。若二端网络内没有电源，则称为无源网络。

戴维南定理的内容如下：

任何一个有源线性二端网络都可以用一个电动势为 E 的理想电压源和内阻 R_0 串联的电源来等效代替，如图 1-67 所示。等效电源的电动势 E 就是有源二端网络的开路电压 U_0，即将负载断开 a、b 两端之间的电压。等效电源的内阻 R_0 等于有源二端网络中所有电源均除去（将各个理想电压源短路，即其电动势为零；将各个理想电流源开路，即其电流为零）后所得到的无源网络 a、b 两端之间的等效电阻。

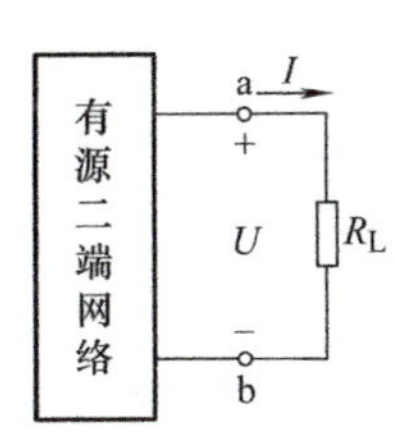

图 1-66　有源二端网络

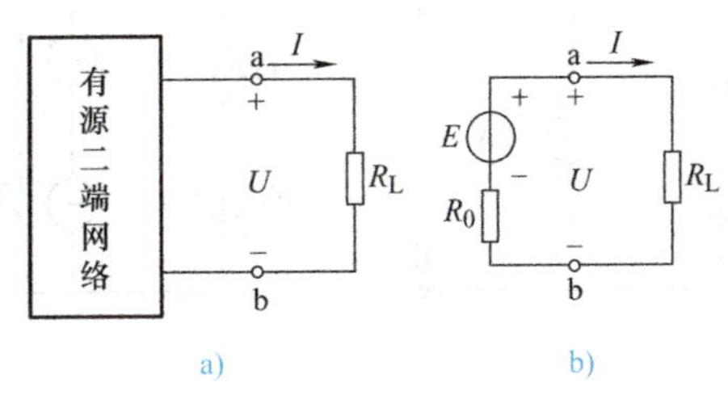

图 1-67　等效电源

图 1-67b 的等效电路是一个最简单的电路，其电流可由下式计算

$$I = \frac{E}{R_0 + R_L} \tag{1-30}$$

等效电源的电动势和内阻可通过实验或计算得出。

【例 1-16】　用戴维南定理计算例 1-12 中的支路电流 I_3。

【解】　图 1-61 所示电路可化为图 1-68 所示的等效电路。等效电源的电动势 E 可由图 1-69a 求得：

$$I = \frac{E_1 - E_2}{R_1 + R_2} = \frac{140 - 90}{20 + 5}\text{A} = 2\text{A}$$

于是

$$E = E_1 - R_1 I = 140\text{V} - 20 \times 2\text{V} = 100\text{V}$$

或

$$E = E_2 + R_2 I = 90\text{V} + 5 \times 2\text{V} = 100\text{V}$$

也可以用节点电压法求得。

等效电源的内阻 R_0 可由图 1-69b 求得。对于 a、b 两端而言，R_1 和 R_2 并联，因此

$$R_0 = \frac{R_1 R_2}{R_1 + R_2} = \frac{20 \times 5}{20 + 5}\Omega = 4\Omega$$

最后由图 1-68 求得

$$I_3 = \frac{E}{R_0 + R_3} = \frac{100}{4 + 6}\text{A} = 10\text{A}$$

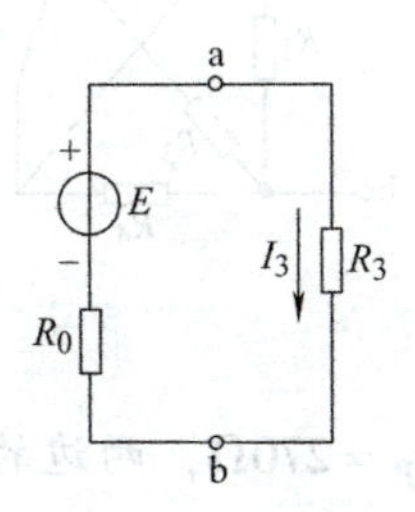

图 1-68　等效电路

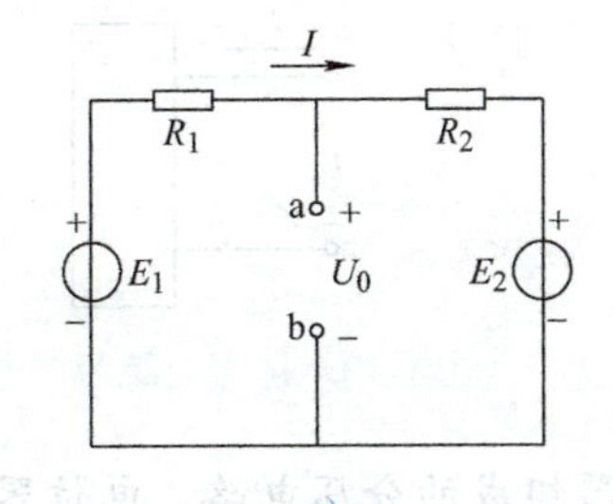

图 1-69　计算等效电路的 E 和 R_0

课后练习

1. 应用戴维南定理将图 1-70 所示各电路化为等效电压源。

2. 应用戴维南定理计算图 1-71 所示电路中流过 8kΩ 电阻的电流。

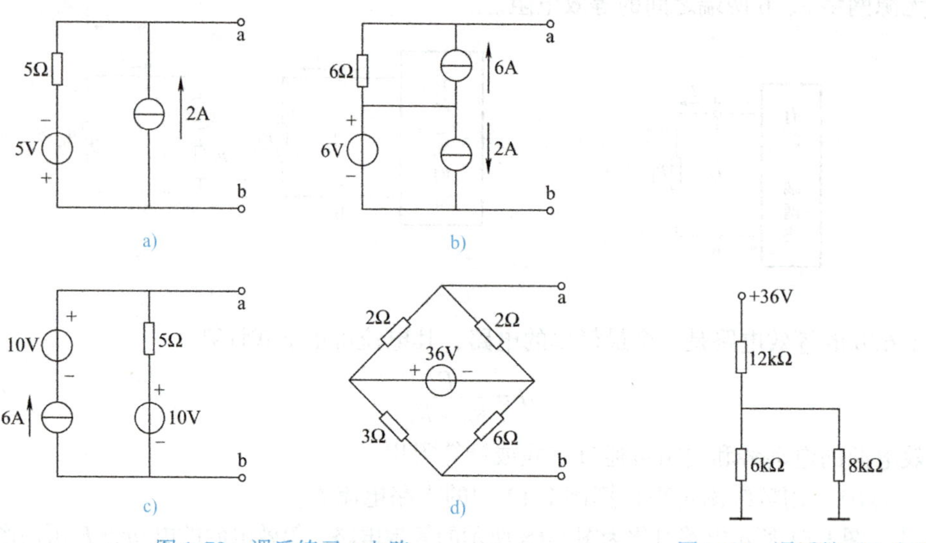

图 1-70　课后练习 1 电路

图 1-71　课后练习 2 电路

思考与练习2

1. 在图 1-72 所示的电路中，$E=6\text{V}$，$R_1=6\Omega$，$R_2=3\Omega$，$R_3=4\Omega$，$R_4=3\Omega$，$R_5=1\Omega$。试求 I_3 和 I_4。

2. 有一无源二端电阻网络如图 1-73 所示，通过实验测得当 $U=10\text{V}$ 时，$I=2\text{A}$，并已知该电阻网络是由四个 3Ω 的电阻构成，试问这四个电阻是如何连接的？

3. 在图 1-74 中，$R_1=R_2=R_3=R_4=30\Omega$，$R_5=60\Omega$，试求开关 S 断开和闭合时 a 和 b 之间的等效电阻。

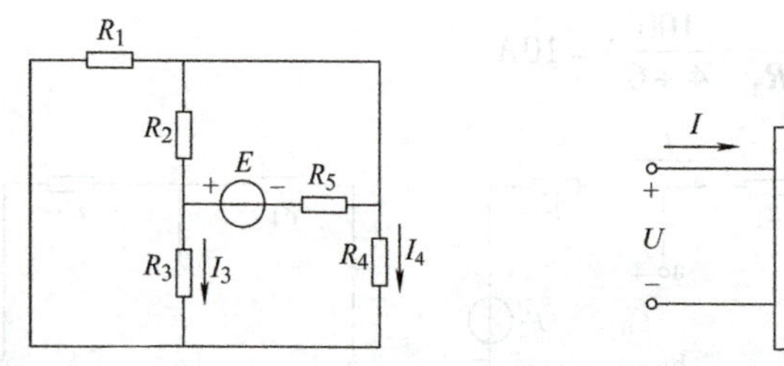

图 1-72　思考与练习 1 电路

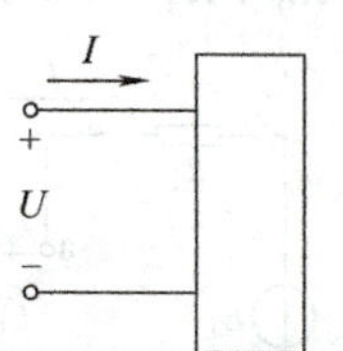

图 1-73　思考与练习 2 电路

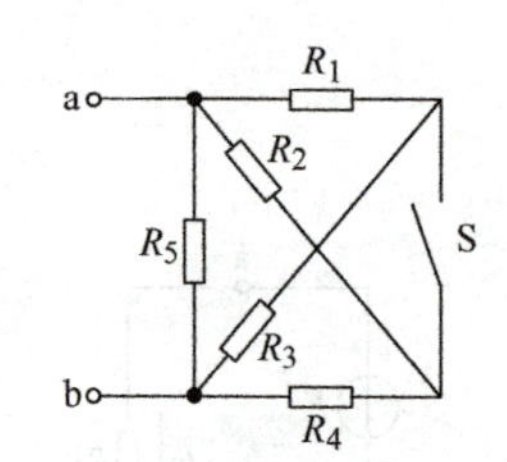

图 1-74　思考与练习 3 电路

4. 图 1-75 所示是由电位器组成的分压电路，电位器的电阻 $R_P=270\Omega$，两边的串联电阻 $R_1=350\Omega$，$R_2=550\Omega$。设输入电压 $U_1=12\text{V}$，试求输出电压 U_2 的变化范围。

5. 试求图1-76所示电路中输出电压与输入电压之比，即$\dfrac{U_1}{U_2}$。

6. 在图1-77所示电路中，求各理想电流源的端电压、功率及各电阻上消耗的功率，并说明功率平衡关系。

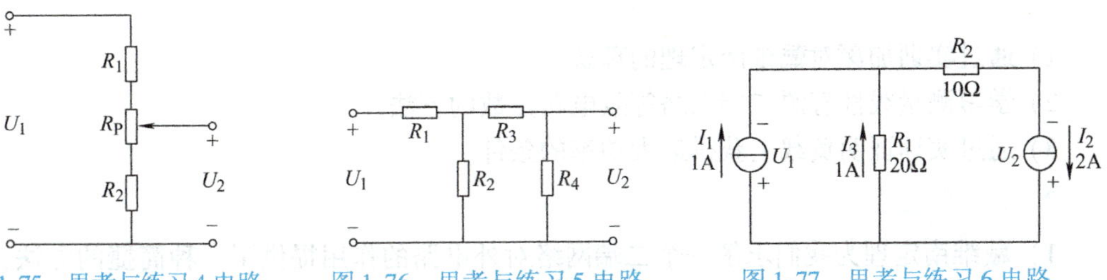

图1-75 思考与练习4电路　　图1-76 思考与练习5电路　　图1-77 思考与练习6电路

7. 在图1-78中，已知$I_1=3\text{A}$，$R_2=12\Omega$，$R_3=8\Omega$，$R_4=12\Omega$，$R_5=6\Omega$。电压和电流的参考方向如图所示。试求电路中各支路电流，并计算理想电流源的电压U_1。

8. 试用电压源与电流源等效变换的方法计算图1-79中2Ω电阻中的电流。

9. 用叠加定理计算图1-80中各支路的电流。

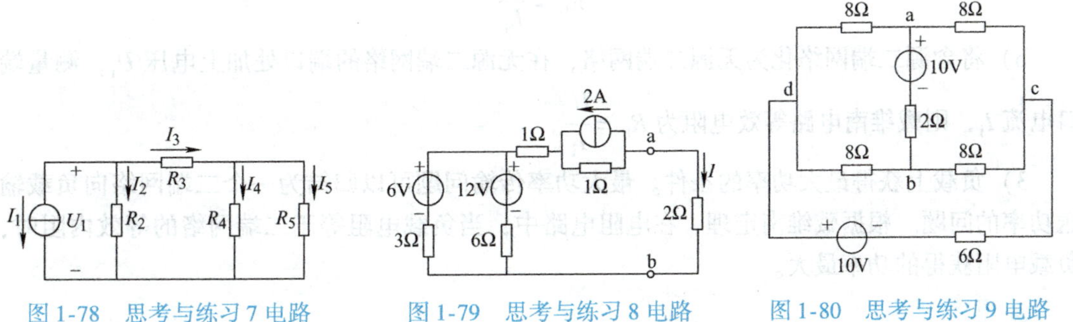

图1-78 思考与练习7电路　　图1-79 思考与练习8电路　　图1-80 思考与练习9电路

10. 试用支路电流法和节点电压法求图1-81中的各支路电流，并求三个电源的输出功率和负载电阻R_L取用的功率。

11. 用戴维南定理计算图1-82所示电路中的电流I。

12. 电路如图1-83所示，当$R=4\Omega$时，$I=2\text{A}$。求当$R=9\Omega$时，I等于多少？

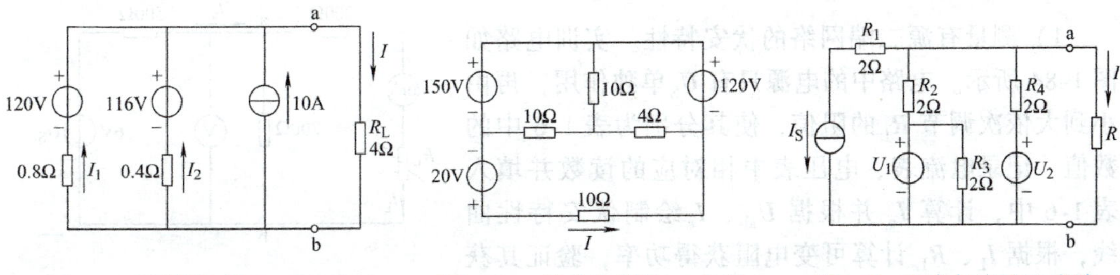

图1-81 思考与练习10电路　　图1-82 思考与练习11电路　　图1-83 思考与练习12电路

技能训练3 戴维南定理

1. 实训目的

1）通过实训加深对戴维南定理的理解。

2）学习测量线性有源二端网络等效电路参数的方法。

3）通过实训证明负载上获得最大功率的条件。

2. 实训原理

1）戴维南定理为我们求解一个二端网络对外电路的作用提供了一种简捷的方法，即任何一个含独立电源、线性电阻和受控源的二端网络，对外电路来说，可以用一个电压源和电阻的串联组合来等效置换，该电压源的电压等于二端网络的开路电压，而电阻等于二端网络的全部独立电源置零后的输入电阻。

2）测量戴维南电路等效内阻方法。

a）测量出含源二端网络的开路电压 U_0 和短路电流 I_S，则戴维南电路等效内阻为

$$R_0=\frac{U_0}{I_S}$$

b）将含源二端网络化为无源二端网络，在无源二端网络的端口处加上电压 U_i，测量端口电流 I_i，则戴维南电路等效电阻为 $R_0=\frac{U_i}{I_i}$。

3）负载上获得最大功率的条件。最大功率传输问题可以归结为一个二端网络向负载输送功率的问题。根据戴维南定理，在电阻电路中，当负载电阻等于二端网络的等效内阻时，负载电阻获得的功率最大。

3. 预习要求

1）复习教材中的相关部分。

2）阅读实训指导书，了解实训原理和内容步骤。

4. 实训仪器设备

稳压电源，电流表，万用表，可变电阻，电路实验板。

5. 实训内容与步骤

1）测量有源二端网络的伏安特性。实训电路如图1-84所示。电路中的电源只有 U_S 单独作用，再由小到大依次调节 R_L 的阻值，使其分别为表1-6中的数值，记录电流表、电压表中相对应的读数并填入表1-6中，计算 I_a 并根据 U_{ab}、I_a 绘制伏安特性曲线，根据 I_L、R_L 计算可变电阻获得功率，验证其获得最大功率的条件。

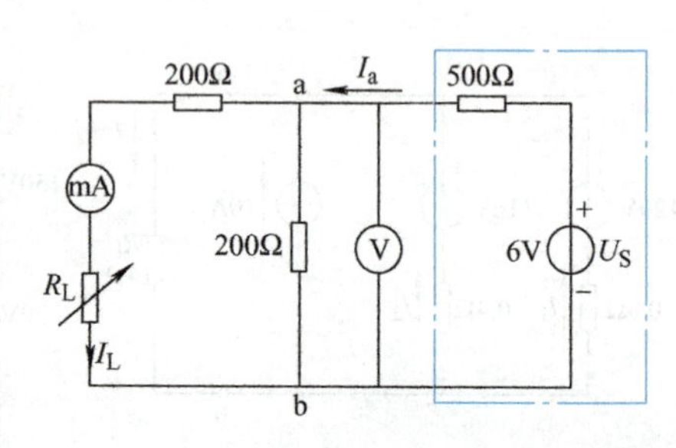

图1-84 有源二端网络伏安特性测量电路

表 1-6 有源二端网络的伏安特性测定数据

R_L/Ω	200	300	400	500	600
I_L/mA					
I_a/mA					
U_{ab}/V					
$P=I_L^2R_L/W$					

2）测量有源二端网络等效内阻。根据不同的精度要求和测量条件，有源二端网络参数有不同的测量方法。

（方法1）在有源二端网络输出端开路时，用电压表直接测量其开路电压 U_0，然后再将输出端短路，用电流表测量其短路电流 I_S，则有源二端网络等效内阻 R_0 为

$$R_0=\frac{U_0}{I_S}$$

这种方法适用于网络等效内阻较大，而短路电流不超过额定值的情况。

（方法2）两次电压测量法。实训电路如图 1-85 所示。先测量 ab 开路电压 U_0，然后在 ab 端接一电阻 R，再测量 ab 两端电压 U_1，则 ab 端等效内阻为

$$R_0=\left(\frac{U_0}{U_1}-1\right)R$$

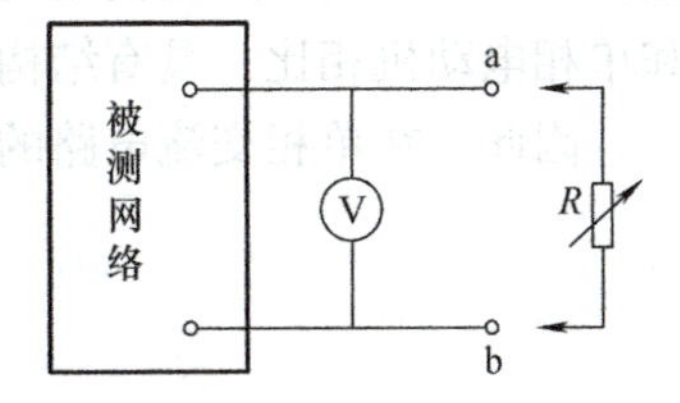

图 1-85 两次电压测量法

6. 注意事项

1）测量时，注意电流表量程的更换。

2）稳压源不可短接。

3）改接线路时，要关掉电源。

7. 报告要求

1）根据实训资料，验证戴维南定理。

2）根据实训资料，绘制功率传输曲线。证明负载上获得最大功率的条件。

3）归纳、总结实训结果，并分析产生误差的原因。

学习情境2 单相及三相正弦交流电路

三相交流电路在日常生活中应用极为广泛。目前电能的生产、输送和分配，几乎全部采用三相制。所谓三相交流电路，是指由三个单相交流电路组成的电路系统。在这三个单相电路中，各有一正弦交流电动势作用。通常三个电动势的最大值和频率均相同，但在相位上互差120°电角度，这样的三个电动势就称为三相对称电动势。我们把组成三相交流电路的每一单相电路称为一相。

采用三相交流电的原因，是因为它与单相交流电相比主要具有两方面的优点：①在输送功率相同、电压相同和距离、线路损失相等的情况下，采用三相交流电可节省输电线的用铝量；②日常生活中广泛使用的三相异步电动机是以三相交流电动势作为电源的，这种电动机和单相电动机相比，具有结构简单、价格低廉、性能良好和工作可靠等优点。

因此，在单相交流电路的基础上，进一步研究三相交流电路，是有其重要意义的。

项目 2.1　单相正弦交流电路

任务 2.1.1　正弦交流电的基本概念

任务导入

正弦交流电应用广泛，诸如电子技术、实际生产和日常生活中，本次学习任务就是来认识它。

任务目标

掌握正弦交流电的三要素的概念。

1. 什么是正弦交流电

在直流电路中，电压和电流的大小和方向不随时间变化，是恒定的，如图 2-1a 所示。而正弦交流电路中电压及电流的大小和方向是随时间按正弦规律变化的，如图 2-1b 所示。由于正弦交流电的方向是随时间周期性变化的，而电路中标出的电压和电流的方向是它们的参考方向，当交流电在正半周时，实际方向与参考方向一致，其值为正值；当交流电在负半周时，实际方向与参考方向相反，其值为负。一般将大小和方向随时间按正弦规律做周期性变化的电压和电流称作交流电压和电流。

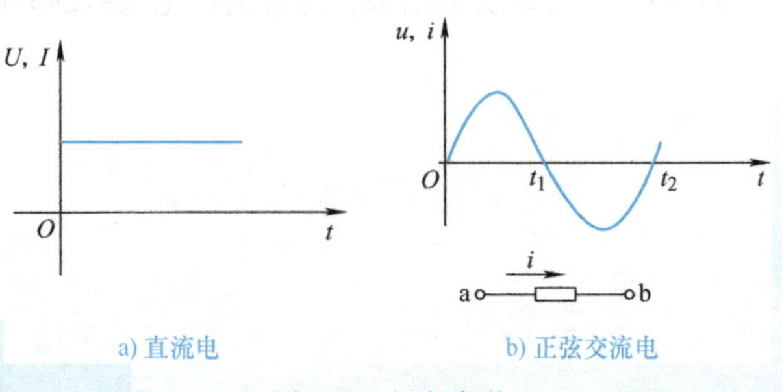

a) 直流电　b) 正弦交流电

图 2-1　电流波形

2. 正弦交流电的三要素

交流电路的电压和电流都是按正弦规律变化的，把这些物理量统称为正弦量。正弦量的特征表现在变化的快慢、大小及初始值三个方面，而它们分别由频率（或周期）、幅值（或有效值）和初相位来确定。所以频率、幅值和初相位就称为确定正弦量的三要素。

（1）周期、频率和角频率

正弦量变化一次所需要的时间称为周期，用 T 表示，单位为秒（s）。正弦量每秒变化的次数称为频率，用 f 表示，单位为赫［兹］（Hz）。

频率和周期是倒数关系，即

$$f=\frac{1}{T} \tag{2-1}$$

我国规定工业电力网的标准频率（简称工频）是 50Hz，对应于工频的周期是 0.02s。

频率和周期用来衡量交流电变化的快慢。频率越高或周期越短，表示交流电变化越快。周期在正弦量波形图上的表示如图 2-2 所示。

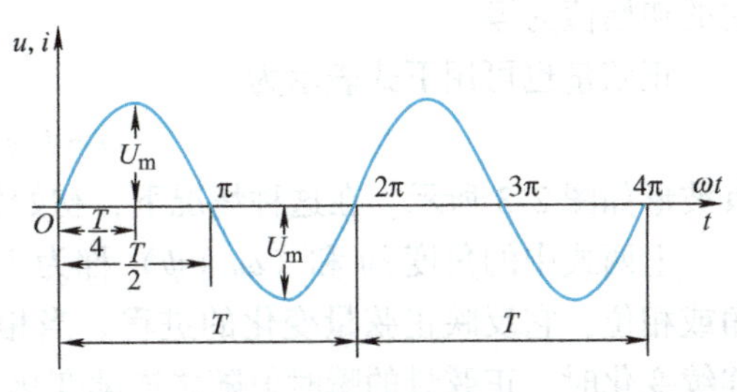

图 2-2 正弦量波形

正弦量变化的快慢除了用周期和频率表示外，还可以用角频率 ω 表示，正弦量每秒所经历的弧度数称为角频率，单位为弧度/秒（rad/s）。由于正弦交流电一个周期内经历了 2π 弧度，所以角频率为

$$\omega=\frac{2\pi}{T}=2\pi f \tag{2-2}$$

对工频 $f=50\text{Hz}$ 的交流电来讲，其角频率为 $\omega=2\pi f=314\text{rad/s}$。

（2）幅值与有效值

正弦量在任一瞬间的值称为瞬时值，用小写字母来表示，如 i、u 及 e 分别表示电流、电压及电动势的瞬时值。瞬时值中最大的值称为幅值或最大值，用带有下标 m 的大写字母表示，如 I_m、U_m 及 E_m 分别表示电流、电压及电动势的幅值。

交流电是随时间不断变化的，其瞬时值、最大值不能真实反映交流电做功的实际效果，为此，引出了一个能衡量交流电做功效果的物理量，来表示交流电的大小，该物理量称为交流电的有效值，用大写字母表示，如 I、U 及 E 表示电流、电压及电动势的有效值。

交流电的有效值是根据电流的热效应来确定的。不论直流电还是正弦交流电，当它们流过电阻时都会产生热效应。为此，将两个阻值相同的电阻分别通过直流电流 I 和交流电流 i，如果在相同的时间内，两个电阻所消耗的电能相等，说明这两个电流是等效的，这时直流电流的数值就称为交流电流的有效值，即交流的有效值就是和它热效应相同的直流电的值。

理论分析证明，正弦交流电的有效值和最大值之间的关系为

$$I=\frac{I_m}{\sqrt{2}}=0.707I_m \tag{2-3}$$

$$U=\frac{U_m}{\sqrt{2}}=0.707U_m \tag{2-4}$$

$$E=\frac{E_m}{\sqrt{2}}=0.707E_m \tag{2-5}$$

正弦量的幅值和有效值之间有固定的关系，因此有效值可以代替幅值作为正弦量的一个要素。

一般仪器、灯泡以及交流电机等交流电器设备上所标的电压、电流都是指有效值，交流电流表、电压表的读数也都是指有效值。

（3）初相位

正弦量是随时间而变化的，要确定一个正弦量，还要考虑计时起点（$t=0$）时的情况。所取的计时起点不同，正弦量的初始值（$t=0$ 时的值）就不同，到达幅值或某一特定值所需要的时间也就不同。在图 2-2 中，正弦交流电的瞬时值为

$$i=I_m\sin\omega t \tag{2-6}$$

它的初始值为零。

正弦量也可用下式表示为

$$i=I_m\sin(\omega t+\psi) \tag{2-7}$$

其波形如图 2-3 所示。在这种情况下，初始值 $i_0=I_m\sin\psi$，不等于零。

上两式中的角度 ωt 和（$\omega t+\psi$）称为正弦量的相位角或相位，它反映正弦量变化的进程。当相位角随时间连续变化时，正弦量的瞬时值随之连续变化。

$t=0$ 时的相位角称为初相角或初相位。式(2-6) 中，初相位为零；式(2-7) 中，初相位为 ψ。因此，所取计时起点不同，正弦量的初相位不同，其初始值也就不同。

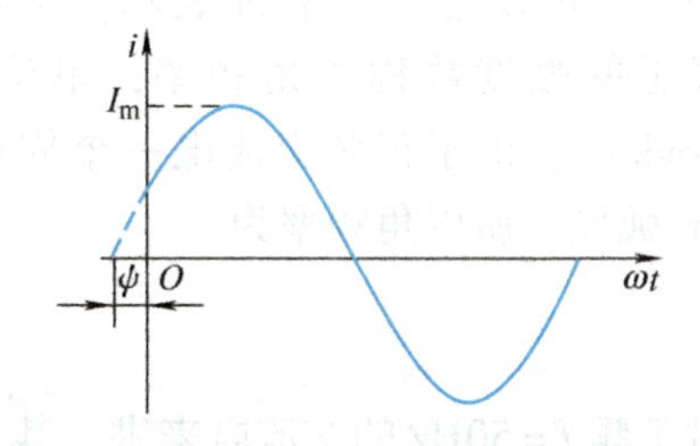

图 2-3 初相位不等于零的正弦波形

在一个正弦交流电路中，电压 u 和电流 i 的频率是相同的，但初相位不一定相同，如图 2-4a 所示。图中 u 和 i 的波形可用下式表示

$$\begin{aligned}u&=U_m\sin(\omega t+\psi_u)\\ i&=I_m\sin(\omega t+\psi_i)\end{aligned} \tag{2-8}$$

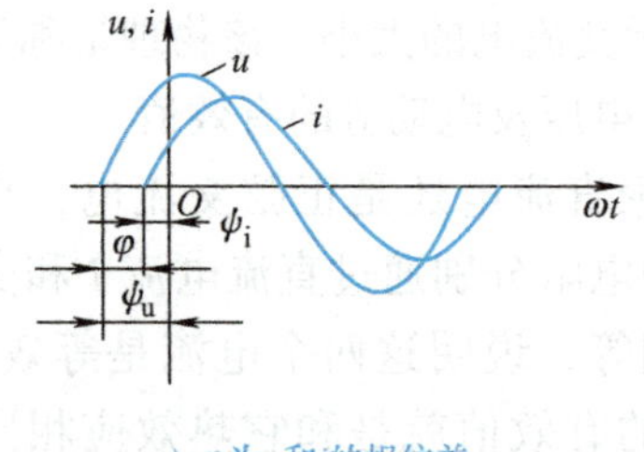

a) φ为u和i的相位差

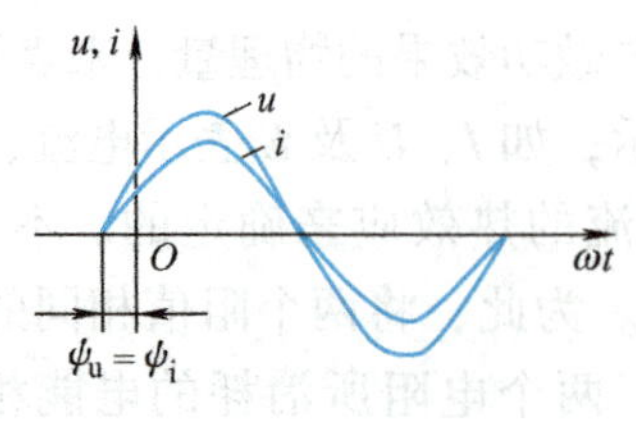

b) $\varphi=0°$ 同相

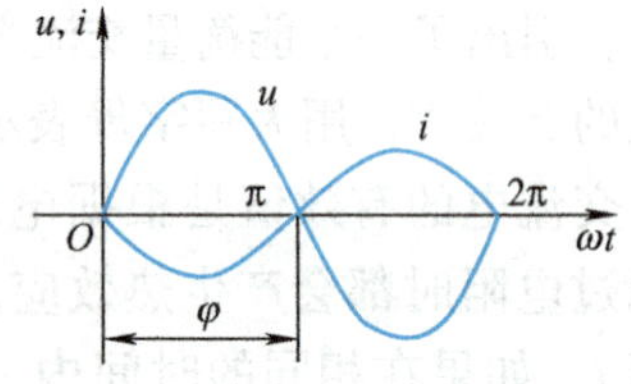

c) $\varphi=180°$ 反相

图 2-4 u 和 i 的初相位和相位差

它们的初相位分别为 ψ_u 和 ψ_i。

两个同频率正弦量的相位角之差或初相位之差，称为相位差，用 φ 表示。在式(2-8) 中，u 和 i 的相位差为

$$\varphi=(\omega t+\psi_u)-(\omega t+\psi_i)=\psi_u-\psi_i \tag{2-9}$$

当两个同频率正弦量的计时起点（$t=0$）改变时，它们的相位和初相位就跟着改变，但是两者之间的相位差仍保持不变。在图 2-4a 中，u 比 i 超前 φ，或者说 i 比 u 滞后 φ。在图2-4b 中，u 和 i 具有相同的初相位，即相位差 $\varphi=0$，则两者同相；在图2-4c 中，u 和 i 反相，即两者的相位差 $\varphi=180°$。

【例 2-1】 正弦交流电压和电流的瞬时值表达式分别为

$$u=30\sin\left(314t+\frac{\pi}{6}\right)\text{V}$$

$$i=20\sin\left(314t-\frac{\pi}{6}\right)\text{A}$$

试求：(1) u 和 i 的幅值、有效值、角频率、频率、初相位和相位差；(2) 画出 u 和 i 的波形。

【解】 (1) 电压的幅值 $U_m=30\text{V}$，电压的有效值为 $U=\frac{30\text{V}}{\sqrt{2}}=15\sqrt{2}\text{V}$

电流的幅值 $I_m=20\text{A}$，电流的有效值为 $I=\frac{20\text{A}}{\sqrt{2}}=10\sqrt{2}\text{A}$

电压和电流的角频率为 $\omega=314\text{rad/s}$

电压和电流的频率为 $f=\frac{\omega}{2\pi}=\frac{314}{2\times3.14}\text{Hz}=50\text{Hz}$

电压的初相位为 $\psi_u=\frac{\pi}{6}$

电流的初相位为 $\psi_i=-\frac{\pi}{6}$

电压和电流的相位差为 $\varphi=\psi_u-\psi_i=\frac{\pi}{6}-\left(-\frac{\pi}{6}\right)=\frac{\pi}{3}$

(2) 波形图如图 2-5 所示。

正弦交流电的初相位可以是正值，也可以是负值，正值的初相位在纵轴的左边，负值的初相位在纵轴的右边。由图 2-5 可见，由于 $\psi_i<\psi_u$，u 比 i 先到达幅值，故称 u 在相位上超前于 i 一个角度 φ，或者说 i 在相位上滞后 u 一个角度 φ。

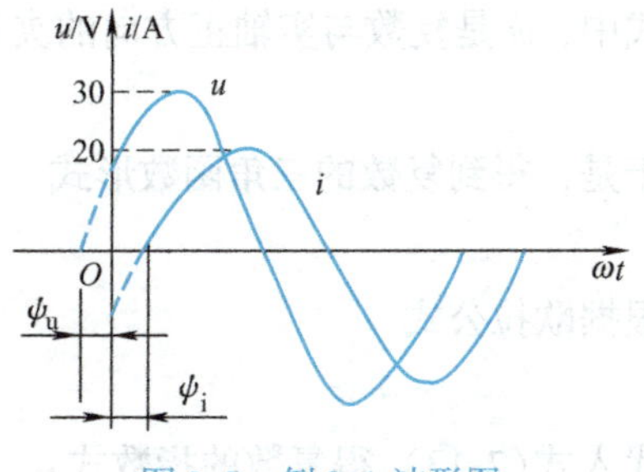

图 2-5 例 2-1 波形图

3. 正弦交流电的相量表示法

一个正弦交流量可以用三角函数式或波形图来表示。这两种方法进行交流电路的分析与计算是相当麻烦的。因此，工程上广泛使用旋转相量表示法，来简化交流电路的分析和计算。旋转相量表示法是把正弦量变换成为相量，进行运算。

正弦量是由幅值、频率和初相位这三个要素来确定的。在交流电路中，电流、电压和电动势是同频率的正弦量。因此，只要知道它们的幅值和初相位，则该电压和电流就被唯一地确定了。

设有一正弦电压 $u=U_m\sin(\omega t+\psi)$，其波形如图 2-6b 所示，它可以用一个旋转有向线段来表示：过直角坐标的原点作一旋转有向线段，该旋转有向线段的长度等于该正弦量的最

大值 U_m，旋转有向线段与横轴正向的夹角等于该正弦量的初相位，旋转有向线段以逆时针方向旋转，其旋转的角速度 ω 等于该正弦量的角频率，在任一瞬间，旋转有向线段在纵轴上的投影就等于该正弦量的瞬时值。

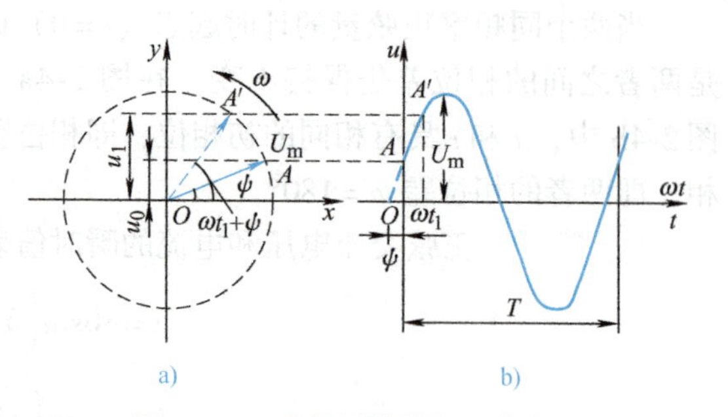

图 2-6　正弦量用旋转相量来表示

当 $t=0$ 时，有向线段在纵轴上的投影为 $u_0=U_m\sin\psi$，这就是 $t=0$ 时正弦交流电压的瞬时值。经过 t_1 时间后，有向线段旋转了 ωt_1 角度，此时它与横轴的夹角为（$\omega t_1+\psi$），它在纵轴上的投影为 $u=U_m\sin(\omega t_1+\psi)$，即 t_1 时刻的瞬时值，如图 2-6a 所示。因此，可以用 $t=0$ 的初始位置时的有向线段来表示正弦量，由于在实际电路中各电量的频率是相同的，所以旋转的角速度可以省去，通常只需用一个有一定长度并与横轴有一定夹角的有向线段来表示正弦量。

正弦量可以用旋转有向线段表示，而有向线段可用复数表示，所以正弦量可以用复数表示。如复数的代数形式

$$A=a+\mathrm{j}b \tag{2-10}$$

式中，a、b 均为实数，分别称为复数的实部和虚部。横轴表示实部，以 +1 为单位，称为实轴。纵轴表示虚部，称为虚轴，以 +j 为单位。实轴与虚轴构成的平面称为复平面。复数 A 也可以用复平面上的有向线段表示，如图 2-7 所示。

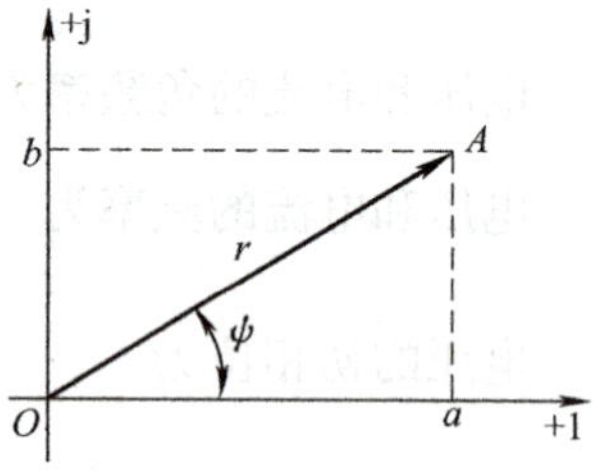

图 2-7　用复平面上的有向线段表示复数

$$r=\sqrt{a^2+b^2} \tag{2-11}$$

式中，r 是复数的大小，称为复数的模。

$$\psi=\arctan\frac{b}{a} \tag{2-12}$$

式中，ψ 是复数与实轴正方向的夹角，称为复数的辐角。

$$a=r\cos\psi \qquad b=r\sin\psi$$

于是，得到复数的三角函数形式

$$A=r(\cos\psi+\mathrm{j}\sin\psi) \tag{2-13}$$

根据欧拉公式

$$\mathrm{e}^{\mathrm{j}\psi}=\cos\psi+\mathrm{j}\sin\psi$$

代入式(2-13)得复数的指数式：

$$A=r\mathrm{e}^{\mathrm{j}\psi} \tag{2-14}$$

或变成极坐标形式：

$$A=r\angle\psi \tag{2-15}$$

复数的加减运算用代数形式运算最为简单。复数的乘除运算以指数形式或极坐标形式运算最为简单。

如上所述，一个有向线段可用复数表示，如果用复数来表示正弦量，则复数的模为正弦量的幅值或有效值，复数的辐角为正弦量的初相位。

为了区别于一般的复数，把表示正弦量的复数称为相量，并在大写字母上打“·”。正弦交流电 $i=I_{\mathrm{m}}\sin(\omega t+\psi)$ 的相量为

$$\dot{I}_{\mathrm{m}}=I_{\mathrm{m}}(\cos\psi+\mathrm{j}\sin\psi)=I_{\mathrm{m}}\mathrm{e}^{\mathrm{j}\psi}=I_{\mathrm{m}}\angle\psi$$

或用有效值相量表示为

$$\dot{I}=I(\cos\psi+\mathrm{j}\sin\psi)=I\mathrm{e}^{\mathrm{j}\psi}=I\angle\psi$$

电压和电流的相量图如图 2-8 所示。

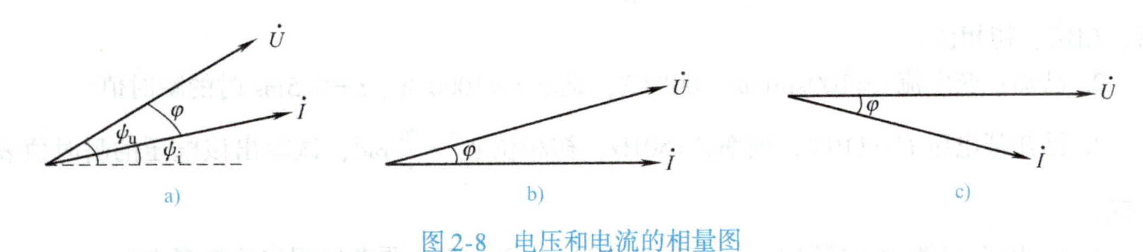

图 2-8 电压和电流的相量图

只有正弦周期量才能用相量表示，相量不能表示非正弦周期量。相量只是表示正弦量，而不是等于正弦量。

研究多个同频率正弦交流电的关系时，可按照各正弦量的大小和相位关系用初始位置的有向线段画出若干个相量的图形，称为相量图。只有同频率的正弦量才能画在同一相量图上，不同频率的正弦量不能画在一个相量图上。

为了方便起见，画相量图时复数坐标一般可以不画出，但要注意各正弦量之间的相位差，可以取其中一个相量令其初相位为零，其他相量的位置按与此相量之间的相位差定出。如取图 2-8 中的电流为参考相量，则图 2-8a 可以画成图 2-8b，如取电压为参考相量，则图 2-8a 可以画成图 2-8c。

【例 2-2】 两个正弦量的瞬时值表达式为

$$u=220\sqrt{2}\sin(314t+30°)\,\mathrm{V}$$

$$i=10\sqrt{2}\sin(314t-30°)\,\mathrm{A}$$

试求：(1) 分别写出它们的幅值、有效值、初相位、相位差；(2) 分别用正弦波形、相量图、复数式表示两个正弦量。

【解】

(1) $U_{\mathrm{m}}=220\sqrt{2}\mathrm{V}=311\mathrm{V}$

$I_{\mathrm{m}}=10\sqrt{2}\mathrm{V}=14.1\mathrm{V}$

$U=220\mathrm{V}\qquad I=10\mathrm{A}$

$\psi_{\mathrm{u}}=30°\qquad \psi_{\mathrm{i}}=-30°$

$\varphi=\psi_{\mathrm{u}}-\psi_{\mathrm{i}}=30°-(-30°)=60°$

(2) u 和 i 波形如图 2-9a 所示，相量图如图 2-9b 所示。

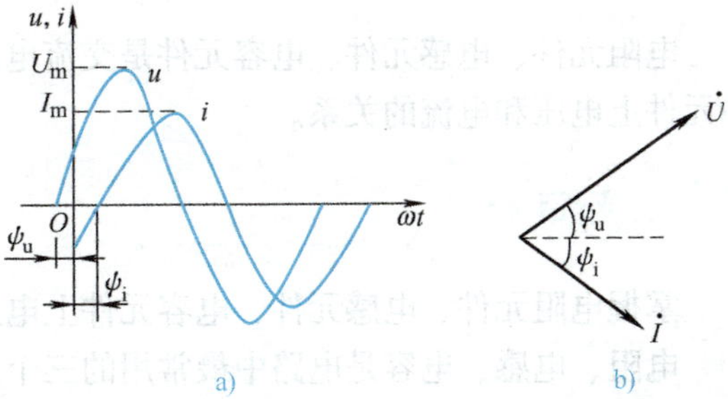

图 2-9 例 2-2 图

复数表示 $\dot{U}_{\mathrm{m}}=U_{\mathrm{m}}\mathrm{e}^{\mathrm{j}\psi_{\mathrm{u}}}=U_{\mathrm{m}}\angle\psi_{\mathrm{u}}\qquad \dot{I}_{\mathrm{m}}=I_{\mathrm{m}}(\cos\psi_{\mathrm{i}}+\mathrm{j}\sin\psi_{\mathrm{i}})=I_{\mathrm{m}}\mathrm{e}^{\mathrm{j}\psi_{\mathrm{i}}}=I_{\mathrm{m}}\angle\psi_{\mathrm{i}}$

或 $\dot{U}=U\mathrm{e}^{\mathrm{j}\psi_{\mathrm{u}}}=U\angle\psi_{\mathrm{u}}\qquad \dot{I}=I(\cos\psi_{\mathrm{i}}+\mathrm{j}\sin\psi_{\mathrm{i}})=I\mathrm{e}^{\mathrm{j}\psi_{\mathrm{i}}}=I\angle\psi_{\mathrm{i}}$

代入数据 $\dot{U}_m = 220\sqrt{2}\angle 30°$ V　　$\dot{I}_m = 10\sqrt{2}\angle -30°$

或　　　　$\dot{U} = 220\angle 30°$ V　　$\dot{I} = 10\angle -30°$ A

课后练习

1. 已知正弦电流 $i = 2820\sin\left(6280t + \frac{\pi}{6}\right)$A，指出它的角频率、频率、周期、幅值、有效值、相位、初相位。

2. 已知正弦电流 $i = 100\sin(\omega t - 60°)$A，试求 $f = 1000$Hz、$t = 0.5$ms 时的瞬时值。

3. 已知某电压 $U = 110$V，频率 $f = 50$Hz，初相位 $\psi_u = \frac{\pi}{6}$rad，试写出该电压的瞬时值表达式。

4. $i = 10\sin(100\pi t + 45°)$A，$u = 50\sin(100\pi t - 30°)$V，两者的相位差是多少？

5. 已知电压的有效值为 220V，初相位 $\psi = 60°$，判别下列各式正确与否？

（1）$u = 220\sin(\omega t + 60°)$V

（2）$u = 220\angle 60°$ V

（3）$u = 220\sqrt{2}\angle 60°$ V

（4）$\dot{U} = 220\angle 60°$ V

（5）$\dot{U}_m = 220e^{j60°}$V

（6）$\dot{U} = 220\sqrt{2}\sin(\omega t + 60°)$V

6. 已知 $i_1 = 100\sqrt{2}\sin(\omega t + 45°)$A，$i_2 = 60\sqrt{2}\sin(\omega t - 30°)$A。试用相量表示 i_1 及 i_2，求解 $\dot{I} = \dot{I}_1 + \dot{I}_2$，写出 i 的瞬时值表达式，并画出它们的波形图。

任务 2.1.2　单一参数的正弦交流电路

任务导入

电阻元件、电感元件、电容元件是交流电路中的基本电路元件。本学习任务将研究这三种元件上电压和电流的关系。

任务目标

掌握电阻元件、电感元件、电容元件上电压和电流的关系。

电阻、电感、电容是电路中最常用的三个参数。一般来说，电路中除了产生能量，还普遍存在着能量的消耗、电场能量的储存和磁场能量的储存。用来表征电路中上述三种物理性质的理想的电路元件分别称为理想电阻元件、理想电感元件、理想电容元件。习惯上，简称为电阻元件或电阻、电感元件或电感、电容元件或电容，代表它们量值大小的量称为参数。电阻是表征电路中能量消耗的参数，电感是表征电路中磁场能量储存的参数，电容是表征电路中电场能量储存的参数。

任何实际电路都同时具有 R、L、C 三种参数，而在一定条件下，某一参数的作用尤为突出，而其他参数作用微小到可以忽略时，就可以近似地把其作为只具有单一参数的电路。

1. 纯电阻电路

（1）电压和电流

图2-10是纯电阻交流电路，在电阻 R 两端加上交流电压 u_R，则电路中就有电流 i_R 流过。根据图中所示参考方向，由欧姆定律得

$$i_R = \frac{u_R}{R} \quad (2\text{-}16)$$

可见，在任何瞬间通过电阻的电流 i_R 与该瞬间外加电压 u_R 成正比。

设加在电阻两端的电压为

$$u_R = U_{Rm}\sin\omega t \quad (2\text{-}17)$$

将式(2-17)代入式(2-16)，得

$$i_R = \frac{u_R}{R} = \frac{U_{Rm}\sin\omega t}{R} = I_{Rm}\sin\omega t \quad (2\text{-}18)$$

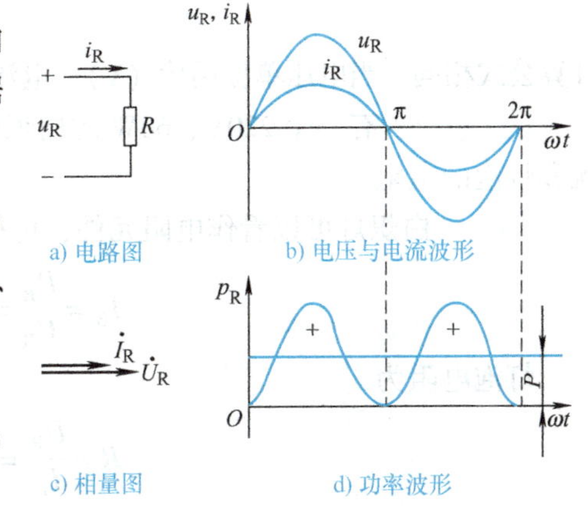

图2-10 电阻元件的交流电路

从式(2-17)和式(2-18)可以知道电阻两端的电压和通过的电流之间有如下关系：

1）电压和电流的频率相同。

2）电压和电流相位相同，因此相位差 $\varphi=0$。

3）电压和电流的最大值之间以及有效值之间的关系分别为

$$U_{Rm} = I_{Rm}R \quad (2\text{-}19)$$

$$U_R = RI_R \quad (2\text{-}20)$$

若用相量表示，则

$$\dot{U}_{Rm} = \dot{I}_{Rm}R \quad 或 \quad \dot{U}_R = \dot{I}_R R \quad (2\text{-}21)$$

式(2-21)是欧姆定律的相量表达式。

（2）功率

1）瞬时功率。电阻任一瞬间吸收的功率称为瞬时功率，用小写字母 p_R 表示，它等于该瞬间电压 u_R 和电流 i_R 的乘积

$$p_R = u_R i_R = U_{Rm}I_{Rm}\sin^2\omega t = \frac{U_{Rm}I_{Rm}(1-\cos2\omega t)}{2} = U_R I_R(1-\cos2\omega t) \quad (2\text{-}22)$$

瞬时功率 p_R 随时间变化的曲线如图2-10d所示。瞬时功率由两部分组成：一部分是常数 $U_R I_R$；另一部分是变量，其幅值是 $U_R I_R$，并以 2ω 角频率随时间变化。瞬时功率总是非负值，即 $p_R \geqslant 0$，这表示任一瞬间电阻元件始终是从电源吸收电能，并转为热能。这是一种不可逆的能量转换过程。

2）平均功率。由于瞬时功率时刻都在变化，不便于测量和计算，且没有多大实用意义。通常取瞬时功率在一个周期内的平均值来衡量电阻上所消耗的功率，称为平均功率或有功功率，简称功率，用 P_R 表示，即

$$P_R = \frac{1}{T}\int_0^T p_R \mathrm{d}t$$

$$= \frac{1}{T}\int_0^T U_R I_R (1 - \cos 2\omega t)\,dt$$

$$= U_R I_R = RI_R^2 = \frac{U_R^2}{R} \tag{2-23}$$

交流电阻电路的平均功率等于电压、电流有效值的乘积，计算公式与直流电路中功率的计算公式相同。当电压单位用伏（V）、电流单位用安（A）时，平均功率的单位为瓦（W）。

【例 2-3】 有一个 220V、60W 的白炽灯，接在 220V 的交流电源上，求通过该灯泡的电流和灯泡的电阻。

【解】 白炽灯可以看作电阻元件，可得

$$I_R = \frac{P_R}{U_R} = \frac{60}{220}\text{A} = 0.273\text{A}$$

灯泡电阻为

$$R = \frac{U_R}{I_R} = \frac{220}{0.273}\Omega = 806\Omega$$

【例 2-4】 已知一单相电阻炉由 5 根电阻丝并联组成，每个电阻丝的额定电阻 $R = 48.25\Omega$，电路的额定电压 $U_N = 220\text{V}$。(1) 求电阻炉在额定工作时，其电流的有效值及有功功率；(2) 如电阻炉每天工作 7h，求一年（365 天）消耗的电能。

【解】 (1) 电阻炉的总电阻为

$$R_0 = \frac{R}{5} = \frac{48.25}{5}\Omega = 9.65\Omega$$

电流有效值为

$$I = \frac{U_N}{R_0} = \frac{220}{9.65}\text{A} = 22.8\text{A}$$

有功功率为

$$P = R_0 I^2 = 9.65 \times 22.8^2\text{W} = 5016\text{W}$$

(2) 一年消耗的电能为

$$W = Pt = 5016 \times 7 \times 365\text{W}\cdot\text{h} = 12815.88\text{kW}\cdot\text{h}$$

2. 纯电感电路

电动机的绕组、荧光灯的镇流器、交流接触器、继电器的线圈都是电感线圈。若线圈的内阻很小可以忽略，就可以看成只有电感的纯电感电路。

(1) 电压和电流

当流过电感中的电流变化时，电感中就会产生感应电动势，如图 2-11 所示。

根据电磁感应定律，变化的电流流过线圈时，在线圈中会产生自感电动势 e_L 来阻止电流的变化。在图示参考方向下有

$$u_L = -e_L = L\frac{di}{dt}$$

设电流为参考相量，即

$$i_L = I_{Lm}\sin\omega t$$

则

$$
\begin{aligned}
u_{\mathrm{L}} &= L\frac{\mathrm{d}(I_{\mathrm{Lm}}\sin\omega t)}{\mathrm{d}t} = \omega L I_{\mathrm{Lm}}\cos\omega t \\
&= \omega L I_{\mathrm{Lm}}\sin(\omega t + 90°) \\
&= U_{\mathrm{Lm}}\sin(\omega t + 90°)
\end{aligned} \tag{2-24}
$$

可见电压也是一个同频率的正弦量。比较以上两式可知，在电感元件电路中，在相位上电流比电压滞后90°。电压 u_{L}和电流 i_{L} 的正弦波形如图 2-11b 所示。

在式(2-24) 中

$$U_{\mathrm{Lm}} = \omega L I_{\mathrm{Lm}}$$

或

$$U_{\mathrm{L}} = \omega L I_{\mathrm{L}}$$

$$\frac{U_{\mathrm{Lm}}}{I_{\mathrm{Lm}}} = \frac{U_{\mathrm{L}}}{I_{\mathrm{L}}} = \omega L \tag{2-25}$$

由此可知，在电感元件电路中，电压的幅值（或有效值）与电流的幅值（或有效值）之比值为 ωL。显然，它的单位是欧［姆］。当电压 U_{L} 一定时，ωL 越大，则电流 I_{L} 越小。可见它具有对交流电起阻碍作用的物理性质，所以称为感抗，用 X_{L}表示，即

$$X_{\mathrm{L}} = \omega L = 2\pi f L \tag{2-26}$$

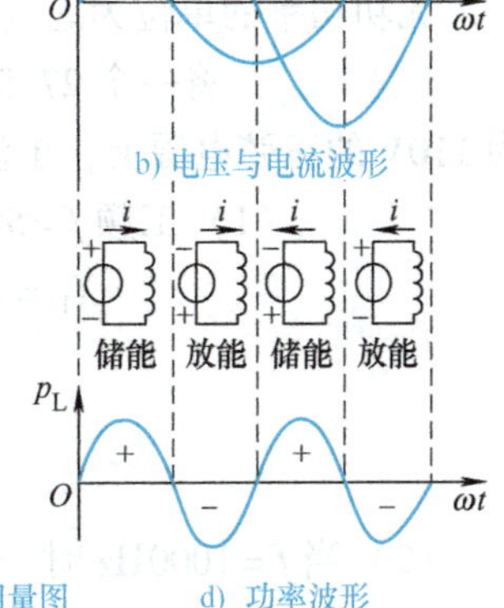

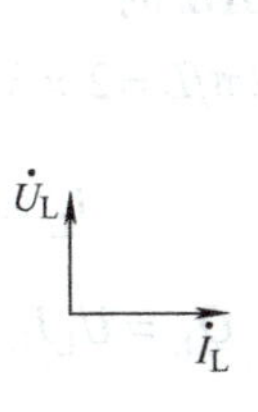

a) 电路图　b) 电压与电流波形　c) 电压与电流的相量图　d) 功率波形

图 2-11　电感元件的交流电路

感抗 X_{L}与电感 L、频率 f 成正比。因此，电感线圈对高频电流的阻碍作用大，而对直流电路可视作短路，即对直流电路，$X_{\mathrm{L}} = 0$。

如电压与电流用相量表示，则

$$\dot{U}_{\mathrm{L}} = U_{\mathrm{L}}\mathrm{e}^{\mathrm{j}90°},\ \dot{I}_{\mathrm{L}} = I_{\mathrm{L}}\mathrm{e}^{\mathrm{j}0°}$$

$$\frac{\dot{U}_{\mathrm{L}}}{\dot{I}_{\mathrm{L}}} = \frac{U_{\mathrm{L}}}{I_{\mathrm{L}}}\mathrm{e}^{\mathrm{j}90°} = \mathrm{j}X_{\mathrm{L}}$$

或

$$\dot{U}_{\mathrm{L}} = \dot{I}_{\mathrm{L}}\mathrm{j}X_{\mathrm{L}} = \mathrm{j}\omega L\dot{I}_{\mathrm{L}} \tag{2-27}$$

式(2-27) 表示电压的有效值等于电流的有效值与感抗的乘积，在相位上电压比电流超前90°。电压和电流的相量图如图 2-11c 所示。

（2）功率

1）瞬时功率

$$
\begin{aligned}
p_{\mathrm{L}} &= u_{\mathrm{L}}i_{\mathrm{L}} = U_{\mathrm{Lm}}I_{\mathrm{Lm}}\sin\omega t\sin(\omega t + 90°) = U_{\mathrm{Lm}}I_{\mathrm{Lm}}\sin\omega t\cos\omega t = \frac{U_{\mathrm{Lm}}I_{\mathrm{Lm}}\sin 2\omega t}{2} \\
&= U_{\mathrm{L}}I_{\mathrm{L}}\sin 2\omega t
\end{aligned} \tag{2-28}
$$

电感电路中，瞬时功率是最大值为 $U_{\mathrm{L}}I_{\mathrm{L}}$、以 2ω 的角频率随时间而变化的正弦交变量，其波形如图 2-11d 所示。

2）平均功率

$$P_{\mathrm{L}} = \frac{1}{T}\int_0^T p_{\mathrm{L}}\mathrm{d}t = \frac{1}{T}\int_0^T U_{\mathrm{L}}I_{\mathrm{L}}\sin 2\omega t\mathrm{d}t = 0 \tag{2-29}$$

从图 2-11d 的波形图也可看出，p_L 的平均值为零。

可见，在电感电路中，电感不消耗有功功率，即没有能量的消耗，电感与电源之间进行磁场能的交换。

3）无功功率。为了表征电感元件与电源交换能量的大小，把电感元件上瞬时功率的最大值称为电感元件的无功功率。无功功率的含义是能量的交换，而不是能量的消耗，为了和有功功率区别，用符号 Q_L 表示电感元件的无功功率，即

$$Q_L = U_L I_L = X_L I_L^2 = \frac{U_L^2}{X_L} \tag{2-30}$$

无功功率的单位为乏（var）或千乏（kvar）。

【例 2-5】 将一个 27.5mH 的电感元件分别接到工频 110V 电源和频率为 1000Hz、电压为 110V 的正弦电源上，求流过线圈的电流和无功功率各为多少？

【解】 （1）工频 $f=50\text{Hz}$ 时

$$X_L = 2\pi fL = 2\times3.14\times50\times27.5\times10^{-3}\Omega \approx 8.6\Omega$$

$$I_L = \frac{U_L}{X_L} = \frac{110}{8.6}\text{A} \approx 12.8\text{A}$$

$$Q_L = U_L I_L = 110\times12.8\text{var} = 1408\text{var}$$

（2）当 $f=1000\text{Hz}$ 时

$$X_L = 2\pi fL = 2\times3.14\times1000\times27.5\times10^{-3}\Omega = 172.7\Omega$$

$$I_L = \frac{U_L}{X_L} = \frac{110}{172.7}\text{A} \approx 0.64\text{A}$$

$$Q_L = U_L I_L = 110\times0.64\text{var} = 70.4\text{var}$$

在电源电压不变的情况下，同一电感对不同频率呈现不同的感抗。频率越高，感抗越高，电流越小，电感与电源之间能量交换的规模也越小。

3. 纯电容电路

在交流电压作用下，电容器两极板上的电压极性不断变化，电容器将周期性地充电和放电，两极板上的电量也随着发生变化，在电路中就会引起电流

$$i_C = \frac{dq}{dt} = C\frac{du_C}{dt}$$

（1）电压与电流

图 2-12a 中，如果在电容器的两端加一正弦电压：

$$u_C = U_{Cm}\sin\omega t$$

则

$$i_C = C\frac{d(U_{Cm}\sin\omega t)}{dt} = \omega CU_{Cm}\cos\omega t = \omega CU_{Cm}\sin(\omega t+90°) = I_{Cm}\sin(\omega t+90°) \tag{2-31}$$

其电流也是一个同频率的正弦量。

比较以上两式可知，在电容元件电路中，在相位上电流比电压超前 90°。电压 u_C 和电流 i_C 的正弦波形如图 2-12b 所示。

在式(2-31) 中

$$I_{Cm} = \omega CU_{Cm}$$

$$I=\omega CU_C$$

或
$$\frac{U_{Cm}}{I_{Cm}}=\frac{U_C}{I_C}=\frac{1}{\omega C} \tag{2-32}$$

由此可知，在电容元件电路中，电压的幅值（或有效值）与电流的幅值（或有效值）之比为$\frac{1}{\omega C}$。显然，它的单位是欧［姆］。当电压 U_C一定时，$\frac{1}{\omega C}$越大，则电流 I_C 越小。可见它具有对交流电起阻碍作用的物理性质，所以称为容抗，用 X_C表示，即

$$X_C=\frac{1}{\omega C}=\frac{1}{2\pi fC} \tag{2-33}$$

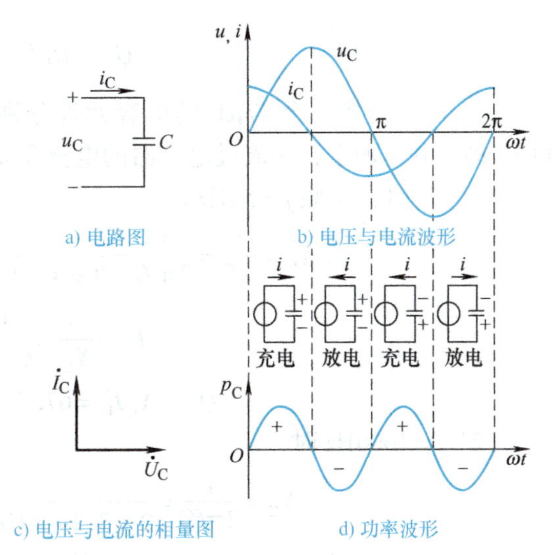

图 2-12 电容元件的交流电路

容抗 X_C与电容 C、频率 f 成反比。所以电容元件对高频电流呈现的容抗很小，而对直流电路（$f=0$）呈现的容抗 $X_C\to\infty$，可视作开路。因此，电容元件有隔断直流的作用。

如电压与电流用相量表示，则

$$\dot{U}_C=U_C e^{j0^\circ} \qquad \dot{I}_C=I_C e^{j90^\circ}$$

$$\frac{\dot{U}_C}{\dot{I}_C}=\frac{U_C e^{j0^\circ}}{I_C e^{j90^\circ}}=-jX_C$$

或

$$\dot{U}_C=-jX_C\dot{I}_C=-j\frac{\dot{I}_C}{\omega C}=\frac{\dot{I}_C}{j\omega C} \tag{2-34}$$

式(2-34）表示电压的有效值等于电流的有效值与容抗的乘积，在相位上电压比电流滞后 90°。电压和电流的相量图如图 2-12c 所示。

（2）功率

1）瞬时功率

$$p_C=u_C i_C=U_{Cm}I_{Cm}\sin\omega t\sin(\omega t+90^\circ)=U_{Cm}I_{Cm}\sin\omega t\cos\omega t=\frac{U_{Cm}I_{Cm}\sin 2\omega t}{2}$$
$$=U_C I_C\sin 2\omega t \tag{2-35}$$

电容电路中，瞬时功率是最大值为 $U_C I_C$、以 2ω 的角频率随时间而变化的正弦交变量，其波形如图 2-12d 所示。

2）平均功率

$$P_C=\frac{1}{T}\int_0^T p_C \mathrm{d}t=\frac{1}{T}\int_0^T U_C I_C\sin 2\omega t\mathrm{d}t=0 \tag{2-36}$$

这说明电容元件是不消耗能量的，电容与电源之间的能量交换是通过电容器的充放电的形式进行的。

3）无功功率。为了表征电容与电源之间能量交换的大小，把电容元件上瞬时功率的最大值称为电容元件的无功功率，用符号 Q_C表示，即

$$Q_C = U_C I_C = X_C I_C^2 = \frac{U_C^2}{X_C} \tag{2-37}$$

【例 2-6】 将一个 47μF 的电容元件分别接到工频 110V 和频率为 1000Hz、有效值为 110V 的正弦电源上，求流过电容器的电流和无功功率各为多少？

【解】 (1) 工频 $f = 50\text{Hz}$ 时

$$X_C = \frac{1}{\omega C} = \frac{1}{2\pi f C} = \frac{1}{2\times 3.14\times 50\times 47\times 10^{-6}}\Omega = 67.7\Omega$$

$$I_C = \frac{U_C}{X_C} = \frac{110}{67.7}\text{A} = 1.62\text{A}$$

$$Q_C = X_C I_C^2 = 67.7\times 1.62^2\text{var} = 178\text{var}$$

(2) $f = 1000\text{Hz}$ 时

$$X_C = \frac{1}{2\pi f C} = \frac{1}{2\times 3.14\times 1000\times 47\times 10^{-6}}\Omega = 3.39\Omega$$

$$I_C = \frac{U_C}{X_C} = \frac{110}{3.39}\text{A} = 32.4\text{A}$$

$$Q_C = X_C I_C^2 = 3.39\times 32.4^2\text{var} = 3559\text{var}$$

课后练习

1. 下列各式是否成立？

$$X_L = \frac{u_L}{j\omega L} \qquad \dot{I} = \frac{\dot{U}_L}{jX_L} \qquad \frac{U_L}{I_L} = jX_L \qquad I_L = \frac{u_L}{X_L}$$

$$P_L = I_L U_L = I_L^2 X_L \qquad R = \frac{u_R}{i_R} \qquad I_R = \frac{U_R}{R} \qquad X_C = \frac{u_C}{i_C}$$

$$I_C = \frac{u_C}{X_C} \qquad \frac{U_L}{I_L} = \frac{j}{\omega L} \qquad Q_C = I_C^2\omega C \qquad u_C = \frac{1}{C}\int i_C\text{d}t$$

2. 已知频率为 50Hz、有效值为 220V 的电压分别接在电阻元件、电感元件、电容元件负载上，$R = X_L = X_C = 22\Omega$，试分别求出由这三个元件组成的电路中的电流，若以电压为参考量，分别画出电压与电流的波形图、相量图，写出各电流的瞬时值表达式。若电源电压数值不变，频率改为 5000Hz，此时 R、X_L、X_C 是否仍为 22Ω，为什么？电路中的电流是否变化？是增大还是减小？波形图、相量图变化了没有？

任务 2.1.3 *RLC* 串联交流电路

任务导入

实际上，仅仅含有一个元件的交流电路并不多见，而理想元件的电路也是不存在的。实际电路可以看作是把实际元件接近理想化后而产生的。

任务目标

掌握 *RLC* 串联交流电路的分析方法。

RLC 串联交流电路如图2-13a所示。在正弦交流电压 u 作用下，电路中将有电流 i 通过。该电流分别在 R、L、C 上产生的电压降为 u_R、u_L、u_C，电压和电流的参考方向如图所示。由于串联电路中通过的是同一电流，为了讨论方便，设电流为参考正弦量。

1. 电压和电流

设 $i=I_m\sin\omega t$，通过对单一参数电路的讨论，可以得到，电阻上电压 u_R 与电流 i 同相：

$$u_R=U_{Rm}\sin\omega t$$

$$U_{Rm}=RI_m$$

电感上电压 u_L 超前电流90°，故有

$$u_L=U_{Lm}\sin(\omega t+90°)\qquad U_{Lm}=X_LI_m$$

电容上电压 u_C 滞后电流90°，故有

$$u_C=U_{Cm}\sin(\omega t-90°)\qquad U_{Cm}=X_CI_m$$

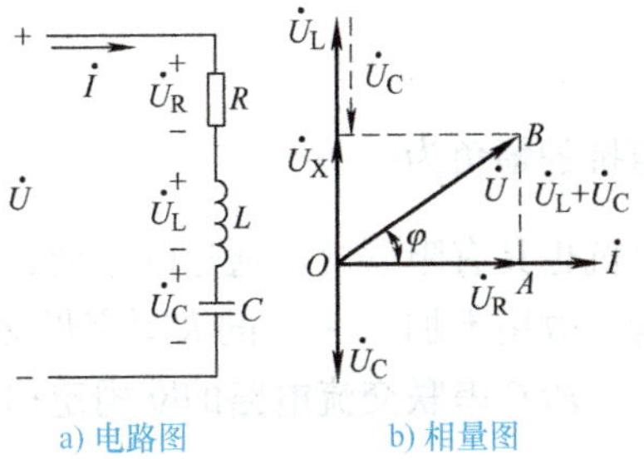

a) 电路图　　b) 相量图

图2-13　*RLC* 串联交流电路

由基尔霍夫电压定律可列出：

$$u=u_R+u_L+u_C=RI_m\sin\omega t+X_LI_m\sin(\omega t+90°)+X_CI_m\sin(\omega t-90°)\tag{2-38}$$

由于 u_R、u_L、u_C 是同频率的正弦量，故可用相量表示，即

$$\dot{U}=\dot{U}_R+\dot{U}_L+\dot{U}_C\tag{2-39}$$

图2-13b是 $U_L>U_C$ 的相量图，由于 $\dot{U}_L$ 与 $\dot{U}_C$ 反相，故（$\dot{U}_L+\dot{U}_C$）的值实际上是 $\dot{U}_L$ 与 $\dot{U}_C$ 的有效值之差，由 $\dot{U}_R$、（$\dot{U}_L+\dot{U}_C$）和 $\dot{U}$ 三个相量组成一个直角三角形，称为电压三角形，如图2-14所示。由上述分析可得总电压与总电流间的关系为

$$\begin{aligned}U&=\sqrt{U_R^2+(U_L-U_C)^2}\\&=\sqrt{(RI)^2+(X_LI-X_CI)^2}\\&=\sqrt{R^2+(X_L-X_C)^2}\,I\\&=|Z|I\end{aligned}$$

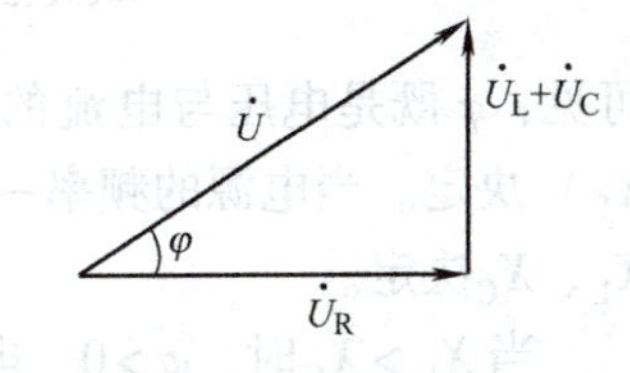

图2-14　电压三角形

总电压与总电流之间的相位差为

$$\varphi=\arctan\frac{U_L-U_C}{U_R}=\arctan\frac{U_X}{U_R}\tag{2-40}$$

由此可以写出总电压的瞬时表达式及相量表达式，即

$$u=u_R+u_L+u_C=\sqrt{2}U\sin(\omega t+\varphi)$$

$$\dot{U}=U\angle\varphi$$

同样由式(2-39) 可得

$$\dot{U}=R\dot{I}+jX_L\dot{I}-jX_C\dot{I}$$

$$\frac{\dot{U}}{\dot{I}}=R+j(X_L-X_C)\tag{2-41}$$

式中，$[R+j(X_L-X_C)]$ 称为电路的阻抗，用大写字母 Z 表示，单位为欧（Ω）。

$$Z=R+j(X_L-X_C)=R+jX$$

$$= \sqrt{R^2 + X^2} \angle \arctan \frac{X}{R}$$

$$= |Z| \angle \varphi$$

式中，电阻 R 是实部，电抗 $X = X_L - X_C$ 是虚部。阻抗的模为

$$|Z| = \sqrt{R^2 + X^2}$$

阻抗的辐角为

$$\varphi = \arctan \frac{X}{R} \tag{2-42}$$

阻抗也具有阻碍电流通过的性质，但阻抗不是时间函数，也不是正弦量，只是一个复数计算量，故用不加“·”的大写字母 Z 表示。

RLC 串联交流电路的欧姆定律的相量式为

$$Z = \frac{\dot{U}}{\dot{I}} = \frac{U \angle \psi_u}{I \angle \psi_i} \tag{2-43}$$

如果把电压三角形的每一边均除以电流 I，即可得到阻抗三角形，如图 2-15 所示。电压三角形的各边都是相量，即为相量三角形，用带箭头的有向线段来表示。而阻抗三角形的各边不是相量，不能用带箭头的有向线段来表示。从电压三角形和阻抗三角形都能得到总电压与总电流之间的相位差。

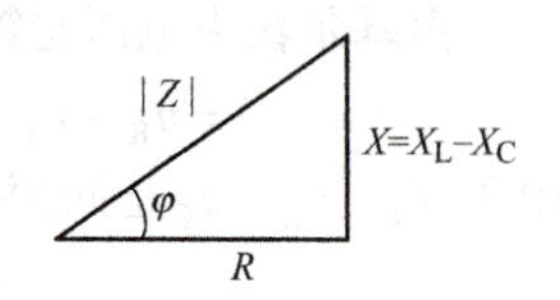

图 2-15　阻抗三角形

$$\varphi = \arctan \frac{U_L - U_C}{U_R} = \arctan \frac{U_X}{U_R}$$

$$= \arctan \frac{X_L - X_C}{R} = \arctan \frac{X}{R} \tag{2-44}$$

可见，φ 既是电压与电流的相位差，也是阻抗的阻抗角。其大小由电路的参数（R、X_L、X_C）决定。当电源的频率一定时，电路的性质（电压与电流的相位差）也由电路参数 R、X_L、X_C 决定。

当 $X_L > X_C$ 时，$\varphi > 0$，电压超前电流，电压 U_L 大于 U_C，即电感的作用大于电容的作用，整个电路呈现电感性，称为电感性电路，其相量图如图 2-16a 所示。

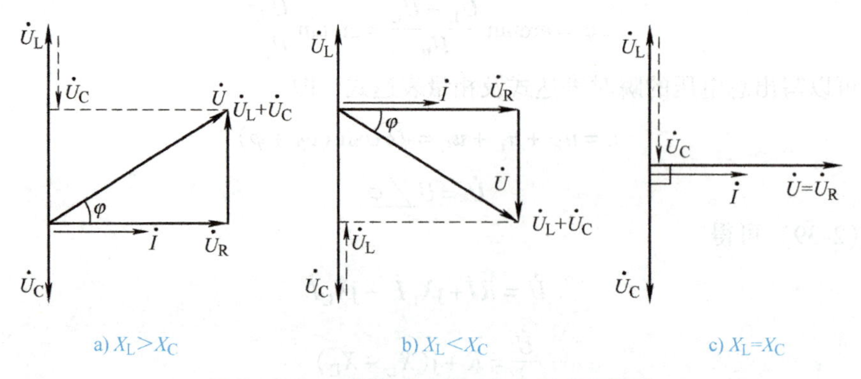

图 2-16　*RLC* 串联电路电流和电压的向量图

当 $X_L < X_C$ 时，$\varphi < 0$，电压滞后电流，电压 U_L 小于 U_C，即电容的作用大于电感的作用，整个电路呈现电容性，称为电容性电路，其相量图如图 2-16b 所示。

当 $X_L=X_C$ 时，$\varphi=0$，电压与电流同相，电压 $U_L=U_C$，即电感的作用与电容的作用相同，整个电路呈现电阻性，称为电阻性电路，其相量图如图2-16c所示。

2. 功率

在 RLC 串联交流电路中，既有耗能元件 R，又有储能元件 L 和 C，因此电路中既有能量的消耗，又有能量的交换，功率波形如图2-17所示。

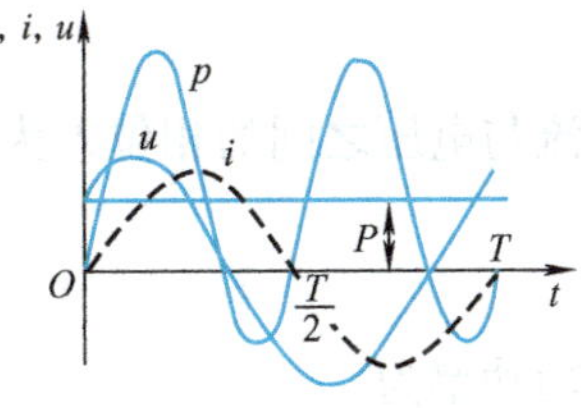

图2-17　功率波形

（1）有功功率（平均功率）

电源供给电阻消耗的有功功率为

$$P=U_RI=RI^2 \tag{2-45}$$

由电压三角形可知 $U_R=U\cos\varphi$，代入上式得

$$P=UI\cos\varphi \tag{2-46}$$

式(2-46)中 $\cos\varphi$ 称为交流电路的功率因数，φ 称为功率因数角，也就是阻抗角。

（2）无功功率

RLC 串联交流电路中有储能元件电感和电容，它们不消耗功率，但与电源之间存在着能量的交换，这种能量交换的规模就是无功功率，用符号 Q 表示：

$$Q=IU_X=I(U_L-U_C)=IU_L-IU_C=Q_L-Q_C \tag{2-47}$$

或

$$Q=XI^2=(X_L-X_C)I^2=X_LI^2-X_CI^2=Q_L-Q_C$$

在 RLC 串联交流电路中，各元件上流过的是同一电流 I，而电压 U_L 和 U_C 是反相的，如图2-13b所示。因此，感性无功功率 Q_L 与容性无功功率 Q_C 的作用是相反的，两者相互补偿，减轻了电源的负担，使电源与负载之间传递的无功功率等于电感无功功率与电容无功功率之差。

由电压三角形可知 $U_X=U\sin\varphi$，代入式(2-47)得

$$Q=UI\sin\varphi \tag{2-48}$$

（3）视在功率

视在功率是总电压与总电流的有效值的乘积，单位是伏·安（V·A）或千伏·安（kV·A），视在功率用符号 S 表示：

$$S=UI=|Z|I^2 \tag{2-49}$$

用图2-14中电压三角形的每条边乘以电流 I，可得到以 P、Q、S 为三边的功率三角形，如图2-18所示。

由功率三角形可知，视在功率、无功功率、有功功率的关系为

$$S=\sqrt{P^2+Q^2}$$
$$Q=S\sin\varphi=UI\sin\varphi$$
$$P=S\cos\varphi=UI\cos\varphi$$
$$\cos\varphi=P/S$$

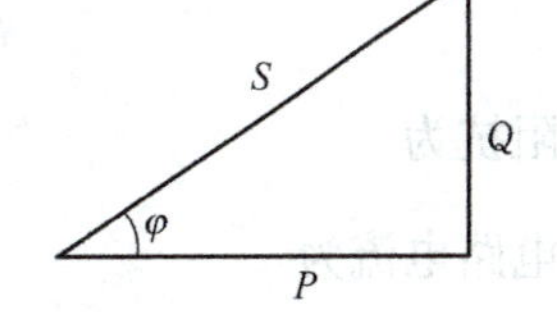

图2-18　功率三角形

【例2-7】　已知某线圈电阻为8Ω、电感为15mH，接于220V、50Hz的交流电源上，试求通过线圈中的电流以及电流与电压之间的相位差、有功功率、无功功率、视在功率，并画出电压与电流的相量图。

【解】　线圈的感抗为

$$X_L = 2\pi fL = 2 \times 3.14 \times 50 \times 15 \times 10^{-3}\Omega = 4.71\Omega$$

线圈的阻抗为

$$|Z| = \sqrt{R^2 + X_L^2} = \sqrt{8^2 + 4.71^2}\Omega = 9.3\Omega$$

线圈中的电流为

$$I = \frac{U}{|Z|} = \frac{220}{9.3}A = 23.7A$$

电流与电压之间的相位差为

$$\varphi = \arctan\frac{X_L}{R} = \arctan\frac{4.71}{8} = 30.5°$$

有功功率为

$$P = UI\cos\varphi = 220 \times 23.7 \times \cos 30.5°W = 4493W$$

或

$$P = RI^2 = 8 \times 23.7^2 W = 4493W$$

无功功率为

$$Q = UI\sin\varphi = 220 \times 23.7 \times \sin 30.5°\text{var} = 2646\text{var}$$

视在功率为

$$S = UI = 220 \times 23.7V \cdot A = 5214V \cdot A$$

设电流为参考相量，其相量图如图 2-19 所示。

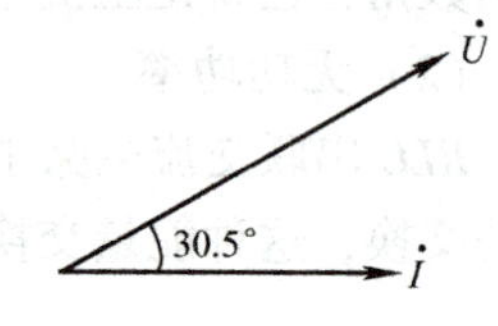

图 2-19　例 2-7 相量图

【例 2-8】 已知 RLC 串联电路中电阻为 40Ω，电感为 298mH，电容为 50μF，设 $u = 220\sqrt{2}\sin 314tV$，试求电路的阻抗 Z、电流 I、有功功率 P、无功功率 Q、视在功率 S 及电流的复数表示与瞬时值表达式，画出相量图。

【解】 线圈的感抗为

$$X_L = \omega L = 314 \times 298 \times 10^{-3}\Omega = 93.6\Omega$$

电容的容抗为

$$X_C = \frac{1}{\omega C} = \frac{1}{314 \times 50 \times 10^{-6}}\Omega = 63.7\Omega$$

电路的阻抗模为

$$|Z| = \sqrt{R^2 + (X_L - X_C)^2} = \sqrt{40^2 + (93.6 - 63.7)^2}\Omega = 50\Omega$$

电压与电流之间的相位差为

$$\varphi = \arctan\frac{X_L - X_C}{R} = \arctan\frac{93.6 - 63.7}{40} = 36.9°$$

阻抗为

$$Z = |Z|\angle\varphi = 50\angle 36.9°\ \Omega$$

电路电流为

$$I = \frac{U}{|Z|} = \frac{220}{50}A = 4.4A$$

电路的有功功率为

$$P = UI\cos\varphi = 220 \times 4.4 \times \cos 36.9°W = 774.4W$$

或

$$P = RI^2 = 40 \times 4.4^2 W = 774.4W$$

电路的无功功率为

$$Q = (X_L - X_C)I^2 = (93.6 - 63.7) \times 4.4^2\text{var} = 579\text{var}$$

电路的视在功率为

$$S = UI = 220 \times 4.4V \cdot A = 968V \cdot A$$

或
$$S=\sqrt{P^2+Q^2}=\sqrt{774^2+581^2}\text{V}\cdot\text{A}=968\text{V}\cdot\text{A}$$

$$\dot{I}=I\angle\varphi_i=4.4\angle-36.9°\text{ A}$$

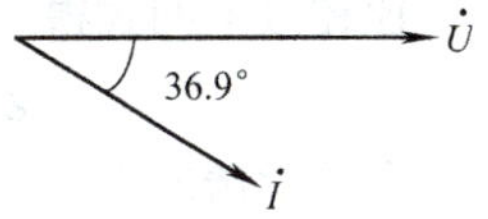

图2-20 例2-8相量图

电流的瞬时值表达式为

$$i=4.4\sqrt{2}\sin(314t-36.9°)\text{A}$$

其相量图如图2-20所示。

课后练习

1. 在 RLC 串联交流电路中，下列各式是否成立？

$$I=\frac{U}{|Z|}\qquad U=U_R+U_L+U_C\qquad S=P+Q$$

$$I=\frac{U}{R^2+(X_L-X_C)^2}\qquad |Z|=R+X_L-X_C$$

2. 已知 $Z=(4-\text{j}3)\Omega$，接于交流220V的电源上，试求电流 I 和电路的功率因数。该电路是电感性还是电容性负载？当电源频率发生变化时，其电流和相位差有无变化？

3. 已知电源电压 $U=220\text{V}$，电流 $I=15\text{mA}$，电压超前电流60°，试求该电路的功率因数、R、X 及有功功率、无功功率和视在功率。

4. 一台交流发电机的额定容量 $S_N=19\text{kV}\cdot\text{A}$，额定电压 $U_N=380\text{V}$，该发电机的额定电流 $I_N=$？若负载的功率因数 $\cos\varphi=0.75$，则电路的有功功率为多少？发电机输出多大的电流？

5. 把一个电感线圈接到18V的直流电源上时，电流为6A，如果将它改接到电压为20V、频率50Hz的交流电源上时，电流为4A，试求该线圈的电阻与电感，并写出交流电压和电流的相量表达式。

任务2.1.4 阻抗的串并联

任务导入

实际电路可以看成是理想元件的串并联形成的，因此引入阻抗的串并联电路的分析。

任务目标

掌握阻抗串并联电路的分析方法。

在交流电路中，阻抗的连接形式是多种多样的，其中最简单的和最常用的是串联与并联。

1. 阻抗的串联

图2-21a是两个阻抗的串联电路。根据基尔霍夫定律可写出它的相量表示式，即

$$\dot{U}=\dot{U}_1+\dot{U}_2=Z_1\dot{I}+Z_2\dot{I}=(Z_1+Z_2)\dot{I}\tag{2-50}$$

两个串联的阻抗可用一个等效阻抗 Z 来代替，在同样电压的作用下，电路中电流的有效值和相位保持不变。根据图2-21b所示的等效电路可写出

$$\dot{U}=Z\dot{I} \tag{2-51}$$

比较以上两式得

$$Z=Z_1+Z_2 \tag{2-52}$$

在通常情况下

$$|Z|\neq|Z_1|+|Z_2|$$

由此可见，只有等效阻抗才等于各个串联阻抗之和。在一般的情况下，等效阻抗可写为

a)

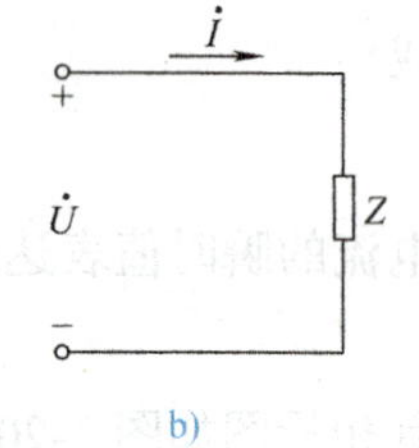

b)

图 2-21　阻抗的串联

$$Z=\sum Z_k=\sum R_k+\mathrm{j}\sum X_k=|Z|\mathrm{e}^{\mathrm{j}\varphi} \tag{2-53}$$

式中

$$|Z|=\sqrt{(\sum R_k)^2+(\sum X_k)^2}$$

$$\varphi=\arctan\frac{\sum X_k}{\sum R_k}$$

在上列各式中的 $\sum X_k$ 中，感抗 X_L 取正号，容抗 X_C 取负号。

【例 2-9】 在图 2-21a 中，有两个阻抗 $Z_1=(6.16+\mathrm{j}9)\Omega$ 和 $Z_2=(2.5-\mathrm{j}4)\Omega$，它们串联后接在 $\dot{U}=220\angle 30^\circ$ V 的电源上。试用相量法计算电路中的电流 $\dot{I}$ 和各阻抗上的电压 $\dot{U}_1$ 和 $\dot{U}_2$。

【解】 $Z=Z_1+Z_2=\sum R_k+\mathrm{j}\sum X_k=[(6.16+2.5)+\mathrm{j}(9-4)]\Omega=(8.66+\mathrm{j}5)\Omega=10\angle 30^\circ\ \Omega$

$$\dot{I}=\frac{\dot{U}}{Z}=\frac{220\angle 30^\circ}{10\angle 30^\circ}\mathrm{A}=22\angle 0^\circ\ \mathrm{A}$$

$$\dot{U}_1=Z_1\dot{I}=(6.16+\mathrm{j}9)\times 22\mathrm{V}=10.9\angle 55.6^\circ\times 22\mathrm{V}=239.8\angle 55.6^\circ\ \mathrm{V}$$

$$\dot{U}_2=Z_2\dot{I}=(2.5-\mathrm{j}4)\times 22\mathrm{V}=4.71\angle -58^\circ\times 22\mathrm{V}=103.6\angle -58^\circ\ \mathrm{V}$$

2. 阻抗的并联

图 2-22a 是两个阻抗并联的电路。根据基尔霍夫定律可写出它的相量表示式，即

$$\dot{I}=\dot{I}_1+\dot{I}_2=\frac{\dot{U}}{Z_1}+\frac{\dot{U}}{Z_2}=\dot{U}\left(\frac{1}{Z_1}+\frac{1}{Z_2}\right) \tag{2-54}$$

两个并联的阻抗可用一个等效阻抗 Z 来代替。根据图 2-22b 所示的等效电路可写出

$$\dot{I}=\frac{\dot{U}}{Z} \tag{2-55}$$

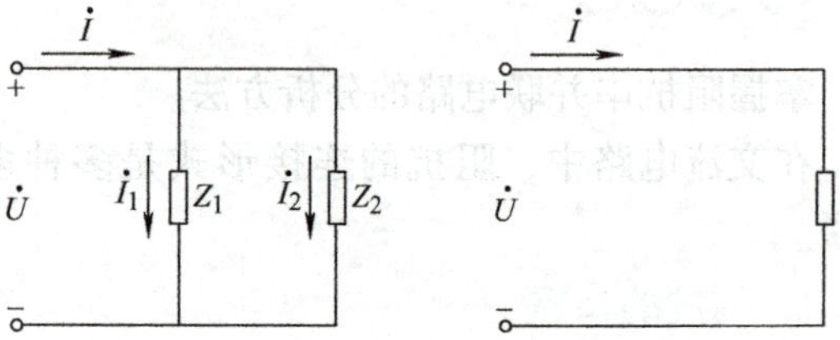

比较以上两式可得

$$\frac{1}{Z}=\frac{1}{Z_1}+\frac{1}{Z_2} \tag{2-56}$$

即

$$Z=\frac{Z_1Z_2}{Z_1+Z_2}$$

在通常情况下

a) 阻抗的并联电路　b) 等效电路

图 2-22　阻抗的并联

$$\frac{1}{|Z|} \neq \frac{1}{|Z_1|} + \frac{1}{|Z_2|}$$

由此可见，只有等效阻抗的倒数才等于各个阻抗的倒数之和，在一般情况下可写为

$$\frac{1}{Z} = \sum \frac{1}{Z_k} \tag{2-57}$$

【例 2-10】 在图 2-22a 中，有两个阻抗 $Z_1 = (3 + j4)\Omega$，$Z_2 = (8 - j6)\Omega$，它们并联接在 $\dot{U} = 220\angle 0^\circ$ V 的电源上。试计算电路中的电流 $\dot{I}_1$、$\dot{I}_2$ 和 $\dot{I}$。

【解】　$Z_1 = (3 + j4)\Omega = 5\angle 53^\circ\ \Omega, Z_2 = (8 - j6)\Omega = 10\angle -37^\circ\ \Omega$

$$Z = \frac{Z_1 Z_2}{Z_1 + Z_2} = \frac{5\angle 53^\circ \times 10\angle -37^\circ}{3 + j4 + 8 - j6}\Omega = \frac{50\angle 16^\circ}{11 - j2}\Omega = \frac{50\angle 16^\circ}{11.18\angle -10.5^\circ}\Omega = 4.47\angle 26.5^\circ\ \Omega$$

$$\dot{I}_1 = \frac{\dot{U}}{Z_1} = \frac{220\angle 0^\circ}{5\angle 53^\circ}\text{A} = 44\angle -53^\circ\ \text{A}$$

$$\dot{I}_2 = \frac{\dot{U}}{Z_2} = \frac{220\angle 0^\circ}{10\angle -37^\circ}\text{A} = 22\angle 37^\circ\ \text{A}$$

$$\dot{I} = \frac{\dot{U}}{Z} = \frac{220\angle 0^\circ}{4.47\angle 26.5^\circ}\text{A} = 49.2\angle -26.5^\circ\ \text{A}$$

课后练习

1. 计算图 2-23 所示电路的阻抗 Z_{ab}。

2. 在图 2-24 所示电路中，$X_L = X_C = R$，并已知电流表 A_1 的读数为 3A，试问 A_2 和 A_3 的读数为多少？

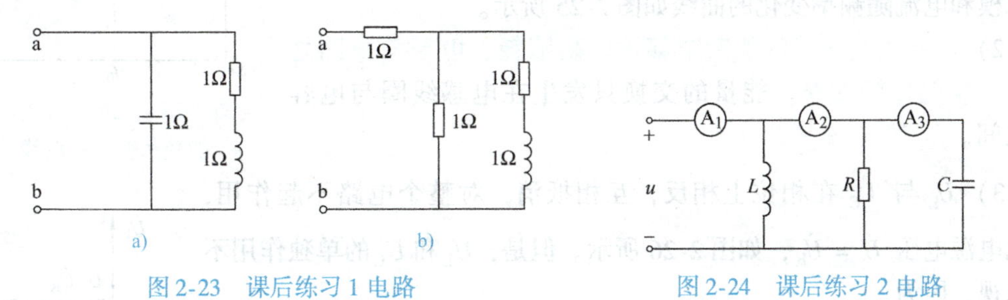

图 2-23　课后练习 1 电路　　图 2-24　课后练习 2 电路

任务 2.1.5　电路的谐振

任务导入

谐振是电路中特有的一种物理现象，可根据实际需要进行合理的利用或抑制。

任务目标

掌握谐振电路的特点及分析方法。

本任务将分析交流电路中的谐振现象。所谓电路的谐振，通常是指包含有电感和电容的交流电路，在满足一定的条件下，电路的总电压和总电流同相位，整个电路呈现电阻性，这时称电路发生了谐振。根据电路结构的不同，谐振可分为串联谐振和并联谐振。这里将分别讨论这两种谐振的条件和特征，以及谐振电路的频率特性。

1. 串联谐振

（1）串联谐振的条件

在前文已经提到，在 R、L、C 元件串联的电路中，如果满足

$$X_L = X_C \text{或} 2\pi fL = \frac{1}{2\pi fC} \tag{2-58}$$

则

$$\varphi = \arctan\frac{X_L - X_C}{R} = 0$$

此时电源电压 u 和电路中的电流 i 同相。这时电路中发生了串联谐振。

式(2-58）是发生串联谐振的条件，并由此得出谐振频率为

$$f_0 = \frac{1}{2\pi\sqrt{LC}} \tag{2-59}$$

也就是当电源频率 f 与电路参数 L 和 C 之间满足上述关系式时，则发生了谐振。可见通过调节 L、C 或电源频率 f 可使电路发生谐振。

（2）串联谐振电路的特征

1）电路阻抗的模 $|Z| = R$ 为最小。电源电压 U 不变的情况下，电路中的电流在谐振时将达到最大值，即

$$I = I_0 = \frac{U}{R}$$

阻抗模和电流随频率变化的曲线如图 2-25 所示。

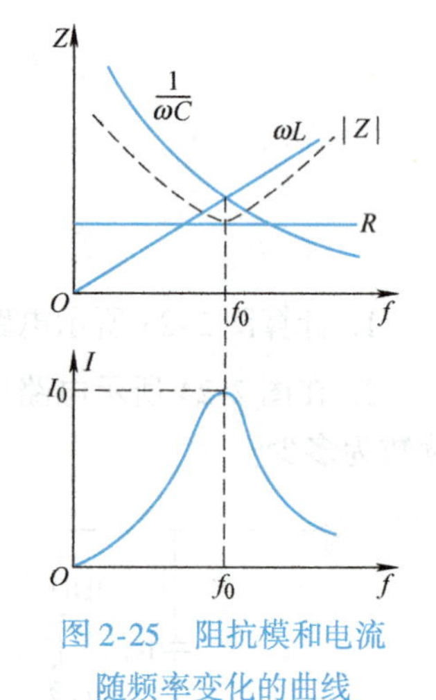

图 2-25　阻抗模和电流随频率变化的曲线

2）电源供给电路的能量全部被电阻消耗，电源与电路之间不发生能量的交换。能量的交换只发生在电感线圈与电容器之间。

3）$\dot{U}_L$ 与 $\dot{U}_C$ 在相位上相反，互相抵消，对整个电路不起作用，因此电源电压 $\dot{U} = \dot{U}_R$，如图 2-26 所示。但是，U_L和 U_C的单独作用不容忽视，因为

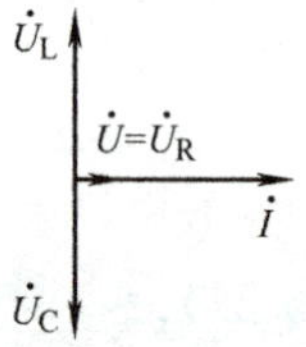

$$\left.\begin{aligned} U_L &= X_L I = X_L\frac{U}{R} \\ U_C &= X_C I = X_C\frac{U}{R} \end{aligned}\right\} \tag{2-60}$$

图 2-26　串联谐振时的相量图

当 $X_L = X_C > R$ 时，U_L和 U_C都高于电源电压 U。如果过高，可能会击穿线圈和电容器的绝缘。因此，在电力工程中一般应避免发生串联谐振。但在无线电工程中，则常利用串联谐振来获得较高电压，电容或电感元件上的电压常高于电源电压几十倍或几百倍。因此，串联谐振也称为电压谐振。

U_L或 U_C与电源电压 U 的比值，通常用 Q 来表示：

$$Q = \frac{U_C}{U} = \frac{U_L}{U} = \frac{1}{\omega_0 CR} = \frac{\omega_0 L}{R} = \frac{1}{R}\sqrt{\frac{L}{C}} \tag{2-61}$$

Q 称为电路的品质因数，它表示谐振时电容或电感元件上的电压是电源电压的 Q 倍。

谐振电路还有一个选择性的问题，如图 2-27 所示。Q 值越大，谐振曲线越尖锐，稍有偏离谐振频率的信号就大大减弱，即谐振曲线越尖锐选择性就越强。

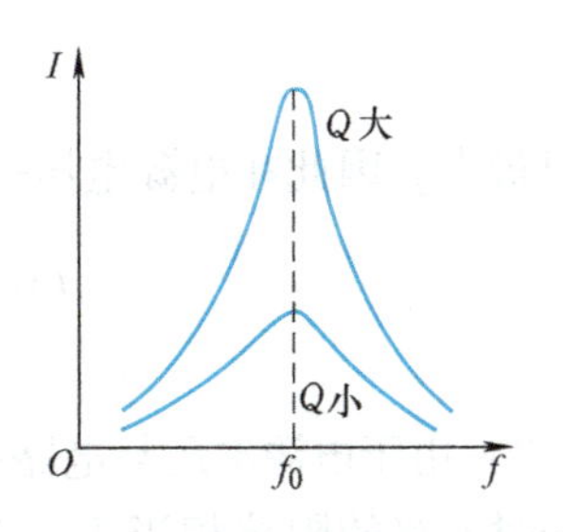

图 2-27　Q 与谐振曲线的关系

【例 2-11】　有一串联谐振电路，$L = 0.256\text{mH}$，$C = 100\text{pF}$，电源电压 $U = 1\text{mV}$。品质因数 $Q = 100$，试求电路的谐振频率及谐振时回路中的电流，以及电感上的电压。

【解】　由式(2-59) 可得电路的谐振频率为

$$f_0 = \frac{1}{2\pi\sqrt{LC}} = \frac{1}{2\times 3.14\times\sqrt{0.256\times 10^{-3}\times 100\times 10^{-12}}}$$
$$= 1.0\times 10^6\text{Hz}$$

根据式(2-61) 可以求出电路的损耗电阻

$$R = \frac{1}{Q}\sqrt{\frac{L}{C}} = \frac{1}{100}\times\sqrt{\frac{0.256\times 10^{-3}}{100\times 10^{-12}}}\Omega = 16\Omega$$

谐振电流为

$$I_0 = \frac{U}{R} = \frac{1\times 10^{-3}}{16}\text{A} = 0.0625\text{mA}$$

由式(2-61) 可得

$$U_L = QU = 100\times 1\text{mV} = 100\text{mV}$$

2. 并联谐振

(1) 并联谐振的条件

图 2-28 是电容器与线圈并联电路。电路的等效阻抗为

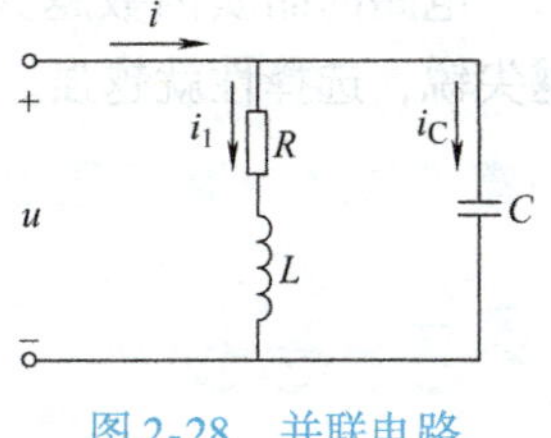

图 2-28　并联电路

$$Z = \frac{\frac{1}{j\omega C}(R + j\omega L)}{\frac{1}{j\omega C} + (R + j\omega L)} = \frac{R + j\omega L}{1 + j\omega RC - \omega^2 LC}$$

通常要求线圈的电阻很小，所以一般在谐振时，$\omega L \gg R$，则上式可写成

$$Z \approx \frac{j\omega L}{1 + j\omega RC - \omega^2 LC} = \frac{1}{\frac{RC}{L} + j\left(\omega C - \frac{1}{\omega L}\right)} \tag{2-62}$$

当电源频率 ω 调到 ω_0 时发生谐振，由此可得并联谐振频率。

$$\omega_0 C - \frac{1}{\omega_0 L} \approx 0 \qquad \omega_0 \approx \frac{1}{\sqrt{LC}}$$

或

$$f = f_0 \approx \frac{1}{2\pi\sqrt{LC}}$$

与串联谐振频率接近相等。

(2) 并联谐振电路的特征

1) 谐振时电路的阻抗模为

$$|Z_0| = \frac{L}{RC} \tag{2-63}$$

其值最大。因此在电源电压一定时，电路中的电流 I 在谐振时达到最小值，即

$$I = I_0 = \frac{U}{\frac{L}{RC}} = \frac{U}{|Z_0|}$$

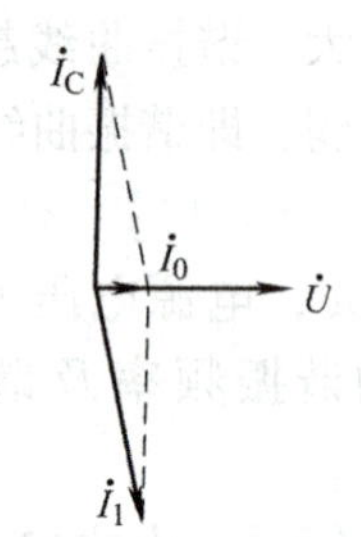

图 2-29　并联谐振时的相量图

2) 由于电源电压与电路中电流同相，因此整个电路呈现电阻性。谐振时电路的阻抗相当于一个电阻。并联谐振时的相量图如图 2-29 所示。

3) 谐振时各并联支路的电流为

$$I_1 \approx \frac{U}{2\pi f_0 L}$$

$$I_C = \frac{U}{\frac{1}{2\pi f_0 C}}$$

经过比较判断可以得知当 $2\pi f_0 L \gg R$ 时，可得 $I_1 \approx I_C \gg I_0$，即在并联谐振时支路电流接近相等，而比总电流大许多倍。因此并联谐振也称为电流谐振。

I_C 或 I_1 与总电流 I_0 的比值为电路的品质因数：

$$Q = \frac{I_1}{I_0} = \frac{1}{\omega_0 CR} = \frac{\omega_0 L}{R} \tag{2-64}$$

即在谐振时，支路电流 I_C 或 I_1 是总电流 I_0 的 Q 倍，也就是谐振时电路的阻抗模为支路阻抗的 Q 倍。

电路的品质因数越大，谐振时电路的阻抗模越大，阻抗曲线越尖锐，选择性就越强。阻抗谐振曲线如图 2-30 所示。

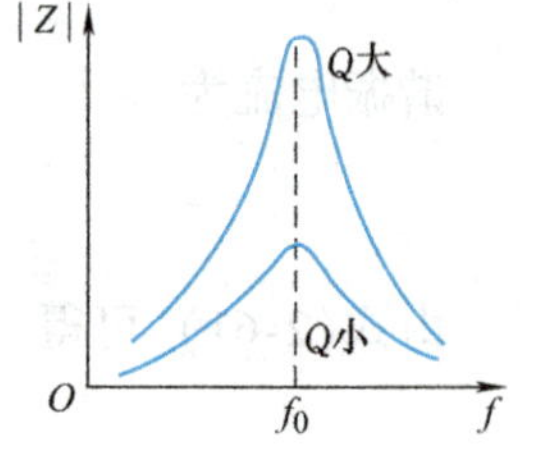

图 2-30　不同 Q 值时的阻抗谐振曲线

任务 2.1.6　功率因数的提高

任务导入

当负载的功率因数过低时，设备的容量得不到充分利用，同时在线路上产生较大的功率损失。因此，应设法提高功率因数。本任务就是来讨论功率因数提高的方法。

任务目标

理解功率因数提高的意义，掌握功率因数提高的方法。

功率因数的大小取决于负载的性质，在实际应用中，大量地使用异步电动机、交流接触器、变压器等电感性负载，它们的功率因数总是小于 1，引起电源与负载之间的能量交换，产生无功功率 $Q = UI\sin\varphi$，由此引起以下问题：

1. 供电设备的容量不能得到充分利用

一个电源设备的额定容量 S_N 是由额定电压和额定电流的乘积来决定的，即

$$S_N = U_N I_N$$

而电路实际取用的功率 P 等于 S_N 与功率因数 $\cos\varphi$ 的乘积，即

$$P = S_N \cos\varphi$$

负载的功率因数越低，电源提供的有功功率就越小，电源的利用率就越低。

例如容量为 1000kV · A 的交流发电机，如果负载的功率因数 $\cos\varphi = 1$，则输出的最大有功功率为

$$P = S_N \cos\varphi = 1000 \times 1\text{kW} = 1000\text{kW}$$

如果负载的功率因数 $\cos\varphi = 0.70$，即输出的最大有功功率为

$$P = S_N \cos\varphi = 1000 \times 0.7\text{kW} = 700\text{kW}$$

可见，负载的 $\cos\varphi$ 越低，电源输出的有功功率就越小，提高负载的功率因数就可以提高电源设备的利用率。

2. 增加供电设备和输出线路的功率消耗

例如额定电压为 220V、有功功率为 10kW 的负载，若负载为电阻，则从电源取用的电流为

$$I = \frac{P}{U\cos\varphi} = \frac{10 \times 10^3}{220 \times 1}\text{A} = 45.5\text{A}$$

如果是电感性负载，$\cos\varphi = 0.6$，则电流为

$$I = \frac{P}{U\cos\varphi} = \frac{10 \times 10^3}{220 \times 0.6}\text{A} = 75.8\text{A}$$

线路和供电设备内阻上的功率损耗为

$$\Delta P = rI^2 = r\frac{P^2}{U^2 \cos^2\varphi}$$

式中，r 是供电设备内阻和线路的电阻。由上式可知，负载的功率因数越低，线路上的电流越大，供电设备和线路中的功率损耗也就越大。由此可见，提高功率因数，可以使供电设备的容量得到充分利用，减少电能的损耗，并带来显著的经济效益。

功率因数不高的主要原因是由于电感性负载的存在，为此，常用的办法是在电感性负载的两端并联补偿电容来提高整个电路的功率因数。

电感性负载并联补偿电容后，电感性负载所需的无功功率被补偿电容提供的无功功率补偿了一部分，电路如图 2-31a 所示。在并联补偿电容之前，电感性负载的电流就是线路电流，即总电流。电流 i_1 滞后电压 φ_1，其功率因数为 $\cos\varphi_1$，并联电容后其支路电流 i_C 在相位上超前电压 90°，如图 2-31b 所示，此时总电流比原来减少了，降低了线路上的电压和电能损耗，总电压和总电流之间的相位差也减少了，由原来的 φ_1 减小为 φ，而 $\cos\varphi > \cos\varphi_1$，功率因数得到了提高。

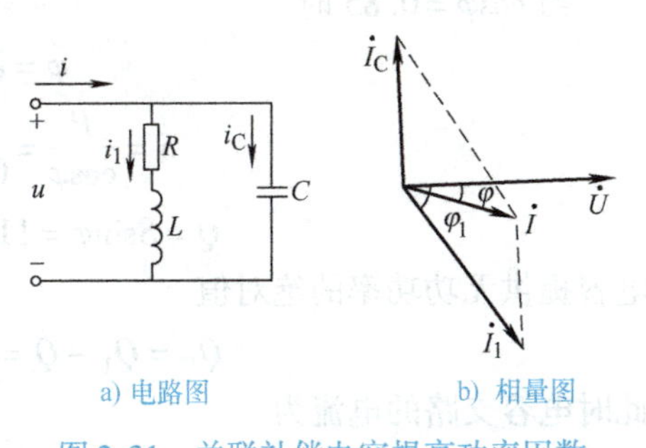

图 2-31 并联补偿电容提高功率因数

并联补偿电容后，通过电感性负载的电流以及负载的功率因数均未改变，而是利用补偿电容去补偿负载所需的无功功率，使电源与电感性负载之间能量交换的规模减小，即无功

率减小，电源输出的总电流由原来的 I_1 变为 I，其值减小了，使供电设备和线路的功率损耗减少，功率因数得到了提高。

并联补偿电容的计算公式可由相量图得到

$$I_C = I_1\sin\varphi_1 - I\sin\varphi$$

由于并联补偿电容器 C 前后，有功功率 P 不变，故

$$P = UI_1\cos\varphi_1 = UI\cos\varphi$$

得

$$I_1 = \frac{P}{U\cos\varphi_1} \qquad I = \frac{P}{U\cos\varphi}$$

故

$$I_C = \frac{P\sin\varphi_1}{U\cos\varphi_1} - \frac{P\sin\varphi}{U\cos\varphi} = \frac{P}{U}(\tan\varphi_1 - \tan\varphi)$$

由于 $I_C = \omega CU$，所以得

$$\omega CU = \frac{P}{U}(\tan\varphi_1 - \tan\varphi)$$

$$C = \frac{P}{\omega U^2}(\tan\varphi_1 - \tan\varphi) \tag{2-65}$$

式中，φ_1 是并联补偿电容前负载的功率因数角；φ 是并联补偿电容后整个电路的功率因数角。

【例 2-12】 已知某电动机接于交流 220V、50Hz 的电源上，其正常工作时的输入功率为 10kW，功率因数为 $\cos\varphi = 0.6$，如使电路的功率因数提高到 0.85，需要并联一个多大数值的补偿电容器？

【解】 当 $\cos\varphi_1 = 0.6$ 时

$$\varphi_1 = \arccos 0.6 = 53.1°$$

$$S_1 = \frac{P}{\cos\varphi_1} = \frac{10}{0.6}\text{kV}\cdot\text{A} = 16.7\text{kV}\cdot\text{A}$$

$$Q_1 = S_1\sin\varphi_1 = 16.7 \times \sin 53.1°\text{kvar} = 13.4\text{kvar}$$

当 $\cos\varphi = 0.85$ 时

$$\varphi = \arccos 0.85 = 31.8°$$

$$S = \frac{P}{\cos\varphi} = \frac{10}{0.85}\text{kV}\cdot\text{A} = 11.8\text{kV}\cdot\text{A}$$

$$Q = S\sin\varphi = 11.8 \times \sin 31.8°\text{kvar} = 6.2\text{kvar}$$

电容提供无功功率的绝对值

$$Q_C = Q_1 - Q = (13.4 - 6.2)\text{kvar} = 7.2\text{kvar}$$

此时电容支路的电流为

$$I_C = \frac{Q_C}{U} = \frac{7.2 \times 10^3}{220}\text{A} = 32.73\text{A}$$

容抗和电容分别为

$$X_C = \frac{U}{I_C} = \frac{220}{32.73}\Omega = 6.72\Omega$$

$$C=\frac{1}{2\pi fX_C}=\frac{1}{2\times3.14\times50\times6.72}\text{F}\approx470\mu\text{F}$$

又：利用公式直接求解

当 $\cos\varphi_1=0.6$ 时，$\tan\varphi_1=1.33$

当 $\cos\varphi=0.85$ 时，$\tan\varphi=0.62$

$$C=\frac{P}{\omega U^2}(\tan\varphi_1-\tan\varphi)=\frac{10\times10^3}{2\times3.14\times50\times220^2}\times(1.33-0.62)\text{F}$$

$$\approx470\mu\text{F}$$

课后练习

1. 补偿电容器能否与电感性负载串联以提高功率因数？

2. 在电感性负载的两端并联电容器以提高功率因数，是否并联的电容量越大，获得的功率因数就越高？

思考与练习3

1. 已知正弦交流电压的幅值 $U_m=310$V，频率 $f=50$Hz，初相位为 $-45°$，试写出此电压的瞬时值表达式、相量表达式并画出波形图和相量图，求 $t=0.01$s 时电压的瞬时值。

2. 已知 $u_1=30\sqrt{2}\sin\omega t$V，$u_2=40\sqrt{2}\sin(\omega t+90°)$V，试求 $u=u_1+u_2$。

3. 在图2-32所示的相量图中，已知 $U=220$V，$I_1=20$A，$I_2=30$A，它们的角频率是 ω，试写出各正弦量的瞬时值表达式、相量表达式。

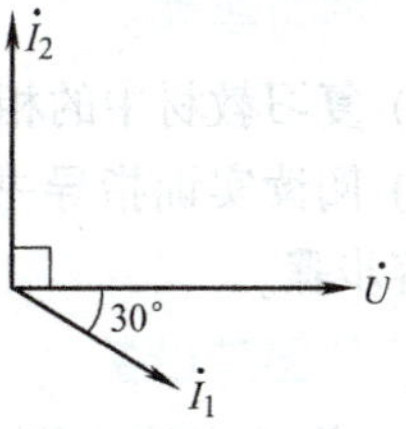

图2-32 思考与练习3电路

4. 一个额定电压为220V、额定电流为1000W的电阻炉，接于220V、50Hz的正弦交流电源上，试求：

(1) 电阻炉的电阻为多少？

(2) 通过电阻炉的电流有效值为多少？写出电流的瞬时值表达式。

(3) 如果电阻炉每天使用6h，每月（30d）消耗的电能为多少？

5. 已知电感线圈的电感 $L=12$mH，电阻忽略不计，接到电压为110V的工频电源上，试求感抗及电流有效值；当电源电压不变，频率为2000Hz时，求感抗和电流有效值。

6. 已知通过电感线圈的电流为 $i=10\sqrt{2}\sin314t$A，线圈的电感 $L=70$mH，电阻可忽略不计，电压 u、电流 i 及感应电动势 e_L 的参考方向如图2-33所示，试求在 $t=T/6$、$t=T/4$ 和 $t=T/2$ 瞬间的电流、电压及电动势的大小，并在图上标出它们的实际方向。

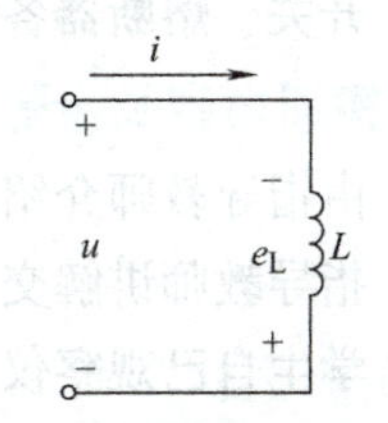

图2-33 思考与练习6电路

7. 已知一个电容器电路，5μF的电容两端电压为 $u_C=220\sqrt{2}\sin(314t-60°)$V，试求电路的电流 i 和无功功率 Q_C，画出电压和电流的相量图。

8. 荧光灯与镇流器串联接到交流电源上，可看作 RL 串联电路，已知灯管的等效电阻 $R_1=280\Omega$，镇流器的电阻和电感分别为 $R_2=20\Omega$，$L=1.65\text{H}$，电源电压 $U=220\text{V}$，电源频率为 50Hz，试求电路的电流以及灯管两端与镇流器上的电压。这两个电压加起来是否等于 220V？

9. 已知电动机的输入功率为 1.2kW，接到 220V 的交流电源上，流入电动机的电流为 10A，试求电动机的功率因数。如果把电动机的功率因数提高到 0.9，应与电动机并联多大的电容器？电动机的功率因数，电动机中的电流、线路电流以及电路的有功功率和无功功率有无变化？

10. 已知 RLC 串联电路，$R=50\Omega$，$L=159\text{mH}$，$C=0.159\mu\text{F}$，电源电压 $U=20\text{V}$。试求：(1) 电路的谐振频率；(2) 谐振时 X_L、Z、I；(3) 谐振时的 U_R、U_C。

技能训练 4 认识交流电路

1. 实训目的

1）掌握电工实训常用的设备，如电流表、电压表、万用表、调压器等的使用方法以及量程选择。

2）了解组成简单实训电路的必要组件，练习电路的接线及基本操作技能。

2. 实训电路及原理

实训电路如图 2-34 所示。

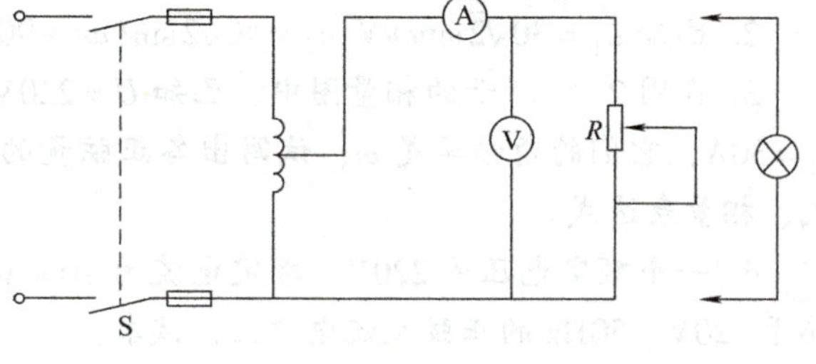

图 2-34 实训电路

3. 预习要求

1）复习教材中的相关部分。

2）阅读实训指导书，了解实训原理和内容步骤。

4. 仪器与设备

1）单相交流电源（220V）及调压器一只。

2）交流电压表（0～250V 或 0～500V）一只。

3）交流电流表（0～1A）一只。

4）可变电阻器及白炽灯各一只。

5）开关、熔断器各一只。

5. 实训内容及步骤

1）由指导教师介绍实验室情况，介绍安全用电知识。

2）指导教师讲解交流电用电实训方法以及各常用仪器设备的构造和使用方法。

3）学生自己观察仪器设备。

4）根据电源电压、电阻器阻值和白炽灯的功率估算电路中通过的电流，以便选择电流表的量程。

5）按实训电路图接好电路。经教师检查无误后，将调压器的输出调节到零，方可接通电源。随后调节调压器，使输出电压逐渐增大，直到电流表读数为满量程的90%、80%、70%时，记下电流表读数，并用电压表测量可变电阻 R 两端的电压降。将读数填入表2-1中。

表2-1　实训数据（一）

实训步骤	测量结果		计算结果
	I/A	U/V	$R=U/I/\Omega$
电流表为满量程的90%			
电流表为满量程的80%			
电流表为满量程的70%			

6）将图中的可变电阻 R 改为白炽灯（改接电路时必须将电源断开）。再将调压器的输出调节到220V、200V、180V，三种情况下分别读出电流表读数，再测出白炽灯两端电压，填入表2-2中。

表2-2　实训数据（二）

实训步骤	测量结果		计算结果
	I/A	U/V	灯泡阻值 R/Ω
调压器输出为220V			
调压器输出为200V			
调压器输出为180V			

6. 思考题

1）接通电源前，为什么要将调压器的输出调节到零？

2）简要分析几次不同的实验次数，测出的电阻阻值和灯泡阻值不尽相同的原因是什么？

技能训练5　荧光灯的安装及其功率因数的提高

1. 实训目的

1）了解荧光灯电路结构，并练习其接线方法。

2）验证 RL 串联电路中，总电压 U 分别与分电压 U_R、U_L 之间的关系［荧光灯电路可近似看成电阻 R（灯管）与电感 L（镇流器）串联的交流电路］。

3）验证感性负载并联电容器后，总电流 I 与支路电流 I_1、I_C 的关系。

4）熟悉感性负载并联电容器来提高功率因数的方法。

2. 实训电路与原理

实训电路如图2-35所示。

在电阻与电感串联的交流电路中，电路的总电压不等于分电压的代数和，即 $U \neq U_R + U_L$。它们之间遵循相量关系，即 $\dot{U} = \dot{U}_R + \dot{U}_L$，其大小近似满足 $U = \sqrt{U_R^2 + U_L^2}$。

荧光灯（RL 串联交流电路）与电容并联后，电路中的总电流反而会减小，有功功率保

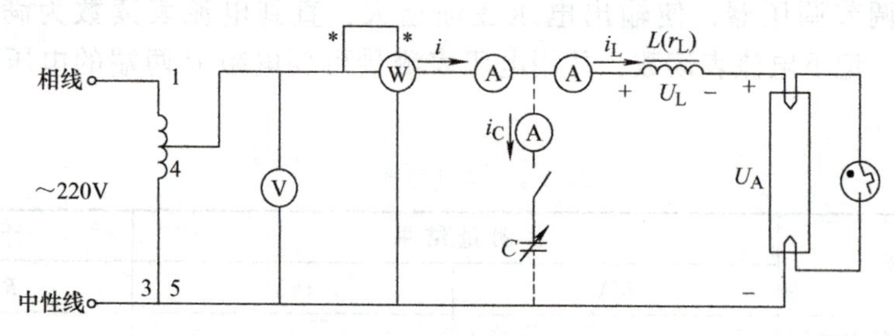

图 2-35 提高荧光灯功率因数的实训电路

持不变。荧光灯支路的功率因数可由实验测得的 P、U、I_1 来计算，即 $\cos\varphi_1=\frac{P}{UI_1}$。电路总的功率因数可由实验测得 P、U、I 来计算，即 $\cos\varphi=\frac{P}{UI}$。

3. 预习要求

1）复习教材中的相关部分。

2）阅读实训指导书，了解实训原理和内容步骤。

4. 仪器与设备

1）单相交流电源：220V、50Hz。

2）220V、40W 荧光灯装置一套（包括灯管、灯座、辉光启动器、镇流器）。

3）电容器（450V、4.75μF）一只。

4）交流电流表（0～1A）一只。

5）交流电压表（0～250V）一只及测电笔一只。

6）单相功率表（220V、5A）一只。

7）单极开关。

5. 实训内容及步骤

1）检查仪器设备以及所用电表，并熟悉它们的使用方法及在电路中安放的位置。

2）按实训电路图安装荧光灯电路。经教师检查无误后，接通不并联电容器的电路，观察荧光灯工作情况以及各仪表读数。将 U、U_R、U_L、I_1、P 的读数记入表 2-3 中。

3）接通并联电容器电路，再观察荧光灯工作情况以及各仪表的读数，并将 U、P、I_1、I_C、I 的读数记入表 2-3 中。

表 2-3 测量数据

电路状态	U	U_R	U_L	I_1	I_C	I	P
未并联电容器							
并联电容器							

在实训中需要注意，电容器通电后，两极板被充电。即使电源断开，极板上仍然带电，切忌用手触及。实训完毕，应将电容器的两极板用导线短接，使之放电后才可拆线。

6. 思考题

1）根据实训测得的数据，分析计算荧光灯支路总电压 U 与灯管电压 U_R、镇流器电压

U_L有什么关系。

2）根据实训测得的数据，分析计算并联电容器后支路电流 I_1、I_C与总电流 I 有什么关系。

3）根据测量数据，试计算并联电容器前后电路的 $\cos\varphi$、Q、S，并填入表2-4中。然后比较它们的大小，并从理论上加以分析。

表2-4 计算数据

未并联电容器	$\cos\varphi_1 = \frac{P}{UI_1} =$	$Q_1 = I_1 U\sin\varphi_1 =$	$S_1 = I_1 U =$
并联电容器	$\cos\varphi = \frac{P}{UI} =$	$Q = IU\sin\varphi =$	$S = IU =$

项目2.2 三相交流电路

任务2.2.1 三相对称电动势的产生

任务导入

在日常生活中，人们使用最多的是三相四线制供电方式，所以有必要理解三相对称电动势的产生。

任务目标

掌握三相对称电动势的产生、相位差。

三相对称电动势是由三相交流发电机产生的。图2-36为一最简单的三相交流发电机。同单相交流发电机一样，磁感应强度 B 沿电枢表面也是按正弦分布。在旋转电枢上装有三个独立的绕组AX、BY、CZ，分别称其为A相绕组、B相绕组和C相绕组。三相绕组的三个首端分别以A、B、C来表示，而其末端则以X、Y、Z来表示。每相绕组的几何形状、尺寸和匝数均相同，但它们的三个首端或末端互差120°($2\pi/3$)的电角度。(对于磁极对数 $p=1$ 的三相异步电动机来说，电角度=空间几何角）当电枢由原动机驱动并按逆时针方向等速旋转时，三个绕组中就分别产生正弦交变电动势。这三个电动势具有以下三个特点：

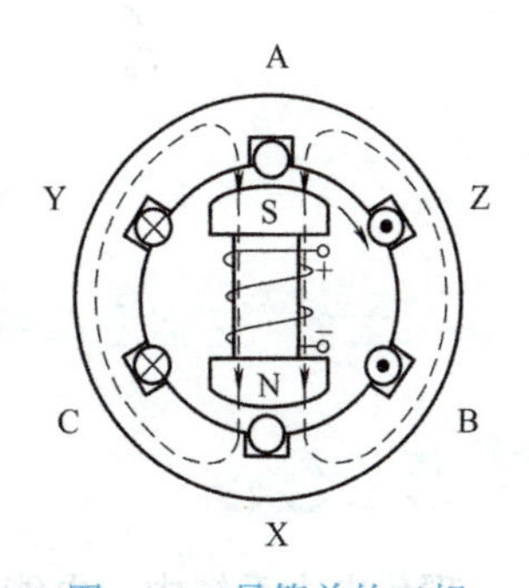

图2-36 最简单的三相交流发电机

1）由于三相绕组以同一速度切割磁力线，所以电动势的频率相同（$f=pn/60$）。

2）由于每相绕组的几何形状、尺寸和匝数均相同，因此电动势的最大值（或有效值）彼此相等。

3）由于三相绕组的空间位置互差120°的电角度，所以三个由末端指向首端的电动势之间相互存在着120°的相位差。

三相发电机绕组中产生的感应电动势有两个不同的方向，规定由末端指向首端为参考方向。它们的瞬时值分别用e_A、e_B、e_C表示，有效值则用E_A、E_B、E_C表示。

综上所述，三相发电机产生的三相电动势e_A、e_B、e_C是对称的。本章所指的三相电动势均为对称的。

三个电动势到达正的或负的最大值的先后顺序称为三相交流电的相序。习惯上，选用A相电动势e_A作为参考电动势，则B相绕组的电动势e_B应比e_A滞后120°（2π/3），而C相绕组的电动势e_C则较e_A滞后240°(4π/3)。因此把A→B→C的相序称为顺相序。通常都是用顺相序的。

在三相绕组中，把哪一个绕组当作A相绕组是无关紧要的。但当把A相绕组确定后，则比电动势e_A滞后120°的那个绕组就是B相，比e_A滞后240°的那个绕组则为C相，不可混淆。

三相对称电动势的解析式为

$$
\begin{aligned}
e_A &= E_m \sin\omega t \\
e_B &= E_m \sin(\omega t - 120°) \\
e_C &= E_m \sin(\omega t - 240°) \\
&= E_m \sin(\omega t + 120°)
\end{aligned}
$$

三相对称电动势的相量图和波形图如图2-37所示。

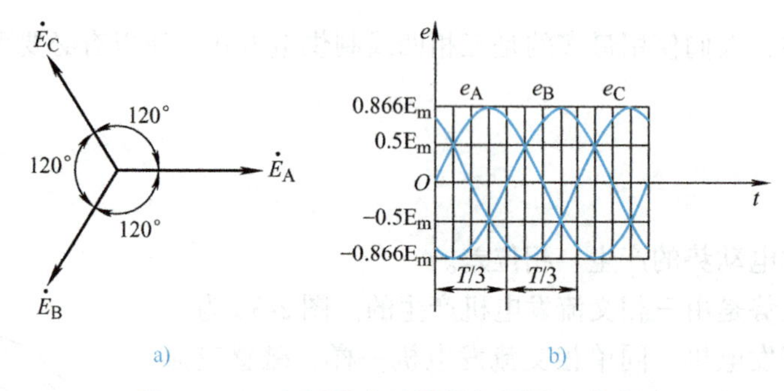

图2-37　三相对称电动势的相量图和波形图

任务2.2.2　三相发电机绕组的星形联结

任务导入

现代电力系统中，电能的生产、输送和分配普遍采用三相制。因此有必要了解三相对称电动势的产生及三相四线制供电系统的特点。

任务目标

掌握三相对称电动势的相电压、线电压、相电流、线电流。

各电动势的参考方向如图2-38所示。如果把三相绕组的两端分别接上负载，就成为图2-38所示的互不连接的三个单相电路。显然，用这样的方式供电仍需六根导线，这就显示不出三相制的优越性。因此，实际上并不采用这种电路，而是把三相发电机的三相绕组接成星形。

在图 2-38 中，如果把三相发电机绕组的末端 X、Y、Z 连在一起，成为一公共点 N，则这种连接方式就称为星形（Y）联结。同时把三个负载的一端也连在一起，成为 N′点，于是 N 与 N′点之间的三根导线可用一根导线来代替。这样，就把互不连接的三个单相电路，连成了图 2-39 所示的三相四线制电路。虽然省去了两根导线，但对负载的工作却毫无影响，因为这时各相负载所承受的电压仍同图 2-38 中的一样。

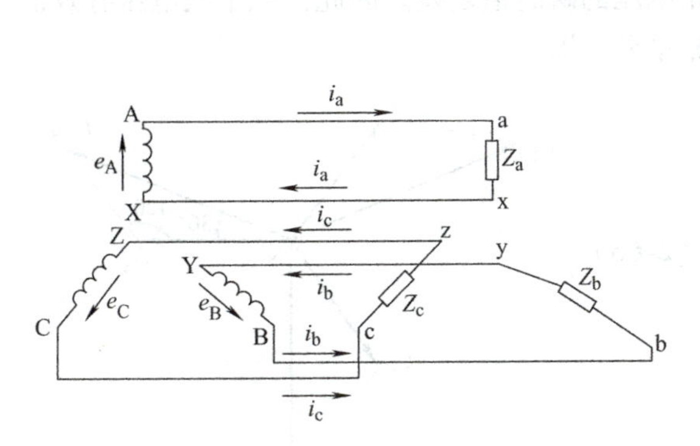

图 2-38 互不连接的三个单相电路

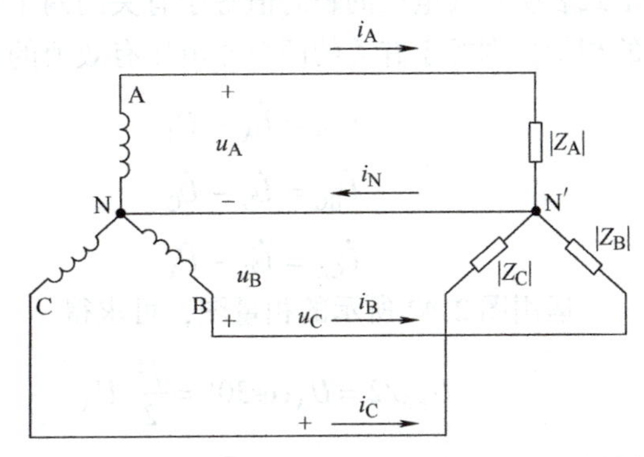

图 2-39 三相四线制电路

公共点 N 又称为中性点，从中性点引出的导线称为中性线，从三相绕组首端 A、B、C 分别引出的导线称为相线（俗称火线），如图 2-40 所示。有时为了简化电路图，可省略发电机不画。

同样在三相发电机绕组星形联结的线路中，相线与中性线之间的电压，即各相绕组的首端与末端之间的电压，称为相电压，其有效值用 U_A、U_B、U_C 表示，或用 U_P 来表示。发电机三相绕组内的电压降一般较小，如果略去不计，则各相电压就可以看作和各相绕组内的感应电动势相等，即 $U_A = E_A$，$U_B = E_B$，$U_C = E_C$，且在相位上互差 120°，其相量图如图 2-41 所示。规定相电压的参考方向是从相线指向中性线。

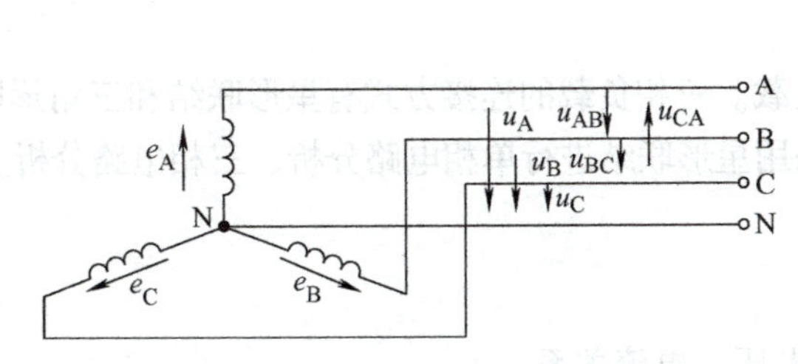

图 2-40 三相发电机绕组星形联结时的相线和中性线

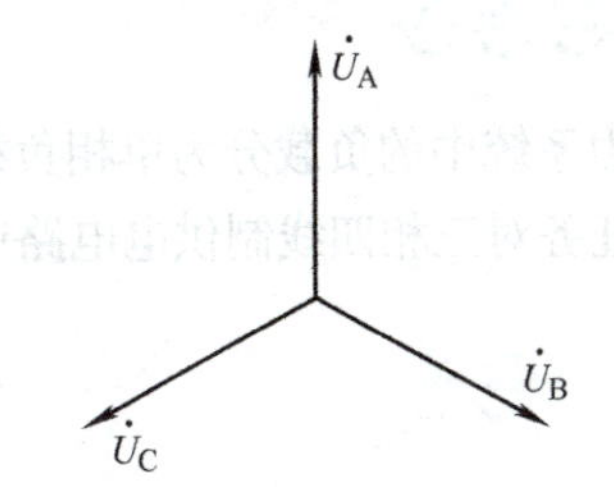

图 2-41 三相发电机绕组星形联结时的相电压相量图

由于三相绕组的末端已连接在一起，所以相线与相线之间也存在着电压，此电压称为线电压。线电压的有效值用 U_{AB}、U_{BC}、U_{CA} 表示，或用 U_L 来表示。线电压的参考方向由下脚字母的先后次序来标明。例如，A、B 两相线间电压 U_{AB} 的参考方向是由 A 相指向 B 相，书写时下角字母不能任意颠倒，否则将在相位上相差 180°。

任意两根相线之间所以存在线电压，是两个有关的相电压共同作用的结果。所以，线电压和相电压是既不相同但又有联系的。

由图 2-41 可知，在任一瞬间 A 和 B 两相线间的线电压应为

$$u_{AB} = u_A - u_B$$

同样可得

$$u_{BC} = u_B - u_C$$

$$u_{CA} = u_C - u_A$$

上式表明：线电压的瞬时值等于有关的两个相电压的瞬时值之差。因此，三个线电压有效值的相量分别等于有关的两个相电压有效值的相量差，即

$$\dot{U}_{AB} = \dot{U}_A - \dot{U}_B$$

$$\dot{U}_{BC} = \dot{U}_B - \dot{U}_C$$

$$\dot{U}_{CA} = \dot{U}_C - \dot{U}_A \qquad (2\text{-}66)$$

运用图 2-42 所示的相量图，可求得

$$U_{AB}/2 = U_A \cos 30° = \frac{\sqrt{3}}{2} U_A$$

所以 $U_{AB} = \sqrt{3} U_A$

同理 $U_{BC} = \sqrt{3} U_B, U_{CA} = \sqrt{3} U_C$

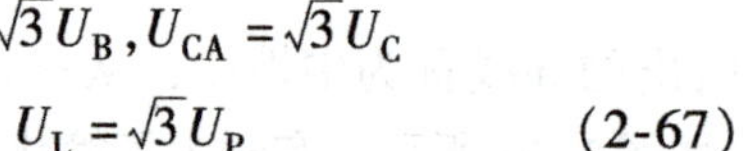

即 $U_L = \sqrt{3} U_P \qquad (2\text{-}67)$

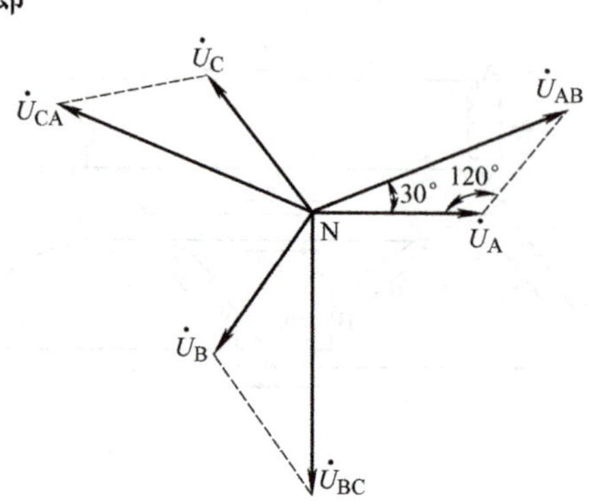

图 2-42　三相发电机绕组星形联结时的相电压和线电压的相量

> 由以上分析可知，当三相发电机绕组星形联结时，线电压在数值上等于相电压的 $\sqrt{3}$ 倍，线电压在相位上要比它所对应相电压超前 30°，三个线电压之间互有 120° 相位差，所以电源的线电压也是对称的。

任务 2. 2. 3　三相负载的星形联结

任务导入

电力系统中的负载分为单相负载和三相负载。三相负载的连接方式有星形联结和三角形联结。本任务对三相四线制供电电路中，负载采用星形联结进行单相电路分析、三相电路分析。

任务目标

掌握三相不对称负载、三相对称负载的电压、电流关系。

使用交流电的用电器种类很多。使用单相交流电的有白炽灯、荧光灯、小功率的电热器以及单相异步电动机等。此类负载是接在三相电源中的任意一相上工作的。此外，还有一类负载，它必须接上三相电压才能正常工作，如三相异步电动机。接在三相电路中的三相用电器，或是分别接在各相电路中的三组单相用电器，统称为三相负载。

如果每相负载的电阻相等、电抗也相等，而且性质相同（同为电感性或同为电容性负载）即 $R_a = R_b = R_c$，$X_a = X_b = X_c$，于是 $|Z_a| = |Z_b| = |Z_c|$，这种负载便称为三相对称负载。否则，就称为三相不对称负载。

三相负载有星形联结和三角形联结两种联结方式。下面研究三相不对称负载和三相对称

负载的星形联结。

1. 三相不对称负载的星形联结

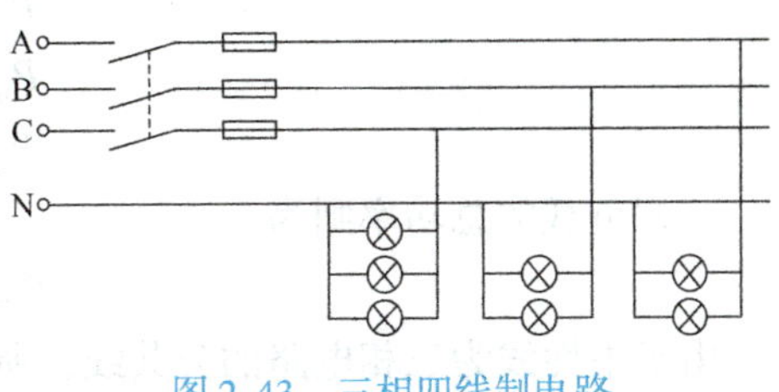

图 2-43 三相四线制电路

图 2-43 为三相四线制电路，图中共有三组白炽灯，分别接在相线 A、B、C 与中性线 N 之间。由于各组灯的盏数、每盏灯的额定功率不完全相等，而且也不可能保证它们同时在使用，所以该三相照明电路的负载是不对称负载。

图 2-44 为三相不对称负载星形联结时的一般电路，其中$|Z_a|$、$|Z_b|$、$|Z_c|$为各相负载的阻抗值。

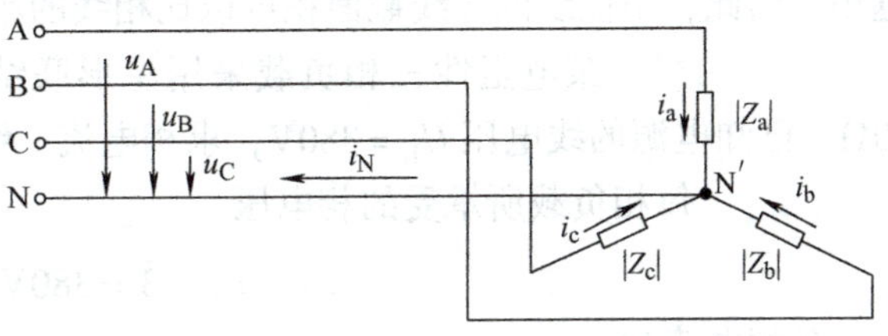

图 2-44 三相不对称负载星形联结

从图 2-44 中不难看出，若略去连接导线的电压降不计，则加在各相负载两端的相电压 U_a、U_b、U_c 分别等于电源的相电压 U_A、U_B、U_C。在各相电压的作用下，便有电流分别通过各相负载和中性线。通过各相负载的电流称为负载的相电流，其有效值用 I_a、I_b、I_c 表示，一般用 I_P 表示。相电流的参考方向如图中所示。

通过每根相线的电流称为线电流，其有效值用 I_A、I_B、I_C 表示，一般用 I_L 表示。线电流的参考方向是从电源流向负载。通过中性线的电流称为中性线电流，其有效值用 I_N 表示，其参考方向为从负载中性点 N′流向电源中性点 N。显然，在星形联结时，线电流等于相电流，即 $I_L = I_P$。

由此可见，在三相四线制电路中，当三相负载星形联结时，其有以下两个特点：

1）各相负载所承受的电压为对称的电源相电压。

2）线电流等于负载的相电流。

三相电路中的各相阻抗、电流、功率等可按求解单相电路的方法来进行计算。分别应用阻抗三角形可求得各相负载的阻抗为

$$|Z_a| = \sqrt{R_a^2 + X_a^2}$$
$$|Z_b| = \sqrt{R_b^2 + X_b^2}$$
$$|Z_c| = \sqrt{R_c^2 + X_c^2}$$

各相负载电流的大小为

$$I_a = U_A/|Z_a| = U_P/|Z_a| = U_L/(\sqrt{3}|Z_a|)$$
$$I_b = U_B/|Z_b| = U_P/|Z_b| = U_L/(\sqrt{3}|Z_b|)$$
$$I_c = U_C/|Z_c| = U_P/|Z_c| = U_L/(\sqrt{3}|Z_c|)$$

各相负载的电压与电流间的相位差可从下列公式求得，即

$$\varphi_a = \arccos(R_a/|Z_a|)$$
$$\varphi_b = \arccos(R_b/|Z_b|)$$
$$\varphi_c = \arccos(R_c/|Z_c|)$$

各相负载的有功功率分别为

$$P_a = U_a I_a \cos\varphi_a$$
$$P_b = U_b I_b \cos\varphi_b$$
$$P_c = U_c I_c \cos\varphi_c$$

三相负载的总功率则为

$$P = P_a + P_b + P_c \tag{2-68}$$

由于中性线为三相电路的公共线，所以中性线电流的瞬时值应为三个相电流瞬时值的代数和，即

$$i_N = i_a + i_b + i_c \tag{2-69}$$

在通常情况下，中性线电流总是小于线电流，而且各相负载越接近对称，中性线电流就越小。因此，中性线的导线截面积可以比相线的小一些。

【例 2-13】 某电阻性三相负载采用星形联结，各相电阻分别为 $R_a = R_b = 20\Omega$，$R_c = 10\Omega$，已知电源的线电压 $U_L = 380V$，求相电流、线电流和中性线电流。

【解】 每相负载所承受的相电压

$$U_P = U_L/\sqrt{3} = 380V/\sqrt{3} = 220V$$

各相电流为

$$I_a = I_b = U_P/R_a = (220/20)A = 11A$$
$$I_c = U_P/R_c = (220/10)A = 22A$$

因为线电流等于相电流，所以

$$I_A = I_B = 11A \quad I_C = 22A$$

由于各相电流与相电压同相，所以三个相电流之间的相位差互为120°，如图 2-45 所示，用相量加法运算即可求得相电流 $\dot{I}_a$与 $\dot{I}_b$之和等于 11A，且与 $\dot{I}_c$的相位差为 180°。由此可得中性线电流 $I_N = 22A - 11A = 11A$，且与 $\dot{U}_C$同相位。

在三相不对称负载星形联结电路中，中性线的作用在于能使三相负载成为三个互不影响的独立电路。因此，不论负载有无变动，每相负载均承受对称的电源相电压，从而能保证负载正常工作。中性线一旦断开，这时线电压虽然仍对称，但各相负载所承受的对称相电压则遭到破坏。可以证明，有的负载所承受的电压将低于其额定电压，有的则超过其额定电压，使负载不能正常工作，且可能造成严重事故。下面以图 2-46 所示的电路为例，说明负载不对称而中性线断开时相电压的变化情况。

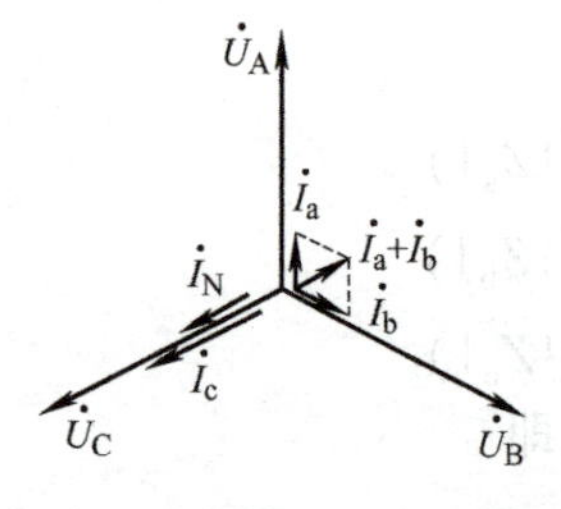

图 2-45 例 2-13 相量图

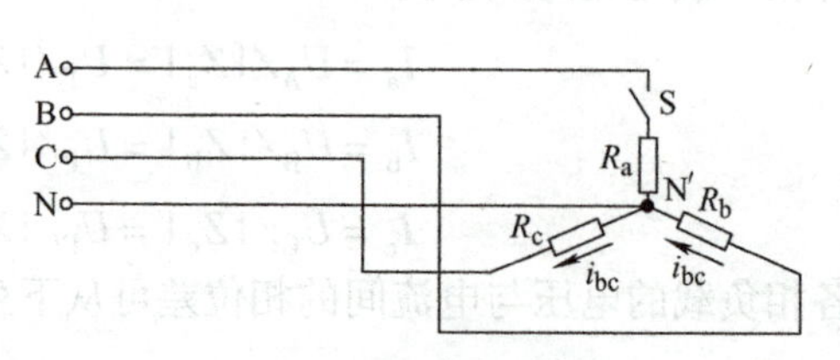

图 2-46 三相电阻性负载星形联结

设图 2-46 中 R_a、R_b、R_c的数值与例 2-13 相同，当 A 相负载处于断路状态且中性线断开时，B、C 两相就成为接在线电压 u_{BC}上的串联电路。由于负载电阻 R_b与 R_c不相等，但通

过的电流却相同，均为 $I_{bc}=U_{BC}/(R_b+R_c)=[380/(20+10)]\text{A}=12.67\text{A}$，所以电阻较大的B相负载所承受的电压等于 $12.67\text{A}\times20\Omega=253.4\text{V}$，而电阻较小的C相负载所承受的电压则为 $12.67\text{A}\times10\Omega=126.7\text{V}$。由此可见，电阻较大的一相所承受的电压超过了它的额定电压，如果超过太多则会把负载烧毁，而电阻较小的一相所承受的电压则又低于额定电压，不能正常工作。为了防止上述现象以及其他不正常情况的产生，在三相四线制电路中，规定中性线不准安装熔断器和开关，有时中性线还采用钢心导线来加强机械强度，以免断开。

2. 三相对称负载的星形联结

在三相四线制电路中，如果各相负载对称，则每相电流的大小及其与电压间的相位差均相同，亦即三个相电流是对称的。这样，各相电路的计算可简化为对一相电路的计算，即

$$I_a=I_b=I_c=I_P=U_P/|Z_P|=U_L/(\sqrt{3}|Z_P|)$$
$$\varphi_a=\varphi_b=\varphi_c=\varphi_P=\arccos(R_P/|Z_P|)$$

因为三相电流是对称的，其相量和等于零，即 $\dot{I}_N=\dot{I}_a+\dot{I}_b+\dot{I}_c=0$，中性线内没有电流通过，故可省去中性线，成为星形联结的三相三线制电路，如图2-47所示。

中性线省去后，三个相电流便借助于各相线及各相负载互成回路。在图2-48中，标出了在 t_1 和 t_2 瞬间各相电流的流通情况。在 t_1 时刻，i_a 和 i_b 都为正，即均从相线流向负载，大小各等于 $I_m/2$。但此时 i_c 为负，即从负载流向相线，其大小恰等于 I_m，因此 $i_a+i_b=i_c$，这样，便构成两条电流回路。在 t_2 时刻，i_b 为正，即从相线流向负载，而 i_a 为负，即从负载流向相线，其大小均为 $\sqrt{3}I_m/2$，但 i_c 为零，因此 $i_b=i_a$，正好构成一条电流回路。

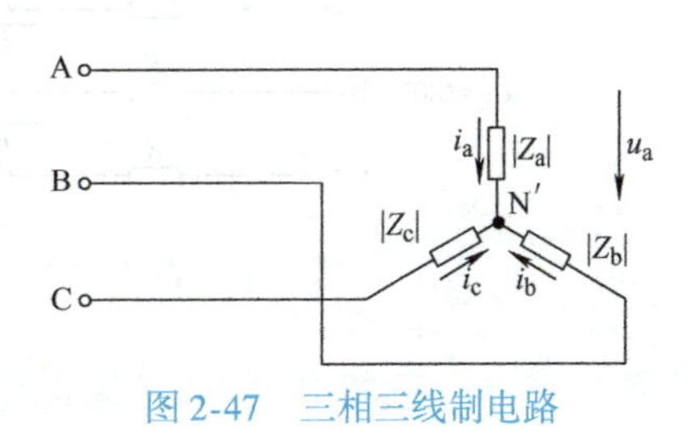

图2-47 三相三线制电路

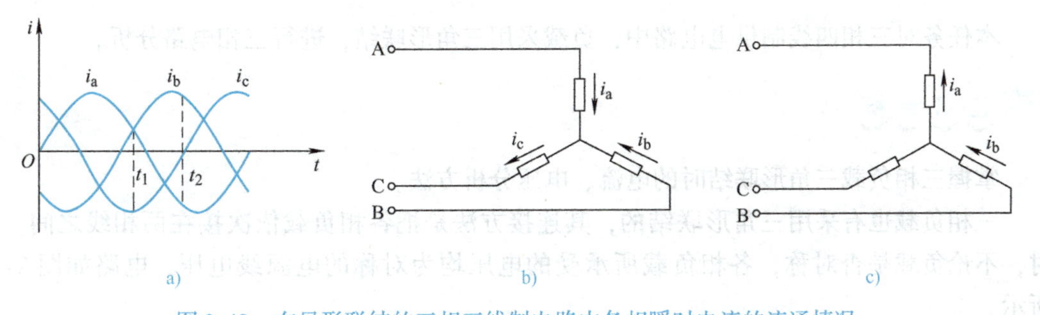

图2-48 在星形联结的三相三线制电路中各相瞬时电流的流通情况

由此可见，在任一瞬间三相电流的流通状况，必定是下述两种情形中的一种：其一，当三相负载均有电流通过时，则流进（或流出）两相的电流之和必等于流出（或流进）另一相的电流；其二，当有一相电流为零时，则流进（或流出）另一相的电流必等于流出（或流进）第三相的电流。

综上所述，三相三线制电路虽无中性线，但同三相四线制电路一样，其各相负载所承受的电压仍为对称的相电压，即 $U_P=U_L/\sqrt{3}$。

由于每相负载所取用的功率相等，所以电路的总功率为

$$P=3P_P=3U_PI_P\cos\varphi_P=3U_LI_L\cos\varphi_P/\sqrt{3}$$

即

$$P=\sqrt{3}U_LI_L\cos\varphi_P \tag{2-70}$$

【例 2-14】 有一星形联结的三相对称负载，已知其各相电阻 $R=6\Omega$、电感 $L=25.5\text{mH}$，现把它接入线电压 $U_L=380\text{V}$、$f=50\text{Hz}$ 的三相线路中，如图 2-49 所示，求通过每相负载的电流及其取用的总功率，并作出相量图。

【解】

$$U_P=U_L/\sqrt{3}=380\text{V}/\sqrt{3}=220\text{V}$$

由 $R=6\Omega$，$X_L=314\times25.5\times10^{-3}\Omega=8\Omega$ 得 $|Z_P|=10\Omega$

故

$$I_P=I_a=I_b=I_c=U_P/|Z_P|=(220/10)\text{A}=22\text{A}$$

$$\cos\varphi_P=R_P/|Z_P|=6/10=0.6\Rightarrow\varphi_P=53°10'$$

$$P=\sqrt{3}U_LI_L\cos\varphi_P=\sqrt{3}\times380\times22\times0.6\text{W}=8.712\text{kW}$$

根据以上计算结果，作出相量图如图 2-50 所示。

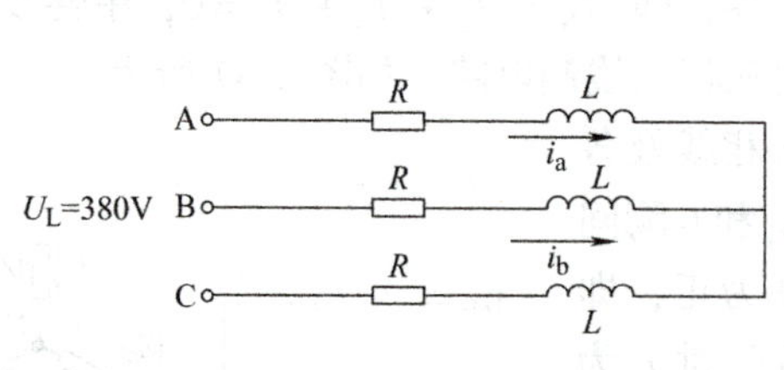

图 2-49 例 2-14 电路

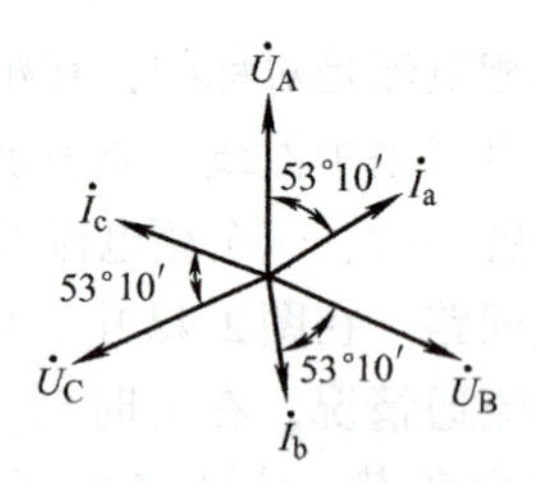

图 2-50 例 2-14 相量图

任务 2.2.4 三相负载的三角形联结

任务导入

本任务对三相四线制供电电路中，负载采用三角形联结，进行三相电路分析。

任务目标

掌握三相负载三角形联结时的电流、电压分析方法。

三相负载也有采用三角形联结的，其连接方法是把各相负载依次接在两相线之间。这时，不论负载是否对称，各相负载所承受的电压均为对称的电源线电压，电路如图 2-51 所示。

以下仅讨论对称负载的情况。在对称负载的情况下各相阻抗相等，性质相同，各相电流也是对称的，即

$$I_{ab}=I_{bc}=I_{ca}=I_P=U_P/|Z_P|=U_L/|Z_P|$$

$$\varphi_a=\varphi_b=\varphi_c=\varphi_P=\arccos(R_P/|Z_P|)$$

其相量图如图 2-52 所示。各相电流与该相电压采用关联参考方向，例如，相电流 I_{ab} 的参考方向是从 a 点指向 b 点，同电压 U_{ab} 的指向一致。在三角形联结的各端点（即连接点）上，均有三条分支电路，因而线电流不等于相电流，这与星形联结的情况不相同。

从图2-51可以看出，任一相线上的线电流就等于同它相连的两相负载中的相电流的矢量差，即

$$\dot{I}_A = \dot{I}_{ab} - \dot{I}_{ca}$$
$$\dot{I}_B = \dot{I}_{bc} - \dot{I}_{ab}$$
$$\dot{I}_C = \dot{I}_{ca} - \dot{I}_{bc} \quad (2\text{-}71)$$

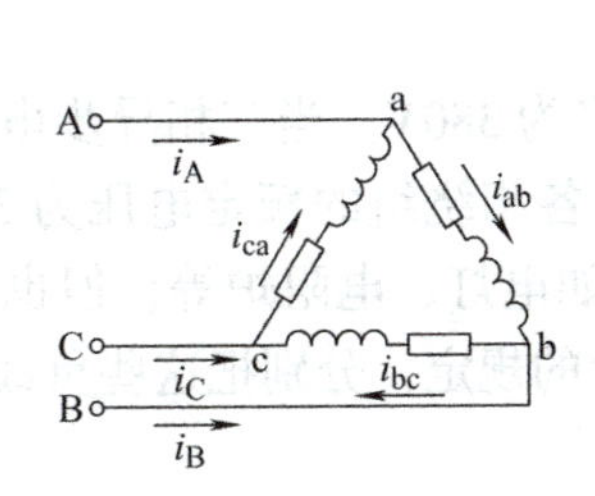

图2-51 三相负载三角形联结

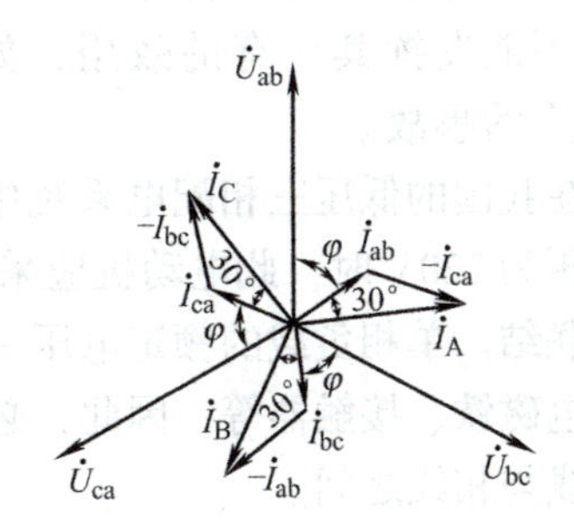

图2-52 相量图

应用相量运算，即可求得线电流的大小为

$$I_A = 2I_{ab}\cos30° = 2\times\sqrt{3}I_{ab}/2$$

即
$$I_A = \sqrt{3}I_{ab}$$

同理
$$I_B = \sqrt{3}I_{bc}$$
$$I_C = \sqrt{3}I_{ca}$$

因为三个相电流是对称的，所以三个线电流也必然是对称的，即其大小均为

$$I_L = \sqrt{3}I_P \quad (2\text{-}72)$$

且在相位上互差120°。

由图2-52可知，三个线电流分别较其对应的相电流滞后30°。

必须指出，如果三相负载不对称，则不存在这种关系，此时必须应用公式(2-71)分别计算各线电流。

由此可见，当三相负载三角形联结时，其有下列两个特点：

1）各相负载所承受的电压为对称的电源线电压。

2）当负载对称时，线电流等于负载相电流的$\sqrt{3}$倍。

如果负载对称，则同星形联结的情况一样，电路取用的总功率为

$$P = 3P_P = 3U_PI_P\cos\varphi_P = 3U_LI_L\cos\varphi_P/\sqrt{3}$$

即
$$P = \sqrt{3}U_LI_L\cos\varphi_P$$

因此，三相对称负载不论作星形或三角形联结，均可用公式

$$P = \sqrt{3}U_LI_L\cos\varphi_P$$

来计算电路的总功率。

总之，三相负载究竟应采用星形联结还是三角形联结，必须根据每相负载的额定电压与电源线电压的关系而定。当各相负载的额定电压等于电源线电压的$1/\sqrt{3}$时，三相

负载应采用星形联结。如果各相负载的额定电压等于电源的线电压，三相负载就必须采用三角形联结。之所以如此，是为了使每相负载所承受的电压正好等于其额定电压，从而保证每相负载能正常工作。错误的连接有时会引起严重的事故。例如，若把应星形联结的三相负载误接成三角形时，则每相负载所承受的电压为额定电压的$\sqrt{3}$倍，各相电流和功率均随之增大，可能致使负载烧毁。反之，若把应三角形联结的三相负载误接成星形，则每相负载所承受的电压仅为额定电压的$1/\sqrt{3}$，各相电流和功率均随之减小，势必不能发挥其应有的效用，如出现灯光不足、电动机转矩不够等现象，有时也会造成严重的事故。

目前，在我国的低压三相配电系统中，线电压大多为380V。当三相异步电动机各相绕组的额定电压为220V时，此电动机应采用星形联结；各相绕组的额定电压为380V时，应采用三角形联结。单相负载的额定电压一般是220V，如电灯、电阻炉等，但也有380V的，如机床用的电磁铁、接触器等。因此，必须根据铭牌上的规定，分别把这些负载接在相线与中性线或相线与相线之间。

【例2-15】 设例2-14中的三相对称负载的各相额定电压为220V，问当电源线电压为220V时，该负载应采用何种联结，方能保证其正常工作？求相电流、线电流及总功率，并作出相量图。

【解】 该负载应采用三角形联结，其电路如图2-53所示。

$$I_P = U_L/|Z_P| = 220/10\text{A} = 22\text{A}$$

$$I_L = \sqrt{3}I_P = \sqrt{3} \times 22\text{A} = 38\text{A}$$

$$\cos\varphi_P = R_P/|Z_P| = 6/10 = 0.6$$

故

$$\varphi_P = 53°10'$$

相量图如图2-54所示。

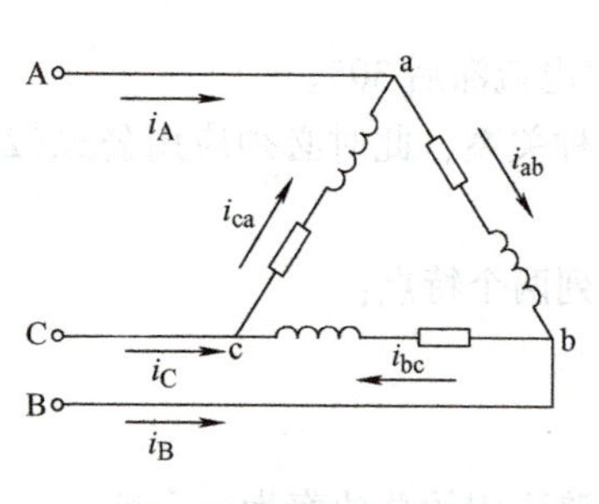

图2-53 例2-15电路

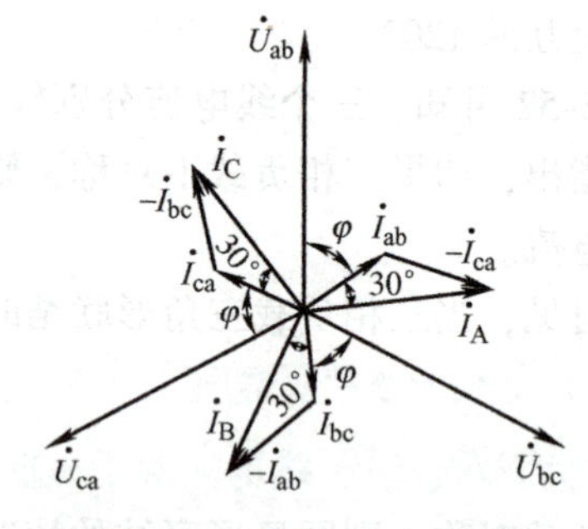

图2-54 例2-15相量图

总功率为

$$P = \sqrt{3}U_L I_L \cos\varphi_P = \sqrt{3} \times 220 \times 38 \times 0.6\text{W} = 8712\text{W}$$

课后练习

1. 指出下列结论中哪些正确，哪些错误。

(1) 同一台发电机星形联结时的线电压等于三角形联结时的线电压。

(2) 三相对称负载星形联结时，必须有中性线。

(3) 三相负载星形联结时，线电流必等于相电流。

(4) 星形联结时，三相负载越接近对称，则中性线电流越小。

(5) 在照明配电系统中，由于把单相用电设备均衡地分配在三相电源上，故中性线可以省去。

2. 在380V/220V三相四线制电路中，中性线的主要作用是什么？为什么中性线上禁止安装开关和熔断器？

3. 什么情况下，三相负载采用星形联结或三角形联结？

4. 由单相用电设备组成的对称三相负载采用三角形联结，接入三相电源，当一相负载因故断开时，其余两相的设备能否正常工作？为什么？

5. 为什么建筑施工工地均采用三相五线制供电？

思考与练习4

一、选择题

1. 三相对称电路采用星形联结，$U_L=380V$，则负载相电压为________。

A. 220V　　B. 380V　　C. 不确定

2. 三相对称电路采用星形联结，$U_L=380V$，如果$R=3\Omega$，$X_L=4\Omega$，则相电流为________。

A. 44A　　B. 76A　　C. 54A

3. 三相对称电路采用三角形联结，$U_L=380V$，如果$R=3\Omega$，$X_L=4\Omega$，则相电流为________。

A. 44A　　B. 76A　　C. 54A

4. 三相对称电路采用星形联结，$U_L=380V$，如果$R=3\Omega$，$X_L=4\Omega$，则中性线电流为________。

A. 44A　　B. 76A　　C. 0

5. 一台三相异步电动机，定子绕组采用三角形联结与采用星形联结，其功率输出比为________。

A. 3∶1　　B. 1∶1　　C. $\sqrt{3}$∶1

二、综合题

1. 有一组三相对称负载，其每相的电阻$R=8\Omega$，感抗$X_L=6\Omega$。如果负载采用星形联结接于电压$U_L=380V$的三相电源上，试求相电压、相电流及线电流。

2. 图2-44所示三相四线制电路，电源线电压$U_L=380V$。三个电阻性负载采用星形联结，其电阻为$R_A=11\Omega$，$R_B=R_C=22\Omega$。(1) 试求负载相电压、相电流及中性线电流，并作出它们的相量图；(2) 若无中性线，求负载相电压及中性点电压。

3. 某楼电灯发生故障，第二层和第三层的所有电灯突然都暗淡下来，而第一层的电灯亮度未变，试问这是什么原因？该楼的电灯是如何连接的？同时又发现第三层的电灯比第二层的还要暗些，这又是什么原因？画出电路图。

4. 有一三相异步电动机，其绕组采用三角形联结，接在线电压$U_L=380V$的电源上，从电源取用的功率$P=11.43kW$，功率因数$\cos\varphi=0.85$，试求电动机的相电流和线电流。

5. 如果电压相等、输送功率相等、距离相等、线路功率损耗相等，则三相输电线路（设负载对称）的用铜量为单相输电线的用铜量的3/4。试证明。

技能训练6　三相负载的星形联结

1. 实训目的

1）掌握三相负载星形联结的接线方法。

2）验证三相负载采用星形联结时，线电压与相电压、线电流与相电流之间的关系。

3）了解不对称三相负载采用星形联结时中性线的作用。

2. 实训电路及原理

实训电路如图2-55所示。

当三相对称电源供电时，三相对称负载采用星形联结，不论有无中性线，线电压等于相电压的$\sqrt{3}$倍，即$U_L=\sqrt{3}U_P$。负载采用星形联结时，通过各相负载的电流即为通过各相线的电流，即$I_L=I_P$。

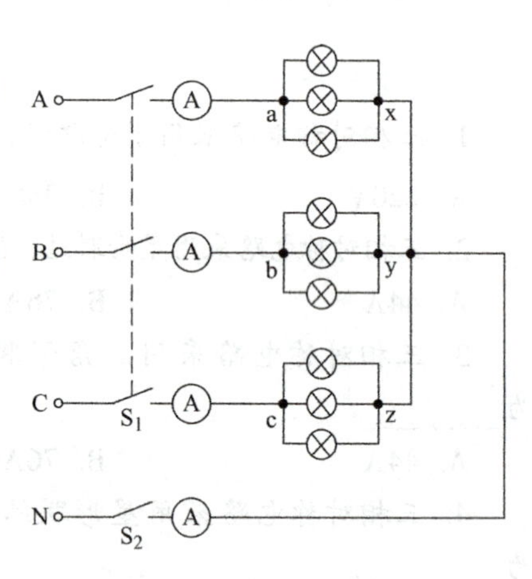

图2-55　三相负载星形联结电路

当三相负载对称时，各相负载的电流在量值上相等，即$I_a=I_b=I_c$，在相位上互差$\frac{2}{3}\pi$。三个相电流（即三个线电流）是对称的。此时通过中性线的电流为$\dot{I}_a$、$\dot{I}_b$、$\dot{I}_c$三个电流的相量和，即$\dot{I}_N=\dot{I}_a+\dot{I}_b+\dot{I}_c=0$。由于中性线电流等于零，故省去中性线不会影响电路的正常工作。

当三相不对称负载采用星形联结时，在有中性线的情况下，各相负载承受的电压为电源电压，满足关系式$U_L=\sqrt{3}U_P$。由于负载不对称，通过各相负载的电流不相等，即$I_a\neq I_b\neq I_c$。此时中性线的电流不等于零，即$\dot{I}_N=\dot{I}_a+\dot{I}_b+\dot{I}_c\neq 0$。

如果三相不对称负载采用星形联结时不接中性线，虽然电源线电压对称，但各相负载承受的相电压不对称，不满足$U_L=\sqrt{3}U_P$的关系式，则会出现有的负载承受电压过高、有的负载承受电压过低的情况，造成供电事故。可见，三相不对称负载采用星形联结时，取消中性线是非常危险的。中性线的作用在于保证每相负载承受对称的相电压。

3. 预习要求

1）本次实训电源电压高（380V），实训之前注意复习教材中的相关部分。

2）阅读实训指导书，了解实训原理和步骤。

4. 仪器设备

1）380/220V三相四线制电源以及三相调压器一台。

2）交流电流表1只（0~5A）以及电流插孔板一套。

3）交流电压表1只（0~450V）以及测试笔一副。

4）三相负载（灯箱）一组。

5. 实训内容及步骤

1）熟悉三相电源的相线、中性线以及三相负载（灯箱）的电路连接，多种仪表的使用方法和注意事项。

2）按实训电路图将对称三相负载接入三相电源，并合上中性线开关 S_2。

3）经指导教师检查无误后，合上电源开关 S_1，观察白炽灯工作情况。分别测量各线电压、相电压、线电流以及中性线电流，填入表2-5中。

4）断开中性线开关 S_2，观察各相白炽灯的亮度有无变化，再测量各线电压，相电压、线电流，填入表2-5中。

5）将对称负载改变为不对称负载，并闭合中性线开关（可将A相负载变为一盏白炽灯，B相负载变为两盏白炽灯，C相负载保持不变）。观察各相白炽灯亮度变化情况，同时测量各线电压、相电压、线电流以及中性线电流，数据填入表2-5中。

6）三相负载不对称时，断开中性线开关 S_2，观察各相负载灯光变化情况，并依次测量各线电压、相电压、线电流，数据填入表2-5中。

在实训中，为了避免某些负载上承受的电压超过220V（即白炽灯的额定电压），可以利用三相调压器将三相电源的电压适当调低。在设置不对称三相时，也可以使A相负载全部断开，B相负载接入两盏白炽灯泡，C相负载接入一盏白炽灯，这样便于计算。

表2-5 测量结果

电路状态		相电压			线电压			线电流			灯泡亮度			中性线电流
		U_A	U_B	U_C	U_{AB}	U_{BC}	U_{CA}	I_a	I_b	I_c	A相	B相	C相	
对称负载	有中性线													
	无中性线													—
不对称负载	有中性线													
	无中性线													—

注：灯泡亮度可以分别填写较亮、正常、较暗三种情况。

6. 实训思考题

1）三相负载采用星形联结时，电源线电压与负载承受的相电压之间有什么关系？

2）三相对称负载和三相不对称负载分别采用星形联结时，中性线能否取消？为什么？中性线起什么作用？

技能训练 7 三相负载的三角形联结

1. 实训目的

1）掌握三相负载三角形联结的接线方法。

2）验证三相负载采用三角形联结时，线电流与相电流之间的关系。

2. 实训电路及原理

实训电路如图 2-56 所示。

三相对称负载三角形联结时，不论有无中性线，线电流是相电流的$\sqrt{3}$倍，即

$$I_A = I_B = I_C = \sqrt{3}I_{ab} = \sqrt{3}I_{bc} = \sqrt{3}I_{ca}$$

当三相不对称负载为三角形联结时，线电流和相电流之间将不满足 $I_L = \sqrt{3}I_P$的关系式。

三相负载不论对称与否，电源的线电压与相电压均满足 $U_L = U_P$。

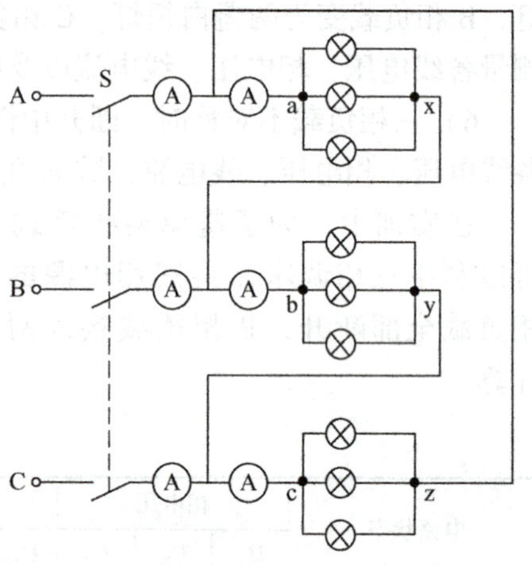

图 2-56 三相负载三角形联结电路

3. 预习要求

1）本次实训电源电压高（380V），实训之前注意复习教材中的相关部分。

2）阅读实训指导书，了解实训原理和步骤。

4. 仪器设备

1）380/220V 三相四线制电源以及三相调压器一台（考虑到灯箱负载的额定电压是 220V，三角形联结时应利用调压器将电源线电压调节为 220V）。

2）交流电流表一只（0～5A）以及电流插孔板一套。

3）交流电压表一只（0～450V）以及测试笔一副。

4）三相负载（灯箱）一组。

5）三极开关一个。

5. 实训步骤

1）熟悉电路的连接以及仪表的使用方法和注意事项。

2）按实训电路图将对称三相负载作三角形联结并接入三相对称电源。

3）经指导教师检查无误后，合上电源开关 S，观察白炽灯工作情况。分别测量各线电压、相电压、线电流，将数据填入表 2-6 中。

4）将三相对称负载改变为不对称负载，即 A 相负载关闭两盏白炽灯，B 相负载关闭一盏白炽灯，C 相负载保持不变，然后再接通电源，观察各相负载的工作情况，依次测量各线电压、相电压、线电流与相电流。

表 2-6 测量结果

电路状态	相电压/V			相电流/A			线电压/V			线电流/A			灯泡亮度		
	U_A	U_B	U_C	I_{ab}	I_{bc}	I_{ca}	U_{AB}	U_{BC}	U_{CA}	I_A	I_B	I_C	A 相	B 相	C 相
对称负载															
不对称负载															

注：灯泡亮度可以分别填写较亮、正常、较暗三种情况。

6. 实训思考题

1）根据实训测得数据，验证 $U_L = U_P$、$I_L = \sqrt{3} I_P$ 的关系式，并说明此关系式在什么情况下成立，什么情况下不成立。

2）三相对称负载三角形联结时，若切断一相负载（如 A 相），观察其他两相负载能否继续正常工作。若切断一相电源，三相负载的工作情况各发生什么变化？

学习情境3 变压器认知

前面的学习情境中，主要讲述了交、直流电路。后续的学习情境主要介绍工农业生产上常用的变压器、电动机、接触器、继电器等电气器件与设备。它们都有含铁心的线圈，以便用较小的励磁电流来产生较强的磁场。而分析通入交变电流的铁心线圈内部的电磁关系，是分析交流电机、电器工作原理的基础，因此，有必要先对交流铁心线圈电路做简要分析。

项目 3.1 变压器的原理与结构

任务 3.1.1 交流铁心线圈电路

任务导入

铁心线圈中的磁通变化引起感应电动势，本任务介绍感应电动势、外加电压与磁通的相互关系。

任务目标

理解影响感应电动势大小的相关因素。

由于铁心的磁导率μ不是常数，所以铁心线圈的电感L不是常数。它随铁心的磁化状况而改变。因此，交流铁心线圈电路属于非线性交流电路。下面讨论它的基本电磁关系。

1. 主磁通和漏磁通

当交变电流通过线圈时，铁心中便有交变磁通产生。由于铁心的磁导率远大于空气的磁导率，所以磁通的绝大部分都沿着铁心而形成闭合路径，仅有极少量的磁通经空气或其他非铁磁材料自行闭合，如图 3-1 所示。

图中经铁心而闭合的磁通称为主磁通，用Φ表示；经空气而闭合的磁通称为漏磁通，用Φ_s表示。主磁通和漏磁通在线圈中所引起的感应电动势分别为e和e_s。由于把铁心线圈的磁通分为主磁通和漏磁通两个部分，所以线圈的电感也可以认为由两部分组成。一部分是和主磁通相交链的线圈的电感，称为主磁电感，用L表示。另一部分是和漏磁通相交链的线圈的电感，称为漏磁电感，用L_s表示。主磁电感L不是常数，因此，主磁通在线圈中所引起的感应电动势e不能用$-L\mathrm{d}i/\mathrm{d}t$表示，而只能用一般的公式$e=-N\mathrm{d}\Phi/\mathrm{d}t$来计算。但漏磁通基本上都是经过空气而闭合的，因此漏磁电感L_s为一常数，故漏磁通在线圈中所引起的感应电动势可用$e_s=-L_s\mathrm{d}i/\mathrm{d}t$计算。线圈中所引起的总的感应电动势为$e+e_s$。

e和e_s的参考方向与线圈中的电流参考方向一致，如图 3-2 所示。根据e、e_s和u的参考方向，列出电路的电压方程式，可进一步分析铁心线圈的电流。

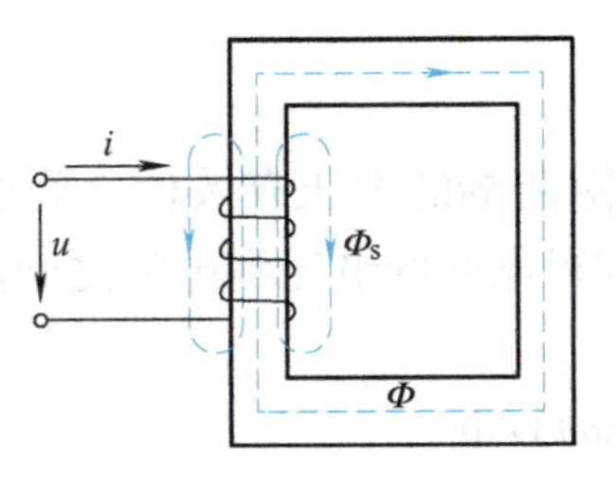

图 3-1 主磁通和漏磁通

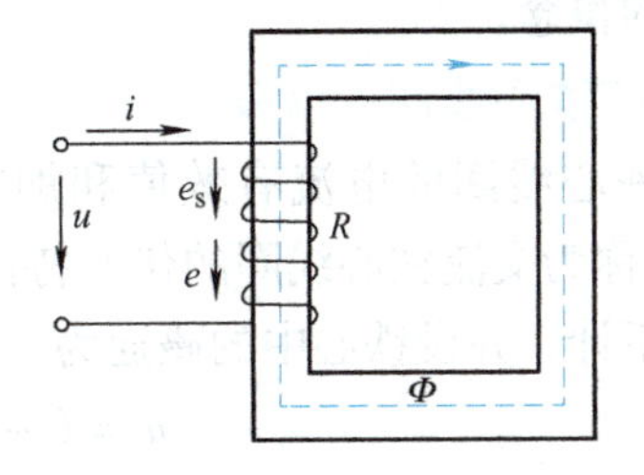

图 3-2 感应电动势参考方向

2. 交流铁心线圈的电压和电流

交流铁心线圈电路的电压和电流之间的关系也可由基尔霍夫电压定律得出，即

$$u+e+e_s=Ri$$

或

$$u=Ri+(-e_s)+(-e)=Ri+L_s\frac{di}{dt}+(-e)=u_R+u_s+u' \tag{3-1}$$

当 u 是正弦电压时，式中各量可视作正弦量，于是上式可用相量表示为

$$\dot{U}=R\dot{I}+(-\dot{E}_s)+(-\dot{E})=R\dot{I}+jX_s\dot{I}+(-\dot{E})=\dot{U}_R+\dot{U}_s+\dot{U}' \tag{3-2}$$

式中，漏磁感应电动势 $-\dot{E}_s=jX_s\dot{I}$，其中 $X_s=\omega L_s$，称为漏磁感抗，它是由漏磁通引起的；R 是铁心线圈的电阻。

至于主磁感应电动势，由于主磁电感或相应的主磁感抗不是常数，应按下法计算。设主磁通 $\Phi=\Phi_m\sin\omega t$，则

$$e=-N\frac{d\Phi}{dt}=-N\frac{d(\Phi_m\sin\omega t)}{dt}=-N\omega\Phi_m\cos\omega t$$

$$=2\pi fN\Phi_m\sin(\omega t-90°)=E_m\sin(\omega t-90°) \tag{3-3}$$

式(3-3) 是常用的公式，应特别注意。

由式(3-1) 可知，电源电压 u 可分为三个分量：$u_R=Ri$，是电阻上的电压降；$u_s=-e_s$，是平衡漏磁感应电动势的电压分量；$u'=-e$，是与主磁感应电动势相平衡的电压分量。因为根据楞次定则，感应电动势具有阻碍电流变化的物理性质，所以电源电压必须有一部分来平衡它们。

通常由于线圈的电阻 R 和感抗 X_s（或漏磁通 Φ_s）较小，因而它们上边的电压降也较小，与主磁电动势比较起来，可以忽略不计。于是

$$\dot{U}\approx-\dot{E}$$

$$U\approx E=4.44fN\Phi_m=4.44fNB_mS \tag{3-4}$$

式中，B_m是铁心中磁感应强度的最大值（T）；S 是铁心截面积（m^2）。若 B_m 的单位用高斯（S），S 的单位用 cm^2，则上式为

$$U\approx E=4.44fNB_mS\times10^{-8} \tag{3-5}$$

U 和 E 几乎是时时大小相等，相位相反。可见主磁感应电动势 e 实际上是一反电动势。综上所述，铁心线圈的电流有效值不仅和外加电压有效值有关，还和铁心线圈的漏阻抗、反电动势有关。铁心线圈的漏阻抗的概念是非常重要的。虽然交流电气设备的漏阻抗一般均较小，但它对设备的运行却有很大的影响。在分析变压器和交流电动机的工作原理时，常要用

到漏阻抗的概念。

3. 交流铁心线圈的伏安特性

交流铁心线圈的电流有效值和加在交流铁心线圈两端的电压有效值之间的关系，即 $I=f(U)$，称为交流铁心线圈的伏安特性。为了便于求得电路的电压和电流之间的关系，可略去$|Z_s|$不计，并设铁心中的磁通为 $\Phi=\Phi_m\sin\omega t$

于是

$$
\begin{aligned}
u &= (-e) = N\mathrm{d}(\Phi_m\sin\omega t)/\mathrm{d}t \\
&= N\Phi_m\omega\cos\omega t \\
&= 2\pi fN\Phi_m\sin(\omega t+\pi/2) \\
&= U_m\sin(\omega t+\pi/2)
\end{aligned}
$$

上式中

$$U_m = 2\pi fN\Phi_m$$

两边同除以$\sqrt{2}$，则得到外加电压的有效值和铁心中的磁通最大值之间的关系为

$$U=2\pi/\sqrt{2}fN\Phi_m=4.44fN\Phi_m \tag{3-6}$$

在线圈匝数 N 和电源频率 f 为定值的情况下，铁心中的磁通最大值 Φ_m 和外加电压有效值 U 成正比关系。此外，当外加电压按正弦规律变化时，铁心中的磁通 Φ 也按正弦规律变化，且滞后于外加电压 $\pi/2$ 电角度。

以上关系，虽然是在略去漏阻抗电压降的情况下求得的，但这一结果和铁心线圈的实际情况十分接近。根据以上所求得的电压和磁通的关系，可找到铁心线圈的外加电压有效值和电流有效值的关系，这里因为铁心线圈的电流 I 和磁通 Φ 之间必须满足铁心的磁化曲线所确定的关系，而铁心线圈的外加电压的有效值 U 和磁通 Φ_m 是成正比的，所以 U 和 I 之间也必须满足铁心的磁化曲线所确定的关系。若以 U 来代替磁化曲线中的 Φ，可得图 3-3 所示交流铁心线圈的伏安特性曲线。

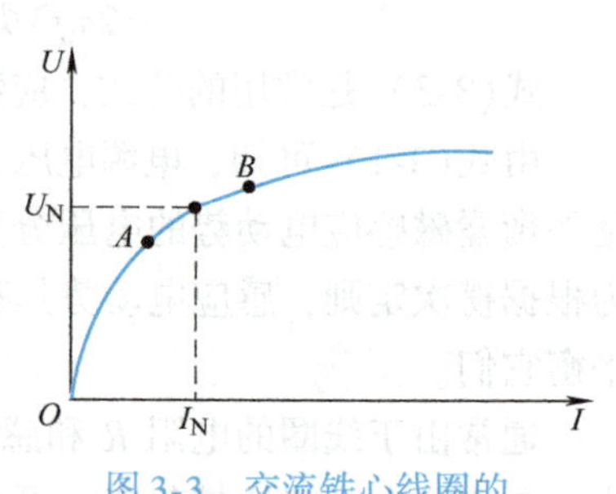

图 3-3　交流铁心线圈的伏安特性曲线

由特性曲线可知，当外加电压较小时，铁心尚未饱和（如图中 OA 段），此时交流铁心线圈中通过的电流随外加电压几乎成正比地增大。在 AB 段，曲线逐渐弯曲，此时电流的增加要比电压的增加快，这是因为铁心的磁导率在减小，线圈的主磁电感和感抗也跟着减小的缘故。超过额定电压 U_N 以后，即使外加电压增加不多，线圈中通过的电流将大大增加。若外加电压比额定电压大 20%，则线圈中的电流可能达到额定电流的两倍以上。因此，在实际应用中必须加以注意。例如额定电压 $U_N=110\text{V}$ 的变压器，如果误接在 220V 的电压上，则变压器中通过的电流可能比额定电流大几十倍，从而造成设备损坏事故。

任务 3.1.2　变压器的用途和基本结构

任务导入

不同场所的用电电压等级不同，变压器起到的作用就是依据用户的电压需求变换成所需要电压。

任务目标

熟悉变压器的基本结构。

变压器是一种常见的电气设备，可用来把某一幅值的交变电压变换为同频率的另一幅值的交变电压。把交流电功率 $P=\sqrt{3}UI\cos\varphi$ 从发电厂输送到用电端，通常要用很长的输电线。在输送功率 P 和负载的功率因数 $\cos\varphi$ 为定值的情况下，电压 U 越高，则线路电流 I 越小，从而输电线的截面积可以减小，这就能够大量地节约导电材料的用量。由此可见，远距离输电时采用高电压是经济的。目前我国交流输电的电压已达1000kV。但这样高的电压，不论从发电机的安全运行方面或者从制造成本方面来考虑，都不容许由发电机直接产生。发电机的额定电压一般有3.15kV、6.3kV、10.5kV、15.75kV等。因此，在输电之前，必须利用变压器把电压升高到所需的数值。在用电方面，各类用电器所需之电压不一，多数用电器的额定电压是220V、380V，少数的电动机也有采用3000V或6000V的，有些用电器的额定电压较低，如机床上照明灯的额定电压为36V等。因此在供电之前，也要利用变压器把电源的高电压变换成负载所需的低电压。综上所述，变压器是输配电系统中不可缺少的重要设备之一。

尽管变压器的用途、电压等级各有不同，但就其基本的组成部分而言却是相同的。它们都由铁心和套在铁心上的绕组构成。为了减小涡流及磁滞损耗，变压器的铁心用表面有绝缘层、厚度为0.35~0.5mm的硅钢片叠成。按照铁心的构造，变压器可分为心式和壳式两种。图3-4是具有筒形绕组的心式变压器。它的低压绕组靠近铁心放置，高压绕组则绕在低压绕组的外面。

图3-5为一壳式变压器，它的高、低压绕组都绕在中间的铁心柱上，因此中间的铁心柱的截面积为两边铁心柱的两倍。

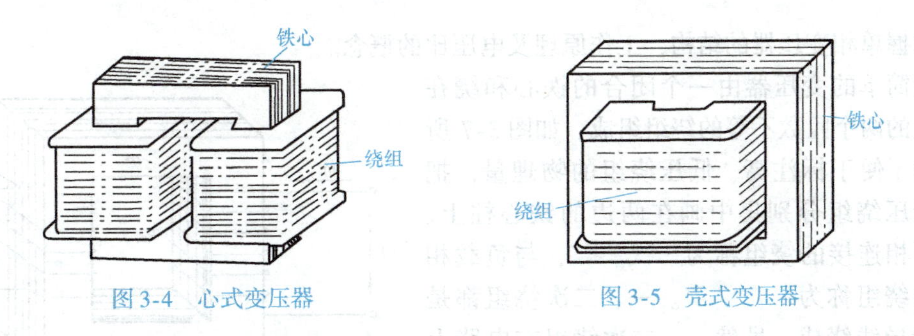

图3-4 心式变压器　　图3-5 壳式变压器

变压器工作时，因有铁损耗和铜损耗（即绕组的电阻功率损耗）致使铁心和绕组发热，因此，必须考虑其冷却问题。变压器按冷却方式可分为自冷式和油冷式两种。在自冷式变压器中，热量依靠空气的自然对流和辐射直接散发到周围的空气内。当变压器的容量较大时常采用油冷式。这时把变压器的铁心和绕组全部浸在矿物油（即变压器油）内，使其产生的热量通过油传给箱壁而散发到空气中去。为了增加散热量，在箱壁上装有散热管来扩大其冷却表面，并促进油的对流作用。具有散热管油箱的三相变压器如图3-6所示。

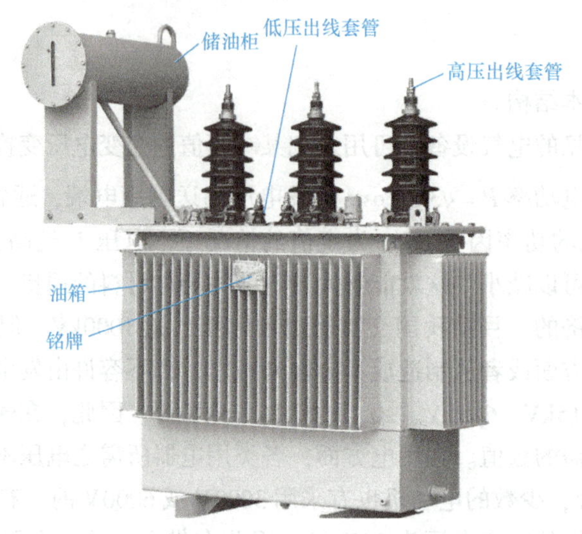

图 3-6　三相油浸式电力变压器外形结构

项目 3.2　变压器的类型

任务 3.2.1　单相变压器

任务导入

日常生活中我们大量使用单相变压器，了解单相变压器的结构与工作原理是必要的。

任务目标

掌握单相变压器的结构、工作原理及电压比的概念。

最简单的变压器由一个闭合的铁心和绕在铁心上的两个匝数不等的绕组组成，如图 3-7 所示。为了便于标注高、低压绕组的物理量，把高、低压绕组分别集中画在两边的铁心柱上。与电源相连接的绕组称为一次绕组，与负载相连接的绕组称为二次绕组。一、二次绕组都是用绝缘导线绕成。虽然一、二次绕组在电路上是分开的，但二者却处在同一磁路上。

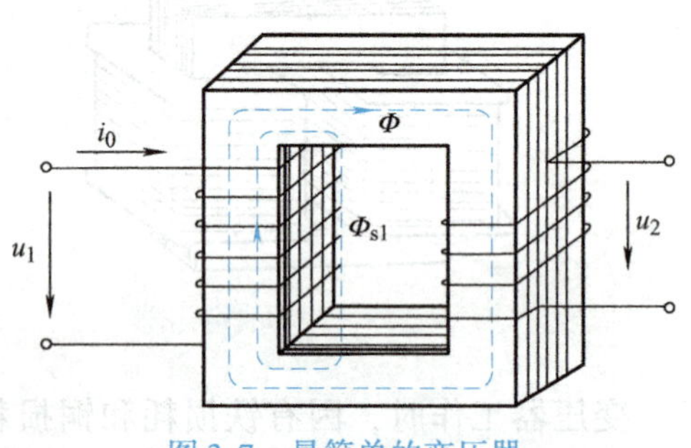

图 3-7　最简单的变压器

1. 空载运行和电压变换

把变压器的一次绕组接上额定电压，二次绕组开路（即不与负载接通），变压器便在空载状态下运行，如图 3-7 所示。在外加正弦电压 u_1 的作用下，一次绕组中便有交变电流 i_0 通过，称为空载电流，其有效值为 I_0。变压器的空载电流一般都很小，约为额定电流的 3% ~ 8%。空载电流通过匝数为 N_1 的一次绕组，产生磁通势 i_0N_1，在其作用下，铁心中产生了正弦交变磁通。磁通的绝大部分都沿铁心而闭合，它既与一次绕组交链，又与二次绕组交链，因而称其为工作磁通（即主磁通），即图 3-7 中的 Φ。仅有很少一部分磁通，在穿过一次绕组后就沿附近的空间而闭合，如图 3-7 中的 Φ_{s1} 所示。这部分仅与一次绕组相交链而不与二次绕组相交链的磁通，称为一次绕组的漏磁通。由于 i_0 很小，故空载时漏磁通 Φ_{s1} 也很小。设穿过一次绕组的交变主磁通为 $\Phi=\Phi_m\sin\omega t$，则一、二次绕组的感应电动势分别为

$$e_1=N_1\mathrm{d}\Phi/\mathrm{d}t=\omega\Phi_m N_1\sin(\omega t-\pi/2)=2\pi f\Phi_m N_1\sin(\omega t-\pi/2)$$

$$e_2=N_2\mathrm{d}\Phi/\mathrm{d}t=\omega\Phi_m N_2\sin(\omega t-\pi/2)=2\pi f\Phi_m N_2\sin(\omega t-\pi/2)$$

上式表明，e_1、e_2 滞后于工作磁通 $\pi/2$ 电角。式中 $2\pi f\Phi_m N_1$、$2\pi f\Phi_m N_2$ 为一、二次绕组感应电动势的最大值，分别用 E_{1m}、E_{2m} 表示。把 E_{1m} 除以 $\sqrt{2}$，则得 e_1 的有效值为

$$E_1=4.44f\Phi_m N_1 \tag{3-7}$$

同理，二次绕组感应电动势 e_2 的有效值为

$$E_2=4.44f\Phi_m N_2 \tag{3-8}$$

式中，N_2 是二次绕组的匝数。由式(3-7) 和式(3-8) 可得

$$E_1/E_2=N_1/N_2$$

变压器空载时的一次电路就是一个交流铁心线圈电路。按照式(3-1)，可写出变压器空载时一次电路的电压平衡方程式

$$u_1=R_1i_0+(-e_{s1})+(-e_1)$$

由于空载时 i_0 很小，故一次绕组的漏阻抗电压降很小，可略去不计，一次漏磁感应电动势可略去不计，于是得 $u_1\approx -e_1$

在数值上，则有 $$U_1\approx E_1$$

空载时变压器的二次绕组是开路的，它的端电压 U_{20} 与感应电动势 E_2 相等，即 $U_{20}=E_2$

所以 $$U_1/U_2=E_1/E_2=N_1/N_2=k_u$$

式中，k_u 称为变压器的电压比。

当 $N_1>N_2$ 时，$k_u>1$，变压器降压；当 $N_1<N_2$ 时，$k_u<1$，变压器升压。由此可见，当二次绕组绕有不同的匝数时，即可达到升高或降低电压的目的。对于已经制成的变压器而言，其 k_u 为定值，故二次电压的大小与一次电压成正比，亦即二次电压随一次电压的升高（降低）而升高（降低）。

2. 负载运行和电流变换

把变压器的二次绕组与负载接通后，二次电路中就有电流 i_2 通过。这时变压器便在负载状态下运行，如图 3-8 所示。

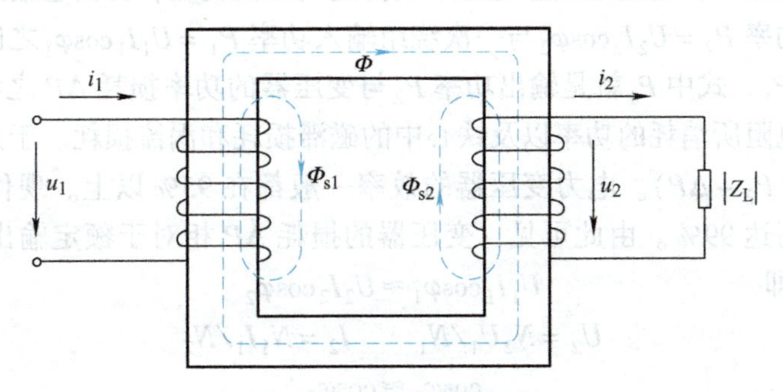

图 3-8 变压器负载运行

由二次绕组的电流 i_2 所建立的磁通势 i_2N_2 将产生磁通 Φ_2。磁通 Φ_2 的绝大部分都与一次磁通势所产生的磁通共同作用在同一个闭合的磁路上，仅有很少的一部分沿着二次绕组周围的空间而闭合。这部分仅与二次绕组相交链而不与一次绕组相交链的磁通，称为二次绕组的漏磁通，如图 3-8 中的 Φ_{s2} 所示。当变压器有载时，由于二次磁通势的影响，以致铁心中的主磁通 Φ_m 的数值将企图改变。但在外加电压有效值 U_1 和电源频率 f 不变的条件下，从近似等式 $U_1 \approx E_1 = 4.44f\Phi_m N_1$ 可以看出，主磁通 Φ_m 应基本保持不变。因此随着 i_2 的出现，一次绕组中通过的电流将从 i_0 增加到 i_1，一次绕组的磁通势将由 i_0N_1 增加到 i_1N_1，它所增加的部分 i'_1N_1 正好与二次绕组的磁通势 i_2N_2 相抵消，从而维持铁心中的主磁通 Φ_m 的大小基本不变，即与空载时的 Φ_m 在数量上接近相等。

变压器空载时的主磁通由 i_0N_1 所产生，而有载时的主磁通则由 i_1N_1 和 i_2N_2 共同来产生。由以上分析可知，有载时一次电流所建立的磁通势 i_1N_1 应分为两部分：其一是 i_0N_1，用来产生主磁通 Φ_m；其二是 i'_1N_1（或 $-i_2N_2$），用来抵消二次绕组电流所建立的磁通势 i_2N_2，从而保持 Φ_m 基本不变。即

$$i_1N_1 = i'_1N_1 + i_0N_1 = -i_2N_2 + i_0N_1$$

或用相量表示为

$$\dot{I}_1N_1 + \dot{I}_2N_2 = \dot{I}_0N_1 \tag{3-9}$$

上式说明，变压器有载时一次与二次磁通势的相量和，与空载时的磁通势相等。因为 $\dot{I}_0$ 很小，在变压器接近满载的情况下，$\dot{I}_0\mathrm{N}_1$ 相对于 $\dot{I}_1\mathrm{N}_1$ 或 $\dot{I}_2\mathrm{N}_2$ 而言基本上可略去不计，于是得一、二次磁通势的数值关系为 $I_1N_1 \approx I_2N_2$

即
$$I_1/I_2 \approx N_2/N_1 = 1/k_u = k_i \tag{3-10}$$

式中，k_i 称为电流比。

由此可见，变压器一、二次电流与它们的匝数成反比。由于高压绕组的匝数多，它所通过的电流就小；而低压绕组匝数少，它所通过的电流就大。变压器一、二次电流是互相关联的，必须遵循磁通势的平衡方程。

必须注意，变压器一次电流 I_1 的大小是由二次电流 I_2 的大小来决定的。当二次电路断开时，$I_2 = 0$，此时一次绕组中只有很小的空载电流 I_0。当二次电路接通后，如果把负载阻抗 $|Z_L|$ 减小，则 $I_2 = U_2/|Z_L|$ 增大，I_1 也随之增大，其值可由式(3-10)近似地算出。越接近于满载，计算结果越准确。随着一次电流 I_1 的增大，一次绕组从电力网吸取的电功率 P_1 也增大，且以磁通为媒介，通过电磁感应的形式传递到二次绕组，再由它输送给用电器。变压器二次绕组输出功率 $P_2 = U_2I_2\cos\varphi_2$ 与一次绕组输入功率 $P_1 = U_1I_1\cos\varphi_1$ 之比，称为变压器的效率，即 $\eta = P_2/P_1$。式中 P_1 就是输出功率 P_2 与变压器的功率损耗 ΔP 之和。而 ΔP 则包括一、二次绕组的电阻所消耗的功率以及铁心中的磁滞损耗和涡流损耗。于是变压器的效率也可表示为 $\eta = P_2/(P_2 + \Delta P)$。电力变压器的效率一般都在 95% 以上。现代大容量的电力变压器效率甚至可高达 99%。由此可见，变压器的损耗 ΔP 相对于额定输出功率而言是很小的，这时 $P_1 \approx P_2$ 即

$$U_1I_1\cos\varphi_1 \approx U_2I_2\cos\varphi_2$$

因为

$$U_2 = N_2U_1/N_1 \qquad I_2 = N_1I_1/N_2$$

所以

$$\cos\varphi_1 \approx \cos\varphi_2$$

上式说明，在接近额定负载时，u_1 与 i_1 之间的相位差 φ_1 近似地等于 u_2 与 i_2 之间的相位差 φ_2。

综上所述，不仅变压器一次电流 I_1 的大小是由二次电流 I_2 的大小来决定的，一次电路的性质（指阻抗的性质）也是由二次侧的负载性质来决定的。

随着变压器二次电流 I_2 的增大，二次电压 U_2 将略有变化。当电源电压（即加在一次绕组上的电压 U_1）和负载的功率因数 $\cos\varphi_2$ 为常数时，U_2 随 I_2 的变化关系，即 $U_2=f(I_2)$，称为变压器的外特性。对电阻性和电感性的负载而言，U_2 随 I_2 的增加而略有下降，如图 3-9 所示。

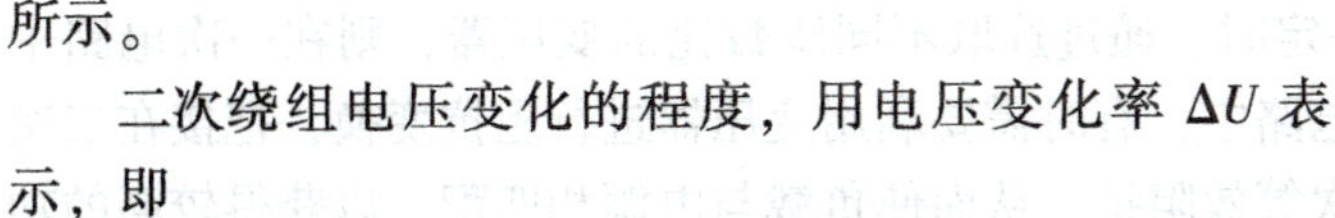

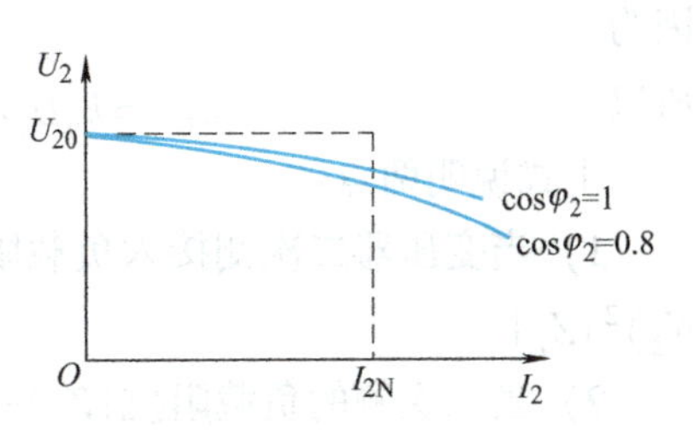

图 3-9 变压器的外特性曲线

二次绕组电压变化的程度，用电压变化率 ΔU 表示，即

$$\Delta U=(U_{20}-U_2)/U_{20}\times 100\%$$

式中，U_{20} 为二次绕组空载时的端电压；U_2 为满载时的端电压。对电力变压器而言，通常要求从空载到满载二次绕组的电压变化率不超过5%。

【例 3-1】 一台单相变压器，一次绕组的额定电压 $U_{1N}=3000\text{V}$，二次绕组开路时 $U_{20}=230\text{V}$。当二次绕组接入电阻性负载并达到满载时，二次电流 $I_2=40\text{A}$，此时 $U_2=220\text{V}$。若变压器的效率 $\eta=95\%$，求变压器一次电流 I_1、变压器的功率损耗 ΔP、电压变化率 ΔU。

【解】 二次绕组输出的电功率为

$$P_2=U_2I_2=220\text{V}\times 40\text{A}=8800\text{W}$$

一次绕组输入的电功率为

$$P_1=P_2/\eta=8800\text{W}/95\%=9263\text{W}$$

一次电流为

$$I_1=P_1/U_1=9263\text{W}/3000\text{V}=3.09\text{A}$$

变压器的功率损耗为

$$\Delta P=P_1-P_2=9263\text{W}-8800\text{W}=463\text{W}$$

变压器的电压变化率为

$$\Delta U=(230-220)/230=4.34\%$$

3. 变压器的阻抗变换作用

上文讲述了变压器的电压变换和电流变换。此外，利用变压器还可以进行阻抗变换。所谓阻抗变换，是指通过选取不同的变压器匝数比 k_u，从而把二次侧的负载阻抗 $|Z_L|$ 变换为不同数值的一次电路的等效阻抗 $|Z_L'|$。在图 3-10a 所示的电路中，变压器二次侧的负载阻抗为 $|Z_L|=U_2/I_2$。

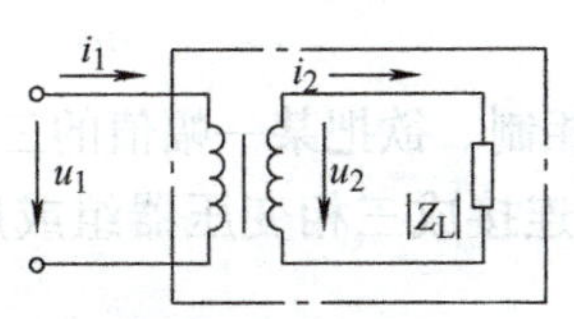

a) 二次侧有负载阻抗 $|Z_L|$ 的变压器

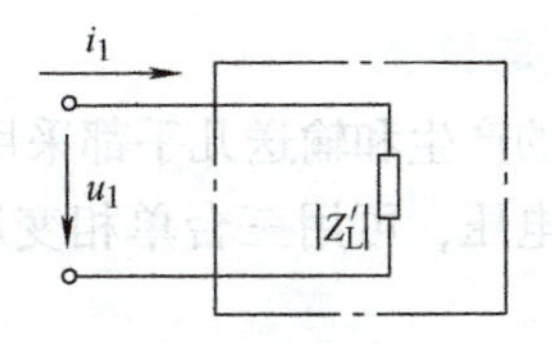

b) 等效电路

图 3-10 二次侧有负载阻抗 $|Z_L|$ 的变压器及其等效电路

图 3-10b 是图 3-10a 的等效电路。在此电路中，用一个接在一次电路的等效阻抗 $|Z_L'|$ 来代替变压器的二次绕组的负载阻抗 $|Z_L|$。等效代替后，一次电路的电压 u_1 和电流 i_1 以及功

率 P_1 应保持不变。于是，从一次电路看进去

$$|Z'_L| = U_1/I_1$$

因为 $$U_1 = k_u U_2 \quad I_1 = I_2/k_u$$

所以 $$|Z'_L| = k_u U_2/(I_2/k_u) = k_u^2 |Z_L| = (N_1/N_2)^2 |Z_L|$$

上式说明两点：

1）当变压器二次侧接入负载阻抗 $|Z_L|$ 时，相当于一次电路中有等效阻抗 $|Z'_L| = (N_1/N_2)^2 |Z_L|$。

2）当二次侧的负载阻抗 $|Z_L|$ 一定时，通过选取不同匝数比的变压器，则在一次电路中可得到不同的等效阻抗值。在电子电路中，有时需要利用变压器进行阻抗变换，把接在二次侧的负载阻抗变换为适当数值的一次等效阻抗，从而使负载与电源相匹配，以获得较高的功率输出。

【例 3-2】 一个 $R_L = 8\Omega$ 的负载电阻，接在电动势 $E = 10V$、内阻 $R_0 = 200\Omega$ 的交流信号源上，求 R_L 获得的交流功率 P。若将此 R_L 通过一个匝数比 $N_1/N_2 = 5$ 的输出变压器进行阻抗变换后，再接到上述电源上，求此时 R_L 获得的交流功率 P'（设输出变压器的效率 $\eta = 0.85$）。

【解】 R_L 上的交流功率

$$P = [E/(R_0 + R_L)]^2 R_L = [10/(200+8)]^2 \times 8W = 18mW$$

经过阻抗变换后，$R'_L = (N_1/N_2)^2 R_L = 5^2 \times 8\Omega = 200\Omega$

等效电阻 R'_L 获得的交流功率

$$P = [E/(R_0 + R'_L)]^2 R'_L = [10/(200+200)]^2 \times 200W = 125mW$$

R_L 上获得的交流功率 $P' = \eta P_1 = 0.85 \times 125mW = 106mW$

任务 3.2.2 三相变压器

任务导入

在电力输配、工业生产中，大量使用三相电压，所以三相变压器的使用是必需的。

任务目标

了解三相变压器的结构及电压、电流关系。掌握三相变压器的相电压、相电流、线电压。

1. 三相变压器的结构

现代交流电能的产生和输送几乎都采用三相制。欲把某一幅值的三相电压变换为同频率的另一幅值的三相电压，可用三台单相变压器连接成三相变压器组或用一台三相变压器来实现。

图 3-11 是三相变压器组。根据电力网的线电压和各一次绕组额定电压的大小，可把三个一次绕组接成星形或三角形。根据供电需要，它们的二次绕组也可接成上述的形式。

图 3-12 是三相变压器。它的铁心有三个铁心柱，在每个铁心柱上各装有一个一次绕组和一个二次绕组。各相高压绕组的首端和末端分别用 U_1、V_1、W_1 和 U_2、V_2、W_2 表

示；低压绕组的首端和末端分别用u_1、v_1、w_1、和u_2、v_2、w_2表示。如果把U_2、V_2、W_2接在一起，U_1、V_1、W_1接到电源上，则一次绕组为星形联结。在对称三相系统中，加在一次绕组上的各电压（由一次绕组的首端指向末端的电压）大小相等、互相有120°相位差。在电压作用下，三个一次绕组中的磁通也互有120°相位差，如图3-13所示。由图可知，在t_1瞬时，A相绕组的磁通达到最大值，而B相和C相的磁通恰好是反方向，且为最大值的一半。

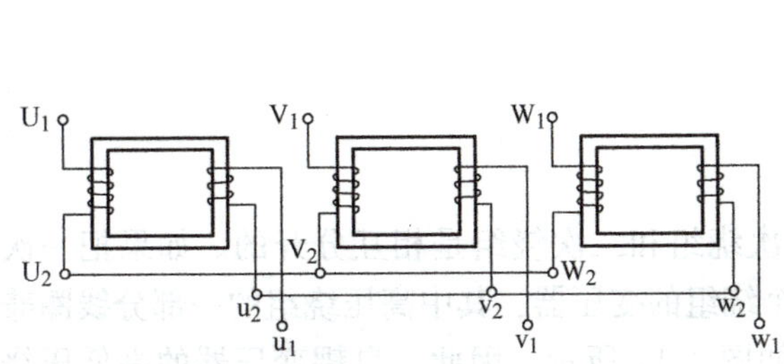

图3-11 三相变压器组

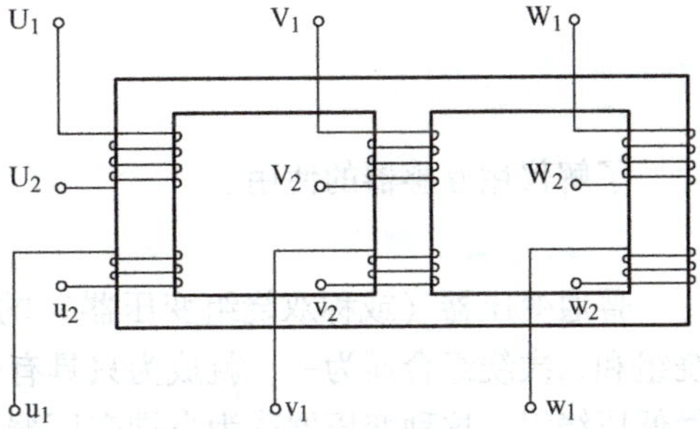

图3-12 三相变压器

虽然铁心中磁通的大小和方向时刻在变化，但由于铁心柱中的磁通到达最大值时总是依次相差120°（即相差2π/3），因此，在三个二次绕组中产生的感应电动势也互有120°相位差。由此可见，三相变压器的每一铁心就相当于一个单相变压器。通过改变三相变压器一、二次绕组的匝数，便可达到升高或降低三相电压的目的。

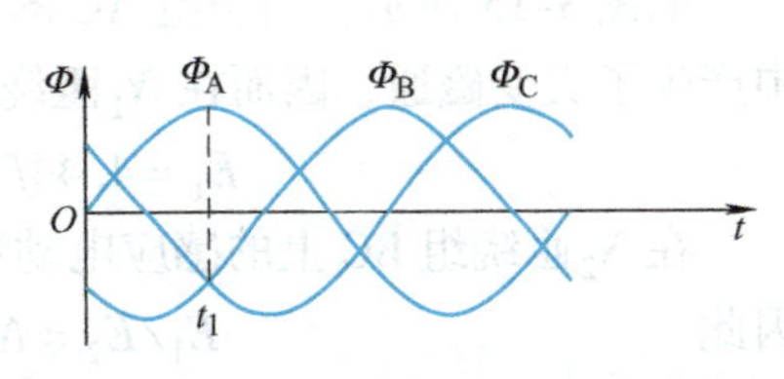

图3-13 三相一次绕组的瞬时磁通

三相电力变压器绕组的常用接法有Yy_{n0}和Yd等几种。在上述符号中，大写字母表示高压绕组的接法，小写字母表示低压绕组的接法，y_{n0}表示星形联结并具有中性点引出线，d表示三角形联结。

2. 变压器的额定值

为了正确使用变压器，需要了解它的额定值。变压器的额定值主要有：

1）一次绕组的额定电压U_{1N}：指在设计时根据变压器的绝缘强度和允许发热而规定在一次绕组上应加的电压值；在三相变压器中指线电压值。

2）二次绕组的额定电压U_{2N}：指当变压器空载而一次绕组的电压为额定值时的二次绕组的端电压值；在三相变压器中指线电压值。

3）一次绕组的额定电流I_{1N}：指在设计时根据变压器的允许发热而规定的一次绕组中长期允许通过的最大电流值；在三相变压器中指线电流值。

4）二次绕组的额定电流I_{2N}：指在设计时根据变压器的允许发热而规定的二次绕组中长期允许通过的最大电流值；在三相变压器中指线电流值。

5）容量S_N：变压器的容量用额定视在功率表示，单相变压器的容量为二次绕组的额定电压与额定电流的乘积，常以千伏安（kV·A）为单位，即

$$S_N = U_{2N} I_{2N}$$

三相变压器的容量为

$$S_N = \sqrt{3} U_{2N} I_{2N}$$

6）额定频率 f：指加在变压器一次绕组上的电压允许频率。我国规定的标准频率是50Hz。

任务 3.2.3 特殊变压器

任务导入

依据变压器原理还可以制造出其他特殊用途的设备，如自耦变压器、仪用互感器等。

任务目标

了解仪用互感器的使用。

1. 自耦变压器

普通变压器（或称双绕组变压器）的一次绕组和二次绕组是相互分开的。如果把一次绕组和二次绕组合而为一，就成为只具有一个绕组的变压器，其中高压绕组的一部分线圈兼做低压绕组，这种变压器称为自耦变压器，如图 3-14 所示。因此，自耦变压器的高低压绕组在电方面是连通的。

如图 3-15 所示，当绕组 AC 的两端加上交流电压 u_1 后，铁心中产生了交变磁通，因而在 N_1 匝绕组 AC 上的感应电动势为

$$E_1 = 4.44 f N_1 \Phi_m$$

在 N_2 匝绕组 BC 上的感应电动势为 $E_2 = 4.44 f N_2 \Phi_m$

因此

$$E_1 / E_2 = N_1 / N_2$$

如略去绕组的电压降不计，则

$$U_1 / U_2 = N_1 / N_2$$

由此可见，只要适当选取匝数 N_2，在二次绕组就可获得所需要的电压 U_2。若在图 3-15 所示的绕组 BC 两端加上交变电压 U_1（这时 U_1 应为绕组 BC 的额定电压），则在绕组 AC 的两端就可获得比 U_1 高的电压 U_2。

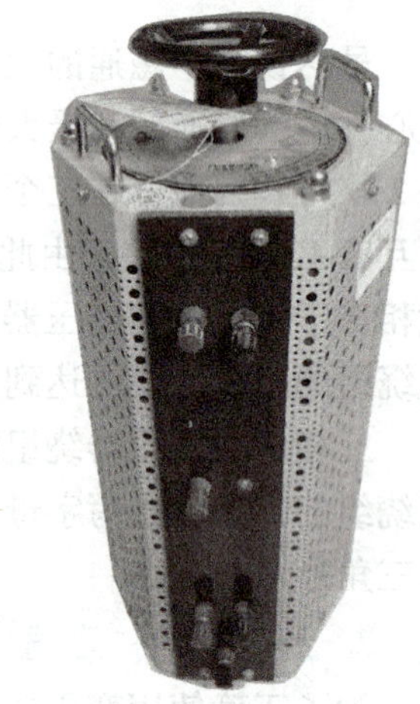

图 3-14 自耦变压器

图 3-16 所示是三相自耦变压器，它的三个绕组通常采用星形联结，三相自耦变压器常用来起动异步电动机。

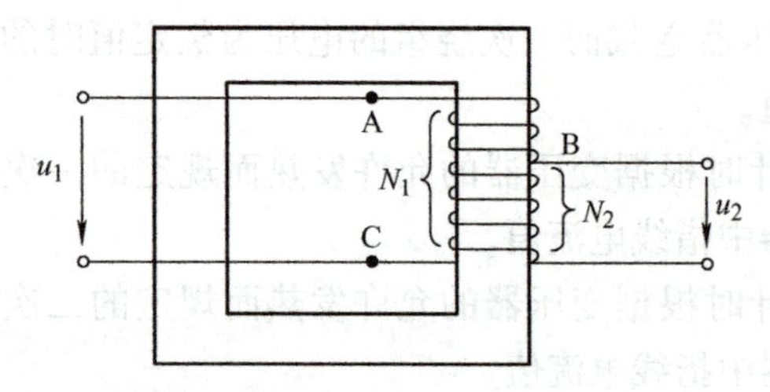

图 3-15 自耦变压器电路

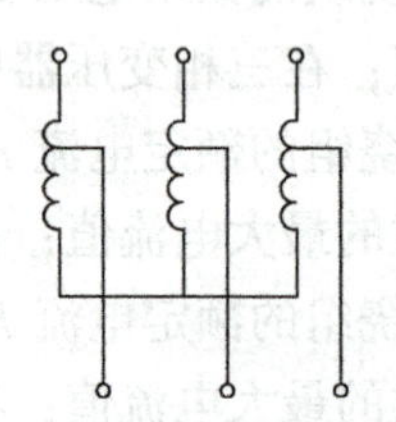

图 3-16 三相自耦变压器

自耦变压器的优点是：构造简单，节省用铜量，效率比普通的变压器高。其缺点是二次电路与一次电路有电的联系，故一、二次电路的绝缘应采用同一等级。例如，用自耦变压器把 6000V 的电压变换为 220V，则二次电路的绝缘也都要按 6000V 来考虑。这样非但不经

济，对工作人员来说也是很危险的。因此，自耦变压器的电压比一般不超过1.5~2。

低压小容量的自耦变压器，其二次绕组的分接头B常做成能沿线圈自由滑动的触头，因而可以平滑地调节二次电压。这种自耦变压器称为自耦调压器（见图3-17），常用在实验室中来调节实验用的电压。

按照电气安全操作规程的规定，自耦变压器不允许作为安全变压器使用，因为线路万一接错，将会发生触电事故。图3-18所示就是错误的接法，当人触及二次电路中任一端线时均有危险。因此规定，安全变压器一定要采用一、二次绕组相互分开的双绕组变压器。

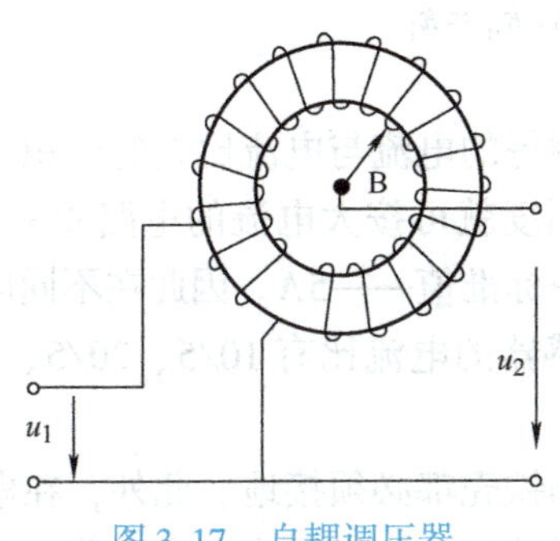

图3-17 自耦调压器

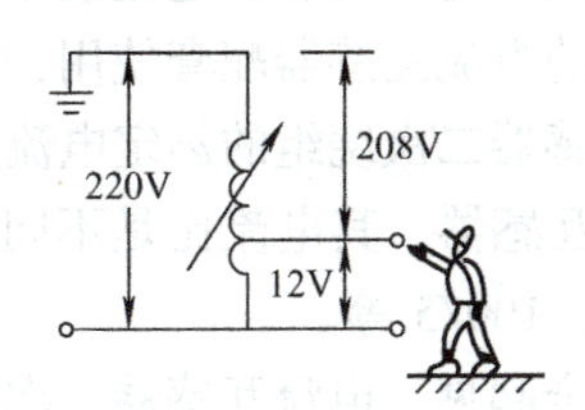

图3-18 错误接法

2. 仪用互感器

专供测量仪表使用的变压器称为仪用互感器，简称互感器。采用互感器的目的是使测量仪表与高压电路绝缘，以保证工作安全，扩大测量仪表的量程。根据用途的不同，互感器可分为电压互感器和电流互感器两种。电压互感器的构造如图3-19所示，可用它扩大交流伏特表的量程。

它的工作原理与普通变压器空载情况相似。使用时，应把匝数较多的高压绕组跨接在需要测量其电压的供电线上，而匝数较少的低压绕组则与电压表相连。

由于
$$U_1/U_2 = k_u$$
所以
$$U_1 = k_u U_2$$

由此可见，高压线路的电压等于二次侧所测得的电压与电压比的乘积。当电压表与一只专用的电压互感器配套使用时，电压表的刻度就可按电压互感器高压侧的电压标出，这样就可不必经过中间运算，而直接从该电压表上读出高压线路的电压值。通常电压互感器二次绕组的额定电压均设计为同一标准值——100V。因此，在不同电压等级的电路中所用的电压互感器，其电压比是不同的，如10000/100、35000/100等。为了工作安全，电压互感器的铁壳及二次绕组的一端都必须接地。如不接地，万一高低压绕组间的绝缘损坏，则低压绕组和测量仪表对地将出现一个高电压，这对工作人员来说是非常危险的。

电流互感器的结构如图3-20所示，可用它扩大交流电流表的量程。在使用时，它的一次绕组应与待测电流的负载相串联，二次绕组则与电流表串接成一闭合回路。电流互感器的一次绕组用粗导线绕成，其匝数只有一匝或几匝，因而它的阻抗极小。当一次绕组串接在待测电路中时，它两端的电压降很小。二次绕组的匝数虽多，但在正常情况下，它的电动势E_2并不高，大约只有几伏。

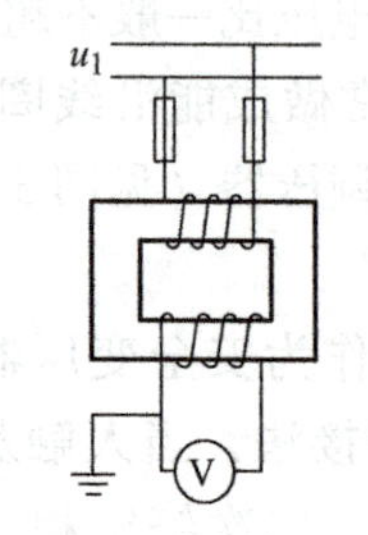

图 3-19　电压互感器

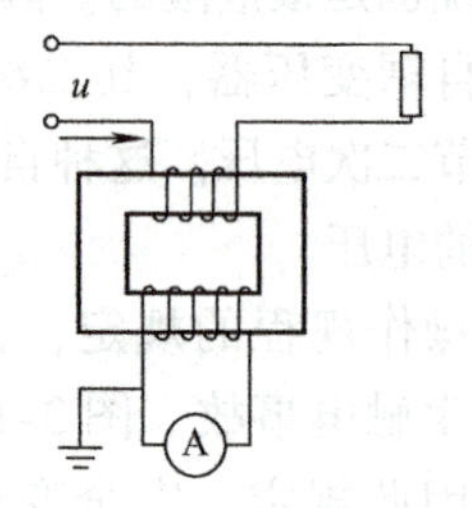

图 3-20　电流互感器

由于

$$I_1/I_2 = N_2/N_1 = 1/k_u = k_i$$

所以

$$I_1 = k_i I_2$$

由此可见，通过负载的电流就等于二次侧所测得的电流与电流比 k_i 的乘积。如果电流表与一只专用的电流互感器配套使用，则电流表的刻度就可按大电流的电路中的电流值标出。通常电流互感器二次绕组的额定电流均设计为同一标准值——5A。因此在不同电流的电路中所用的电流互感器，其电流比是不同的。电流互感器的电流比有 10/5、20/5、30/5、40/5、50/5、75/5、100/5 等。

为了安全起见，电流互感器二次绕组的一端和铁壳都必须接地。此外，在电流互感器的一次绕组接入一次电路之前，必须先把电流互感器的二次绕组连成闭合回路，并且在工作中不允许断开。电流互感器一次绕组中所通过的电流 i_1 仅取决于一次电路的电压和负载，而与二次电路的接通与否几乎无关。当电流互感器的二次电路接通时，铁心中的磁通由磁通势 $i_1 N_1$ 和 $i_2 N_2$ 共同作用产生，其值不大。若二次开路，则铁心中的磁通仅由 $i_1 N_1$ 产生，此时磁通大大增加，使铁损耗急剧上升，铁心严重发热。同时二次绕组也产生较高的感应电动势，危及工作安全。

图 3-21 是钳形电流表，它是电流互感器的另一种形式。钳形电流表是由一只与安培表接成闭合回路的二次绕组和一只铁心所构成，其铁心可以开合。在测量时，先张开铁心，把待测电流的一根导线放入钳中，然后再把铁心闭合。这样，载流导线便成为电流互感器的一次绕组，经过变换后，在安培表上就直接指出被测电流的大小。

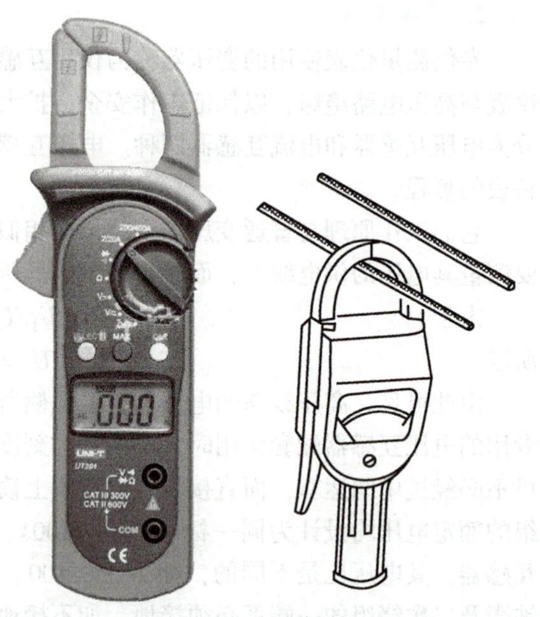

图 3-21　钳形电流表

课后练习

1. 变压器能否用来变换直流电压？为什么？如果把一台 220/36V 的变压器的一次侧接至 220V 的直流电源上，会产生什么后果？

2. 有一台 220/110V 的变压器，能否把 220V 的交流电压升至 440V（即二次侧接 220V）？为什么？

3. 电力变压器油箱上的出线端，其中一排的导线截面积较小，另一排的导线截面积较大，哪一排是高压进线端？哪一排是低压出线端？

4. 按电压比 $U_1/U_2 = N_1/N_2$ 来制作 220/110V 单相变压器时，能否取一次绕组为 2 匝，二次绕组为 1 匝？为什么？

5. 单相调压器的一次电压为 220V，二次电压为 0～250V，若误将 220V 电源接在二次侧，会发生什么现象？

6. 在测量高电压或大电流时，为什么要使用电压互感器或电流互感器？使用时，各应注意哪几点？

思考与练习5

一、简答题

1. 为什么变压器的铁心要用硅钢片叠成？能否用整块的铁心？

2. 变压器的铭牌上标明“220/36V、300V·A”，问下列那一种规格的电灯能接在此变压器的二次电路中使用？为什么？电灯规格：36V，500W；36V，60W；12V，60W；220V，25W。

3. 在单相电路中，如把接到负载的两根导线都套进钳形电流表的铁心中，问其读数是否比套进一根时的数值增加一倍？为什么？

4. 当使用钳形电流表测量导线中的电流时，如果表的量程太大，指针偏转的角度很小，读不准确，问能否把该导线沿钳形表的铁心上绕上几圈来增大其读数？此时又如何求出导线中的电流值？

二、选择题

1. 变压器铁心采用的硅钢片的单片厚度越薄，则________。

A. 铁心中的铜损耗越大

B. 铁心中的涡流损耗越大

C. 铁心中的涡流损耗越小

2. 如果忽略变压器的内部损耗，则变压器二次绕组的________等于一次绕组输入功率。

A. 损耗功率　　B. 输出功率　　C. 电磁功率

3. 当交流电源电压加到变压器的一次绕组后，在一次绕组中会有________电流流过。

A. 直流　　B. 脉冲　　C. 交流

4. 电力变压器的电压低，其容量一定________。

A. 小　　B. 大　　C. 不确定

5. 变压器匝数少的一侧电压低，电流________。

A. 小　　B. 大　　C 不稳定

6. 变压器的绕组与铁心之间是________的。

A. 绝缘　　B. 导电　　C. 电连通

学习情境4

供配电系统应用

本学习情境主要包括电力系统概述、电力负荷的分级与计算、6~10kV 变电所、供配电系统的主要电气设备、低压配电方式、动力配电系统、低压配电线路的敷设方式、电线与电缆的选择、低压配电系统的短路保护、供配电系统电气安装图概述、供配电系统电气安装图识图举例。通过本学习情境的学习，学生应掌握电力系统基本知识，能进行负荷计算，能进行建筑低压系统配电设计，能掌握电气安装图的识图基本知识并读懂相关图样。

项目 4.1 电 力 系 统

任务 4.1.1 电力系统概述

任务导入

电力是现代工业的主要动力，在各行各业中都得到了广泛应用。对于建筑工程技术人员，应该了解电能的产生、输送和分配。

任务目标

掌握电力系统的概念；掌握电力系统的各组成部分。

由发电厂、变电所和用户连接起来组成的发电、输电、变电、配电和用电的整体称为电力系统。供配电系统由发电、输电和配电环节组成，如图 4-1 所示。

1. 发电

发电是将自然界蕴藏的各种一次能源转换为电能的过程。生产电能的工厂叫发电厂。根据利用的一次能源不同，发电厂可分为火力发电厂、水力发电厂、风力发电厂、地热发电厂、太阳能发电厂等。目前，我国以火力发电厂和水力发电厂为主，发电厂的发电机组发出的电压一般为 6~10kV。

2. 输电

输电是将电能输送到各地方（或地区）或直接输送给大型用户的过程。

输电网由 35kV 及以上的输电线路及与其连接的变电所组成，它是电力系统的主要网络。输电是联系发电厂与用户的中间环节。它将发电机组发出的 6~10kV 电压经升压变压器变换为 35~500kV 高压，通过输电线路可远距离将电能送到各地方。在进入市区或大型用户前，再利用降压变压器将 35~500kV 高压变换为 6~10kV。

3. 配电

配电网由 10kV 及以下的配电线路和配电（降压）变压器所组成。它的作用是将电压降为 380/220V 低压再分配到各用户的用电设备。

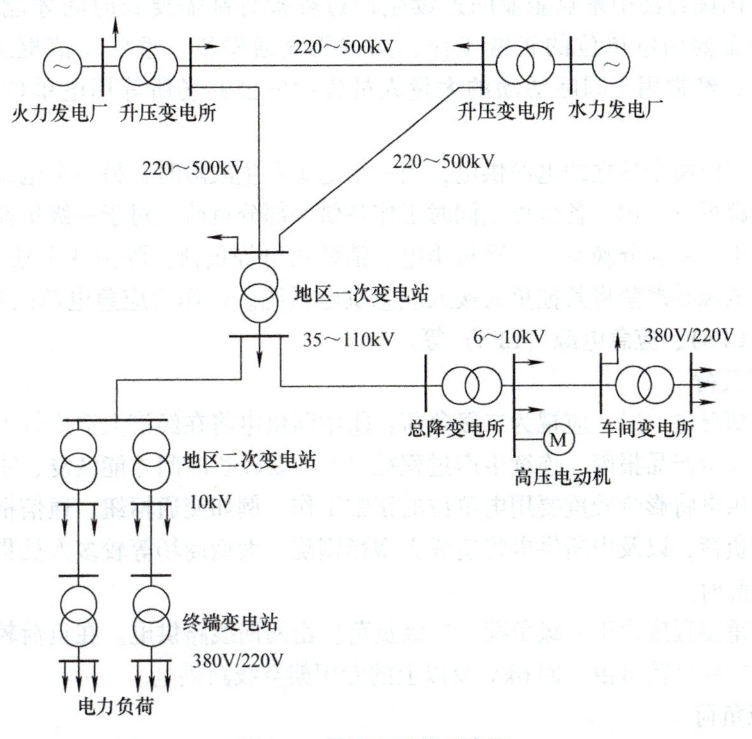

图 4-1 供配电系统示意图

将 1kV 及以上的电压称为高压，电压等级有 1kV、3kV、6kV、10kV、35kV、110kV、220kV、330kV、550kV 等；将 1kV 以下的电压称为低压，电压等级有 220V、380V 和安全电压 12V、24V、36V 等。

任务 4.1.2 电力负荷的分级与计算

任务导入

电力负荷是供配电系统非常重要的部分，只有充分理解了什么是电力负荷及电力负荷的分级和计算，才能进行其他知识点的深入学习。

任务目标

了解电力负荷的分类；掌握电力负荷的特点；掌握电力负荷对电源的要求；熟练使用需要系数法计算电力负荷。

1. 电力负荷的分级

电力负荷，既可以指用电设备或用电单位（用户），也可指用电设备或用电单位（用户）所耗用的功率。电力负荷按其对供电可靠性的要求及中断供电在对人身安全、经济损失上所造成的影响程度，按 GB50052—2009《供配电系统设计规范》规定，分为以下三级：

（1）一级负荷

符合下列情况之一时，应视为一级负荷：①中断供电将造成人身伤亡时。②中断供电将在经济上造成重大损失时，如重大设备损坏、大量产品报废、用重要原料生产的产品大量报废、国民经济中重点企业的连续生产过程被打乱需要长时间才能恢复等。③中断供电将影响重要用电单位的正常工作，如重要交通枢纽、重要通信枢纽、重要宾馆、大型体育场馆、经常用于国际活动的大量人员集中的公共场所等用电单位中的重要电力负荷。

一级负荷应由两个独立的电源供电，当一个电源发生故障时，另一个电源不应同时受到损坏。两个电源可以一用一备也可以同时工作各供一部分负荷。对于一级负荷中特别重要的负荷，如医院手术室和分娩室、计算机用电、消防用电等负荷，除由两个独立电源供电外，还应增设应急电源并严禁将其他负荷接入应急供电系统。可作为应急电源的有柴油发电机、不间断电源（UPS）、应急电源（EPS）等。

（2）二级负荷

符合下列情况之一时，应视为二级负荷：①中断供电将在经济上造成较大损失时，如主要设备损坏、大量产品报废、连续生产过程被打乱需要较长时间才能恢复、重点企业大量减产等。②中断供电将影响较重要用电单位的正常工作，例如交通枢纽、通信枢纽等用电单位中的重要电力负荷，以及中断供电将造成大型影剧院、大型商场等较多人员集中的重要的公共场所秩序混乱时。

二级负荷重要程度次于一级负荷。二级负荷应由两回线路供电。在负荷较小或地区供电条件困难时，二级负荷可由一回6kV及以上的专用架空线路供电。

（3）三级负荷

所有不属于一级和二级负荷者，应视为三级负荷。

三级负荷对供电无特殊要求，只需一路电源供电即可。如旅馆、住宅、小型工厂的照明等。

2. 电力负荷的计算

电力负荷的计算主要是用来正确选择变压器、开关设备及导线的横截面积等。

我国目前普遍采用的计算电力负荷的方法，有需要系数法和二项式法。需要系数法是世界各国普遍采用的确定计算电力负荷的基本方法，简单方便，使用广泛。本书仅介绍需要系数法。

需要系数法是根据统计规律，按照不同负荷类别，先分类进行计算（不考虑备用设备的容量），最后计算总电力负荷。

（1）电力负荷的分类计算

电力负荷主要分为照明和动力设备负荷，当负载对称或负载连续运行（如水泵、通风机等）时，同类设备负荷可直接相加，否则需要进行换算。

1）接于相电压（220V）的单相负载的设备负荷换算为等效三相设备负荷：

对于照明、电热器、单相电动机、单相电焊机等单相负载，先将它们均匀地分配到三相电路上，若负载不能平衡对称时，取其中最大一相负荷乘以3，即

$$P_a = 3P_{1m} \tag{4-1}$$

式中，P_{1m}为单相最大一相负荷的额定有功功率（kW）；P_a为不对称单相负载的等效三相设备负荷（kW）。

2）接于线电压（380V）的单相负载的设备负荷换算为等效三相设备负荷：

对接于线电压的单相负载，如额定线电压为380V的电热器、单相电动机、单相焊机等

单相负载，只有一台设备时容量乘以$\sqrt{3}$，等效三相设备负荷为

$$P_a = \sqrt{3} P_N \tag{4-2}$$

式中，P_N为接于线电压的单相负载额定有功功率（kW）；P_a为等效三相设备负荷（kW）。若有2台（或5台）单相负载，应按3台（或6台）进行计算。

3）反复短时工作制的设备负荷计算：

在建筑工地使用的用电设备中，如电焊机、卷扬机、吊车和起重机等不连续工作的负载，称为反复短时工作制的负载。计算负荷时，应考虑它们的负载暂载率JC，通常以百分数来表示，即

$$JC_N = \frac{t_B}{T} \times 100\% = \frac{t_B}{t_B + t_0} \times 100\% \tag{4-3}$$

式中，t_B为负载的工作时间（s）；t_0为停歇时间（s）；T为一个工作周期的时间（s）；JC_N为额定暂载率。

在设备铭牌或产品说明书中会给出额定暂载率JC_N，因此在计算反复短时工作制的负荷时，应先进行换算。

① 卷扬机、吊车和起重机类负载的换算。应先将该类负载的额定有功功率换算到统一暂载率为25%时的功率，即

$$P_a = P_N \sqrt{\frac{JC_N}{JC_{25}}} = P_N \sqrt{\frac{JC_N}{25\%}} = 2P_N \sqrt{JC_N} \tag{4-4}$$

式中，P_N为铭牌给出的额定有功功率（kW）；JC_{25}表示暂载率为25%；P_a为换算到统一暂载率为25%时的设备负荷（kW）。

② 电焊机类负载的换算。应先将该类负载的额定视在功率换算到统一暂载率为100%时的视在功率，即

$$S_a = S_N \sqrt{\frac{JC_N}{JC_{100}}} = S_N \sqrt{\frac{JC_N}{100\%}} = S_N \sqrt{JC_N} \tag{4-5}$$

换算到统一暂载率为100%时的有功功率为

$$P_a = S_a \cos\varphi = S_N \cos\varphi \sqrt{JC_N} \tag{4-6}$$

式中，S_N为铭牌给出的额定视在功率（kV·A）；$\cos\varphi$为额定功率因数；JC_{100}表示暂载率为100%；S_a为换算到统一暂载率为100%时的视在功率（kV·A）；P_a为换算到统一暂载率为100%时的设备负荷（kW）。

注：下列用电设备在进行负荷计算时，不列入设备容量之内：

a. 备用生活水泵、备用电热水器、备用制冷设备及其他备用设备。

b. 消防水泵、专用消防电梯以及消防状态下才使用的送风机、排风机等以及在非正常状态下投入使用的用电设备。

c. 当夏季有吸收式制冷的空调系统，而冬季则利用锅炉取暖时，在后者容量小于前者情况下的锅炉设备。

(2) 分组计算负荷的确定

先将用电设备分组，按组别查出同类设备的需要系数和功率因数，单独运转、容量接近的电动机负荷需要系数K_x见表4-1。民用建筑照明负荷需要系数K_x见表4-2。动力设备的需

要系数和功率因数见表4-3。

表4-1　单独运转、容量接近的电动机负荷需要系数

电动机（台）	<3	4	5	6~10	10~15	15~20	20~30	30~50
K_x	1	0.85	0.8	0.4	0.65	0.6	0.55	0.5

表4-2　民用建筑照明负荷需要系数

建筑物名称		需要系数 K_x	备　注
一般住宅楼	20户以下	0.6	单元式住宅，每户两室为多数，两室户内设6~8个插座
	20户~50户	0.5~0.6	
	50户~100户	0.4~0.5	
	100户以上	0.4	
高级住宅楼		0.6~0.4	
单身宿舍楼		0.6~0.4	一个开间设1~2盏灯，2~3个插座
一般办公楼		0.4~0.8	一个开间设2盏灯，2~3个插座
高级办公楼		0.6~0.4	
科研楼		0.8~0.9	一个开间设2盏灯，2~3个插座
发展与交流中心		0.6~0.4	
教学楼		0.8~0.9	
图书馆		0.6~0.4	3个开间设6~11盏灯，1~2个插座
托儿所、幼儿园		0.8~0.9	
小型商业、服务业用房		0.85~0.9	
食堂、餐厅		0.8~0.9	
高级餐厅		0.4~0.8	
一般旅馆、招待所		0.4~0.8	一个开间设1盏灯，2~3个插座
高级旅馆、招待所		0.6~0.4	带卫生间
旅游宾馆		0.35~0.45	单间客房内设4~5盏灯，4~6个插座
电影院、文化馆		0.4~0.8	

表4-3　动力设备的需要系数和功率因数

序号	用电设备名称	用电设备数量（台）	需要系数 K_x	功率因数 $\cos\varphi$
1	混凝土搅拌机及砂浆搅拌机	10以下	0.7	0.68
2		10~30	0.6	0.65
3		30以上	0.5	0.6
4	破碎机、筛洗机	10以下	0.75	0.75
5		10~50	0.7	0.7

（续）

序号	用电设备名称	用电设备数量（台）	需要系数 K_x	功率因数 $\cos\varphi$
6	点焊机		0.43～1	0.6
7	对焊机		0.43～1	0.7
8	自动焊接变压器		0.62～1	0.6
9	单头手动弧焊变压器		0.43～1	0.4
10	给排水泵、泥浆泵（缺准确工作资料时）		0.8	0.8
11	带式运输机（当机械联锁时）		0.7	0.75
12	带式运输机（当非机械联锁时）		0.6	0.75
13	电阻炉、干燥箱、加热器		0.8	1
14	卷扬机、塔吊、掘土机、起重机		0.2～0.25	0.5
15	大批生产及流水作业的热加工车间		0.3～0.4	0.65
16	大批生产及流水作业的冷加工车间		0.2～0.25	0.5
17	通风机、水泵		0.75～0.85	0.8
18	卫生保健用的通风机		0.65～0.7	0.8
19	生产厂房、实验室及办公室照明		0.8～1	1
20	工地及户外照明		1	1

同类设备组的计算负荷：

有功功率为
$$P_C = K_x P_a \tag{4-7}$$

无功功率为
$$Q_C = P_C \tan\varphi \tag{4-8}$$

视在功率为
$$S_C = \sqrt{P_C^2 + Q_C^2} \tag{4-9}$$

计算电流为
$$I_C = \frac{S_C}{\sqrt{3}U_L} \tag{4-10}$$

式中，P_a为同类设备组的总设备负荷；K_x为同类设备组的需要系数；U_L为额定线电压（380V）。

（3）总计算负荷的确定

总计算负荷由不同类型的多组用电设备容量所组成。

总有功功率为
$$P_{\Sigma C} = K_\Sigma (P_{C1} + P_{C2} + P_{C3} + \cdots) = K_\Sigma \sum P_C \tag{4-11}$$

总无功功率为
$$Q_{\Sigma C} = K_\Sigma (Q_{C1} + Q_{C2} + Q_{C3} + \cdots) = K_\Sigma \sum Q_C \tag{4-12}$$

总视在功率为
$$S_{\Sigma C} = \sqrt{P_{\Sigma C}^2 + Q_{\Sigma C}^2} \tag{4-13}$$

总计算电流为

$$I_{\Sigma C}=\frac{S_{\Sigma C}}{\sqrt{3}U_L} \tag{4-14}$$

式中，K_{Σ}为同时系数，一般取0.8～1。

(4) 变压器容量的选择

由于各组用电设备的最大负荷往往不是同时出现，所以在确定变压器的容量或者选择低压配电干线时，要考虑乘以同时系数K_{Σ}（一般取0.8～1），即

$$S_N \geqslant K_{\Sigma}S_{\Sigma C} \tag{4-15}$$

(5) 总功率因数的确定

因为各类用电设备的功率因数不同，所以总功率因数也要小于1。为了充分利用电源设备的容量，减少输电线路的电能损耗，电力部门规定工矿企业负载的总功率因数不得低于0.9。否则要考虑功率因数的补偿。总功率因数按下式计算，即

$$\cos\varphi_{\Sigma}=\frac{P_{\Sigma C}}{S_{\Sigma C}} \tag{4-16}$$

任务4.1.3　6～10kV变电所

任务导入

6～10kV变电所是指把6～10kV高压降为常用380/220V低压的终端场所，在整个电力系统中起着非常重要的作用。因此要想更加深入地了解电力系统知识，6～10kV变电所是我们首先要学习的重点。

任务目标

掌握变电所的类型；了解变电所选择的原则；了解变电所的不同的主接线方式；了解变电所的布置。

变电所是接受电能、变换电压和分配电能的场所。6～10kV变电所是将6～10kV高压降为一般用电设备所需的380/220V低压的终端变电所。变电所主要由变压器、高压开关柜(断路器、电流互感器、计量仪表等)、低压开关柜（隔离开关、断路器、电流互感器、计量仪表等)、母线、电缆等组成。

1. 变（配）电所的类型

变电所的类型应根据用电负荷的状况和周围环境情况确定。

(1) 杆上式或高台式变电所

一般适用于中小城镇居民区、工厂的生活区，但变压器的容量不得大于315kV · A，它与中小型用户单位的低压配电室组合成10kV变电所。

(2) 户外箱式变电所

一般适用于负荷小而分散的工业企业和大中城市的住宅小区等场合，跟室内变电所比较，造价低、施工方便。

(3) 室内变电所

一般适用于高层或大型民用建筑等，对于重要负荷，供电要求必须有双电源且自动切换，故变电所需24h值班监视运行，除设置高压配电室、变压器室、低压配电室外，还要设

置值班室、休息室、卫生间、维修车间、库房等。

2. 变电所选择的原则

变电所选择的原则有以下几个方面：

1）确定进线方式。根据电力负荷等级确定进线方式，选择一路或是两路进线。

2）确定变压器。根据计算负荷确定变压器的型号和台数，若考虑发展的需要，变压器的容量应留有余地。

3）确定变电所的场所。变电所应选在进出线方便、靠近负荷中心的地方，且应避免设于多尘、潮湿和有腐蚀性气体的场所，避免设在有剧烈振动的场所和低洼积水地区。

4）确定电容器柜。计算总功率因数小于 0.9 时，应考虑功率因数补偿，装设电容器柜。

3. 主接线

变电所内供电系统的一次接线，称为主接线。主接线是由变压器、各种开关电器、电气计量仪表、母线、电力电缆和导线等电气设备按一定顺序连接的电路。

（1）主接线的选择

1）根据用电负荷的要求，保证供电可靠性。

2）接线系统应力求简单，运行方式灵活，倒闸操作方便。

3）保障运行操作人员和维修人员进行运行维护和实验工作时的安全。

4）高压配电装置的布置应紧凑合理，排列尽可能对称，有利于巡检。

5）从发展角度，适当留有增容的余地。还应符合经济规则，做到设备一次投资和年运行费用最低。

（2）6～10kV 变电所主接线要求

1）装设高压断路器。从外界引入变电所的进线侧，应装设高压（10kV）断路器，对设备起短路保护和隔离作用。

2）母线接线。变电所的高压及低压母线，须采用单母线或单母线分段的接线方式。

3）母线采用隔离开关或断路器分断。采用单母线分段时，一般采用隔离开关分断。当有特殊要求时可以采用断路器分断。

4）装设隔离开关。配电线路的出线侧，在架空出线或有反馈供电可能的出线中，要求装设线路隔离开关。

（3）主接线方式

6～10kV 变电所的主接线通常相当简单，从使用的变压器数量来分，有两种：

1）只有一台变压器的变电所主接线方式。只有一台变压器的小型变电所，其高压侧一般采用无母线的接线。根据高压侧采用的开关不同，可以有多种主接线方案，下面给出其中一种，即高压侧采用负荷开关-熔断器的变电所主接线方式，其主接线图如图 4-2 所示。

这种主接线由于高压负荷开关能带负荷操作，从而使变电所停电和送电操作要简单灵活，但供电可靠性不高，一般只适用于三级负荷供电。

2）装有两台变压器的变电所主接线方式。装有两台变压器的变电所主接线方式主要有三种：

① 高压无母线、低压单母线分段的变电所主接线方式，其主接线图如图 4-3 所示。这

种主接线供电可靠性高。当任一进线或任一主变压器停电检修或发生故障时，通过闭合低压母线分断开关，即可迅速恢复对整个变电所的供电。如果两台主变压器低压侧的主开关（采用电磁或电动机合闸的万能式低压断路器）都装设互为备用的备用电源自动投入装置（APD），则任一变压器低压开关因电源断电（失电压）而跳闸时，另一变压器低压侧的主开关和低压母线分段开关将在 APD 的作用下自动合闸，恢复整个变电所的供电。这种主接线适用于一、二级负荷供电。

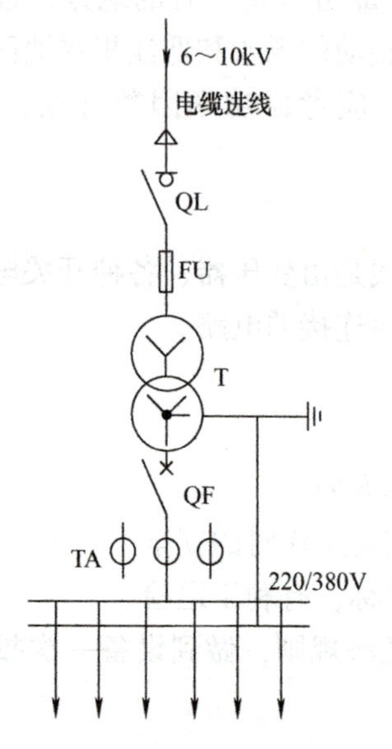

图 4-2　高压侧采用负荷开关-熔断器的变电所主接线图

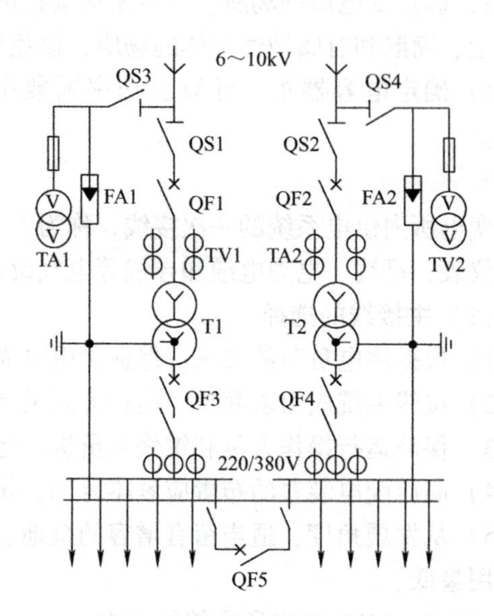

图 4-3　高压无母线、低压单母线分段的变电所主接线图

② 高压单母线、低压单母线分段的变电所主接线方式，其主接线图如图 4-4 所示。其供电可靠性也较高。任一主变压器检修或发生故障时，可通过切换操作，很快恢复对整个变电所的供电。但在高压母线或电源进线检修或发生故障时，整个变电所将要停电。如果变电所有与其他变电所相连的低压或高压联络线时，则可投入联络线恢复供电，供电可靠性从而大大提高。无联络线时，适用于二、三级负荷供电；有联络线时，则适用于一、二级负荷供电。

③ 高低压均为单母线分段的变电所主接线方式，其主接线图如图 4-5 所示，这种主接线的两段高压母线在正常时可以接通运行，也可以分段运行。一台主变压器或一路电源进线停电检修或发生故障时，通过切换操作，即可迅速恢复整个变电所的供电，因此其可靠性相当高，适用于一、二级负荷。

4. 变电所的布置与建设

（1）变电所的布置

6～10kV 变电所由高压配电室、变压器室和低压配电室三部分组成。

1）高压配电室。高压配电室内设置高压开关柜，柜内装设油断路器、隔离开关、电压互感器和母线等。高压配电室的面积取决于高压开关柜的数量和柜的尺寸。一般设有高压进线柜、计量柜、电容补偿柜、配出柜等。

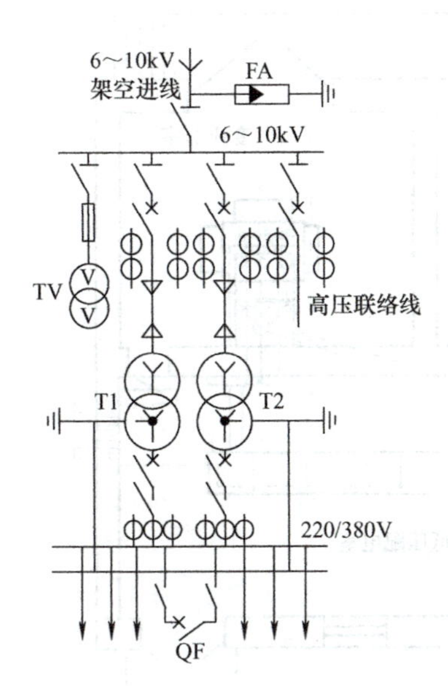

图 4-4 高压单母线、低压单母线分段的变电所主接线图

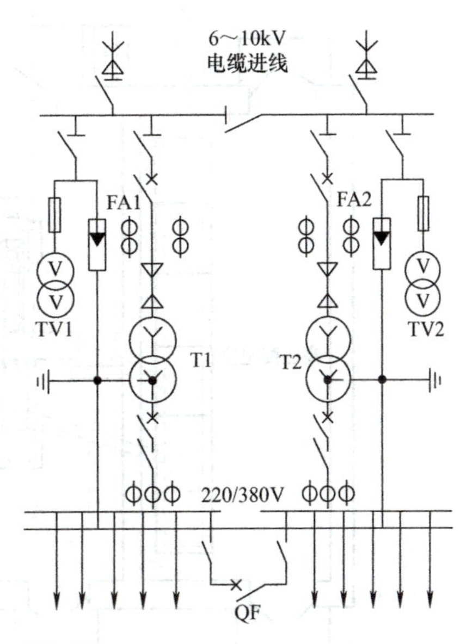

图 4-5 高低压均为单母线分段的变电所主接线图

2）变压器室。为使变压器与高、低压开关柜等设备隔离，应单独设置变压器室。对于多台变压器，特别是油浸变压器，应将每一台变压器都相互隔离。当使用多台干式变压器时，也可采用开放式，只设一大间变压器室（应取得当地电力部门的批准）。变压器室要求通风良好，进出通风口的面积应达到0.5～0.6m^2。对于设在地下室的变电所，可采用机械通风。

3）低压配电室。低压配电室应靠近变压器室，低压裸导线（铜母排）架空穿墙引入。由于低压配电回路多，低压开关柜数量也多，有进线柜、仪表柜、配出柜、低压电容器补偿柜（采用高压电容器补偿时可不设）等。低压配电室的面积取决于低压开关柜数量的多少（应考虑发展，增加备用柜），柜前应留有巡检通道（大于1.8m），柜后应留有检修通道（大于0.8m）。低压开关柜有单列布置和双列布置（柜数较多时采用）等。

(2) 变电所的建设

变电所的建设还应满足下列条件：

1）变电所应保持室内干燥，严防雨水漏入。变电所附近或上层不应设置卫生间、厨房、浴室等，也不应设置有腐蚀性或潮湿蒸汽的车间。

2）变电所应考虑通风良好，使电气设备正常工作。

3）变电所高度大于4m，应设置便于大型设备进出的大门，宽度取决于变压器的宽度。

4）变电所的容量较大时，应单设值班室、设备维修室、设备库房等。双台变压器变电所的平面布置图如图4-6所示。

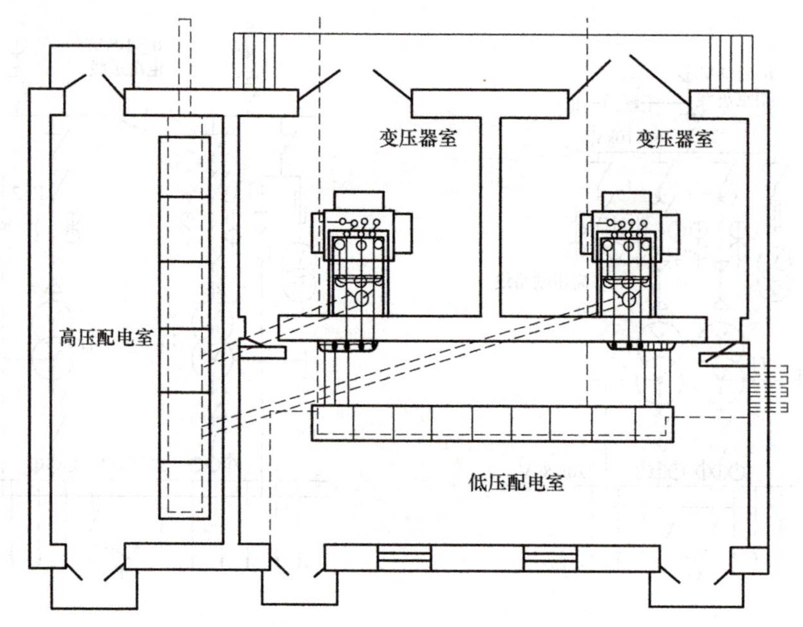

图 4-6　双台变压器变电所的平面布置图

任务 4.1.4　供配电系统的主要电气设备

任务导入

供配电系统承担着输送和分配电力以及控制、指示、监测和保护等任务，这些任务的实现离不开供配电系统中的电气设备。

任务目标

掌握供配电系统中各电气设备的名称；掌握供配电系统中各电气设备的功能；熟悉供配电系统中各电气设备的应用。

1. 电力变压器

(1) 电力变压器的作用

电力变压器是变电所中最关键的一次设备，其作用是升高或降低电力系统中的电压，以利于电力的合理输送、分配和使用。其常用图形和文字符号如图 4-7 所示。

图 4-7　电力变压器常用图形和文字符号

(2) 电力变压器的分类

电力变压器按结构性能分为普通变压器、全密封变压器和防雷变压器等。用户变电所大多采用普通变压器。

电力变压器按作用分，有升压变压器和降压变压器两大类。变电所大多采用降压变电器。

电力变压器按相数可分为单相变压器和三相变压器两大类。用户变电所大多采用三相变压器。

电力变压器按绕组导体材质分为铜绕组变压器和铝绕组变压器两大类。

电力变压器按绕组绝缘和冷却方式分为油浸式、干式和充气式（SF_6）等变压器。用户变电所大多采用油浸式变压器。

(3) 电力变压器的结构

电力变压器的基本结构包括铁心和绕组两大部分。

2. 互感器

互感器分为电压互感器和电流互感器。

(1) 电压互感器

1）电压互感器的作用。电压互感器将一次电路的高电压变换为二次电路的低电压，提供测量仪表和继电保护装置用的电压。电压互感器的二次电压一般为100V。电压互感器有双绕组的，也有三绕组的，其常用图形符号如图4-8所示，实物图如图4-9所示。

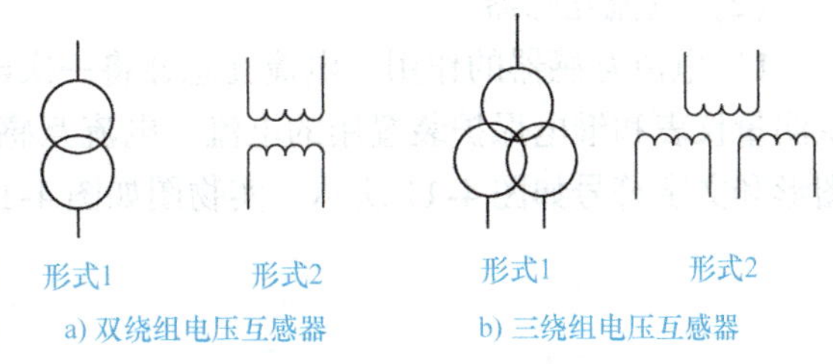

图4-8 双绕组电压互感器和三绕组电压互感器常用图形符号

2）电压互感器的分类。电压互感器按绝缘及冷却方式分为干式和油浸式；按相数分为单相和三相；按安装地点分为户内式和户外式。

3）电压互感器的结构与接线。电压互感器相当于降压变压器。工作时一次绕组并联在一次电路中，而二次绕组则并联仪表、继电器的电压线圈。由于这些电压线圈的阻抗很大，所以电压互感器工作时二次侧接近于空载状态。其基本结构和接线图如图4-10所示。

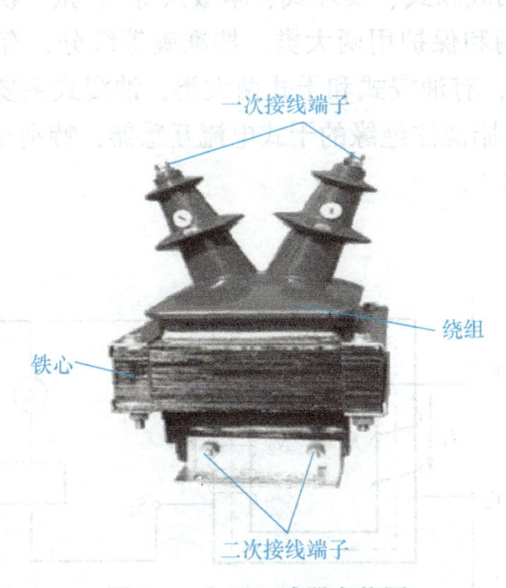

图4-9 电压互感器实物图

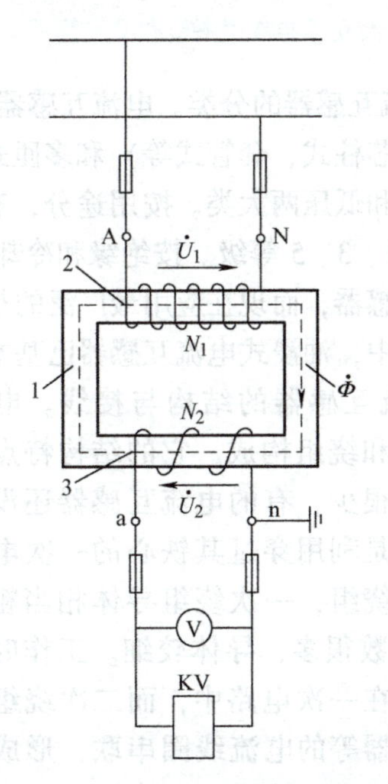

图4-10 电压互感器的基本结构和接线图

1—铁心 2—一次绕组 3—二次绕组

4）电压互感器的使用注意事项：

① 电压互感器在工作时二次侧不得短路，否则将产生很大的短路电流，烧坏互感器。

② 电压互感器的二次侧必须有一端接地，防止高低压绕组间的绝缘损坏时，二次侧和仪表出现高电压，危及工作人员的安全。

③ 电压互感器在连接时必须注意其极性，否则将造成不良后果及事故。

（2）电流互感器

1）电流互感器的作用。电流互感器将一次电路的大电流变换为二次电路的小电流，提供测量仪表和继电保护装置用的电流。电流互感器的二次电流一般为5A。电流互感器常用图形和文字符号如图4-11所示，实物图如图4-12所示。

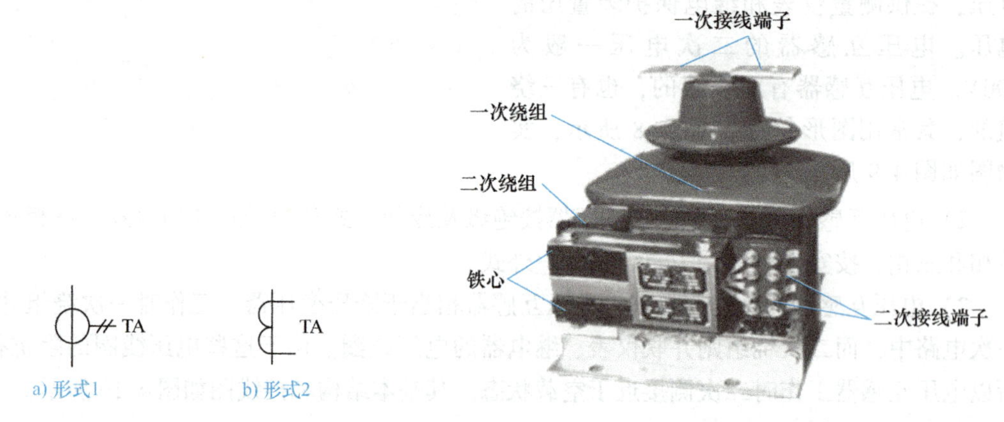

图4-11　电流互感器常用图形和文字符号

图4-12　电流互感器实物图

2）电流互感器的分类。电流互感器的类型很多。按一次绕组的匝数分，有单匝式（包括母线式、芯柱式、套管式等）和多匝式（包括线圈式、线环式、串级式等）。按一次电压分，有高压和低压两大类。按用途分，有测量用和保护用两大类。按准确等级分，有0.1、0.2、0.5、1、3、5等级。按绝缘和冷却方式分，有油浸式和干式两大类，油浸式主要用于户外电流互感器，而现在应用最广泛的是环氧树脂浇注绝缘的干式电流互感器，特别是在户内配电装置中，油浸式电流互感器已基本上淘汰了。

3）电流互感器的结构与接线。电流互感器由铁心和绕组构成。它的结构特点是一次绕组匝数很少，有的电流互感器还没有一次绕组，而是利用穿过其铁心的一次电路导线作为一次绕组，一次绕组导体相当粗；而二次绕组匝数很多，导体较细。工作时，一次绕组串联在一次电路中，而二次绕组则与仪表、继电器等的电流线圈串联，形成一个闭合回路，由于这些电流线圈的阻抗很小，因此电流互感器工作时二次回路接近于短路状态。其基本结构和接线图如图4-13所示。

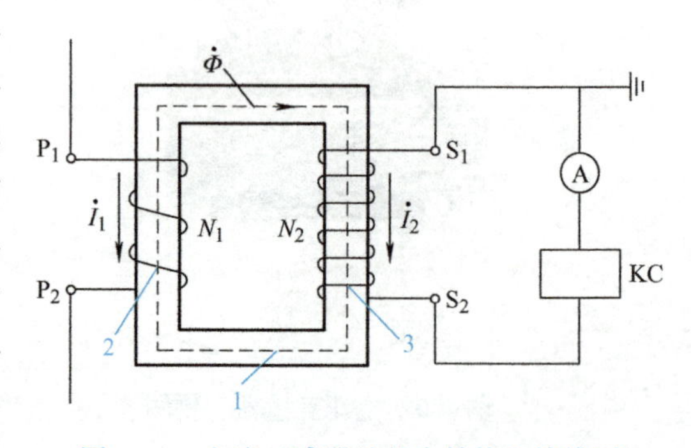

图4-13　电流互感器的基本结构和接线图

1—铁心　2— 一次绕组　3—二次绕组

4）电流互感器使用注意事项：

① 电流互感器在工作时二次侧不得开路，否则将由于铁心损失过大、温升过高而烧毁，或二次绕组电压升高而将绝缘击穿，发生高压触电的危险。在拆除仪表和继电器之前要将二次绕组短路，并且不允许在二次电路中使用熔断器。

② 电流互感器的二次侧必须有一端接地，防止一、二次绕组之间的绝缘损坏时，一次侧的高电压传到二次侧，危及人身安全。

③ 电流互感器连接时必须注意其端子极性，否则将造成不良后果及事故。

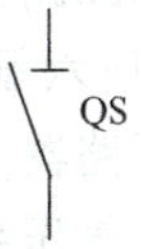

QS

图 4-14　高压隔离开关的图形和文字符号

3. 常用高压开关电器

（1）高压隔离开关

高压隔离开关的图形和文字符号如图 4-14 所示，主要用来隔离高压电源，以保证其他设备和线路的安全检修。

高压隔离开关断开后有明显可见的断开间隙，而且断开间隙的绝缘及相间绝缘都是足够可靠的，能充分保障人身和设备的安全。但是高压隔离开关没有专门的灭弧装置，因此它不允许带负荷操作，可用来通断一定的小电流。

高压隔离开关按安装地点不同，分为户内式和户外式两大类。高压户内隔离开关实物如图 4-15 所示。

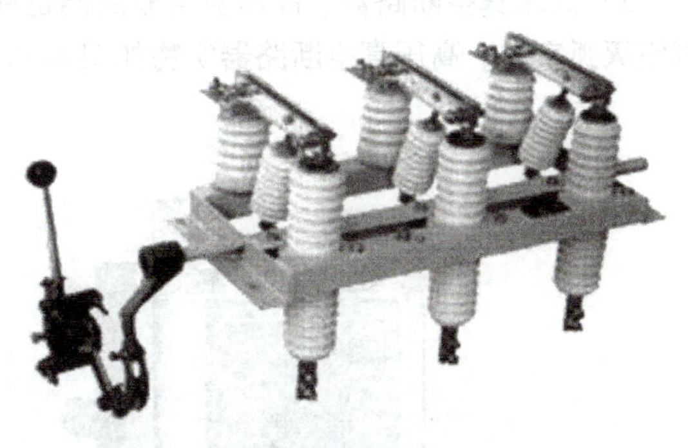

图 4-15　高压户内隔离开关实物图

（2）高压负荷开关

高压负荷开关的图形和文字符号如图 4-16 所示。它具有简单的灭弧装置，因此能通断一定的负荷电流和过负荷电流，但它不能断开短路电流，因此必须与高压熔断器串联使用，以借助熔断器来切断短路故障。高压负荷开关断开后，与高压隔离开关一样，有明显可见的断开间隙，因此它也具有隔离电源、保证安全检修的功能。高压负荷开关实物如图 4-17 所示。

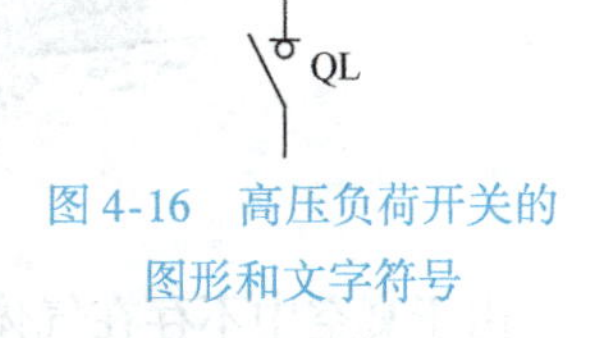

图 4-16　高压负荷开关的图形和文字符号

（3）高压断路器

高压断路器的图形和文字符号如图 4-18 所示。高压断路器不仅能通断正常负荷电流，而且能通断一定的短路电流，并能在保护装置作用下自动跳闸，切除短路故障。

高压断路器有相当完善的灭弧结构。按其采用的灭弧介质分，有高压油断路器、高压六氟化硫

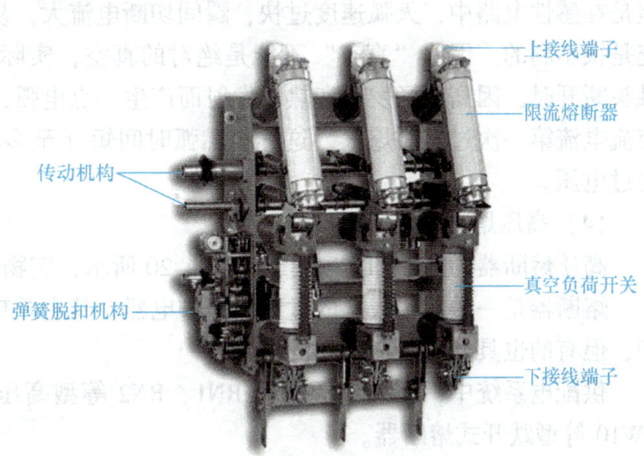

图 4-17　高压负荷开关实物图

(SF_6) 断路器、高压真空断路器以及压缩空气断路器、高压磁吹断路器等。高压油断路器按其油量多少和油的功能，又分为高压多油断路器和高压少油断路器两类。企业变配电所中的高压断路器多为高压少油断路器，高压六氟化硫断路器和高压真空断路器的应用也日益广泛。

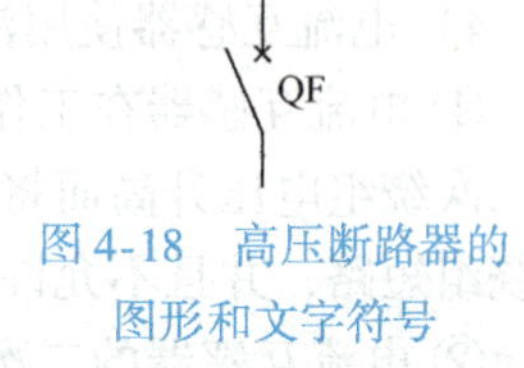

图 4-18　高压断路器的图形和文字符号

1）SN10－10 型高压少油断路器。SN10－10 型高压少油断路器是我国统一设计、推广应用一种少油断路器。按其断流容量不同，有Ⅰ、Ⅱ、Ⅲ型。

2）高压六氟化硫（SF_6）断路器。高压六氟化硫断路器是利用 SF_6气体做灭弧和绝缘介质的一种断路器。高压 SF_6断路器的结构按其灭弧方式不同，有双压式和单压式两类。双压式具有两个气压系统，压力低的作为绝缘，压力高的作为灭弧。单压式只有一个气压系统，灭弧时，SF_6的气流靠压气活塞产生。单压式结构简单，我国现在生产的 LN1、LN2 型断路器均为单压式。

3）高压真空断路器。高压真空断路器是利用“真空”灭弧的一种断路器，其触头装在真空灭弧室内。高压真空断路器实物如图 4-19 所示。

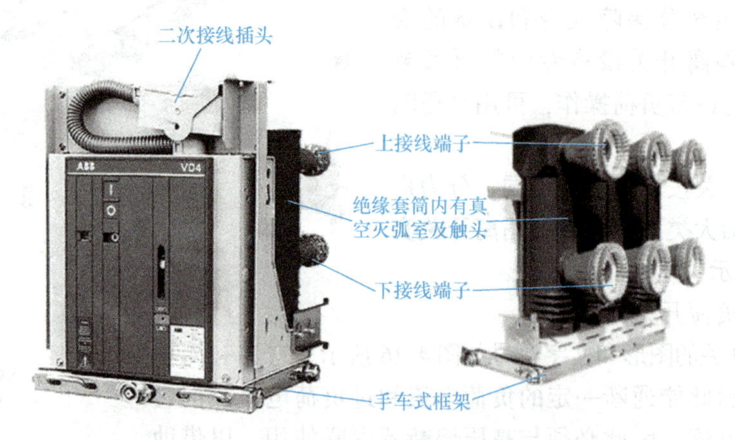

图 4-19　高压真空断路器实物图

由于真空中不存在气体游离的问题，所以这种断路器的触头断开时很难产生大的电弧。但是在感性电路中，灭弧速度过快，瞬间切断电流大，从而使电路出现过电压，这对供电系统是很不利的。因此“真空”不能是绝对的真空，实际上也不可能是绝对的真空，因此在触头断开时，因高电场发射和热电发射而产生一点电弧，这电弧称为“真空电弧”。它能在交流电流第一次过零时熄灭。这样，燃弧时间短（至多半个周期 0.01s），又不致产生危险的过电压。

（4）高压熔断器

高压熔断器的图形和文字符号如图 4-20 所示，实物如图 4-21 所示。

熔断器是一种应用极广的过电流保护电器。其主要功能是对电路及电路设备进行短路保护，但有的也具有过负荷保护的功能。

供配电系统中，室内广泛采用 RN1、RN2 等型高压管式熔断器，室外广泛采用 RW4、RW10 等型跌开式熔断器。

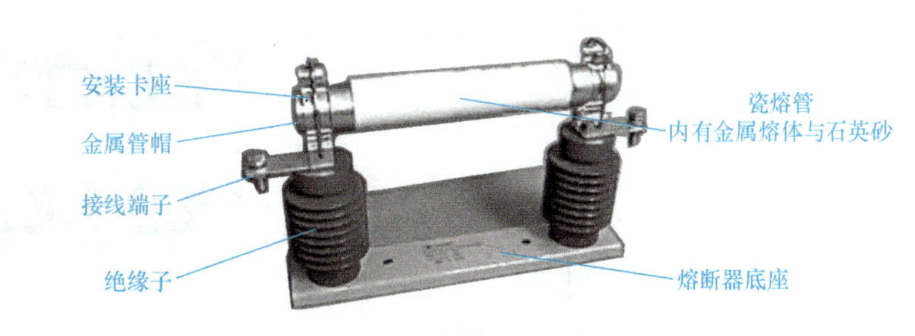

FU

图 4-20 高压熔断器的图形和文字符号

图 4-21 高压熔断器实物图

1）RN1 和 RN2 型户内高压熔断器。RN1 型与 RN2 型的结构基本相同，都是瓷质熔管内充石英砂填料的密闭管式熔断器。RN1 型主要用作高压线路和设备的短路保护，也能起过负荷保护的作用，其熔体在正常情况下要通过主电路的负荷电流，因此其结构尺寸较大。RN2 型只用作电压互感器一次侧的短路保护，其熔体额定电流一般为 0.5A，因此其结构尺寸较小。

2）RW4 和 RW10（F）型户外高压跌开式熔断器。跌开式熔断器又称跌落式熔断器，广泛用于环境正常的室外场所，其功能是既可作 6～10kV 线路和设备的短路保护，又可在一定条件下，直接用高压绝缘棒来操作熔管的分合。一般的跌开式熔断器如 RW4.10（G）型等，只能在无负荷下操作，或通断小容量的空载变压器和空载线路等，其操作要求与前面讲的高压隔离开关相同。而负荷型跌开式熔断器如 RW10.10(F) 型等，则能带负荷操作。

4. 常用低压开关电器

（1）低压刀开关

低压刀开关的图形和文字符号如图 4-22 所示，实物如图 4-23 所示。

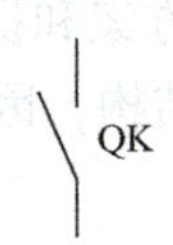

图 4-22 低压刀开关的图形和文字符号

图 4-23 低压刀开关实物图

低压刀开关按操作方式分为单投和双投两种；按极数分为单极、双极、三极等；按灭弧结构分为不带灭弧罩和带灭弧罩。不带灭弧罩的刀开关一般只能在无负荷下操作。由于刀开关断开后有明显可见的断开间隙，因此可作为隔离开关使用。低压隔离开关一般采用手动操动机构。带灭弧罩的刀开关能通断一定的负荷电流，能使负荷电流产生的电弧有效熄灭。

（2）低压刀熔开关

低压刀熔开关又称熔断器式刀开关，是一种由低压刀开关与低压熔断器组合的开关电器。常见的 HR3 型刀熔开关，就是将 HD 型开关的闸刀换以 RT0 型熔断器的具有刀形触头的熔断管。低压刀熔开关的图形符号如图 4-24 所示，实物如图 4-25 所示。

图 4-24　低压刀熔开关的图形符号

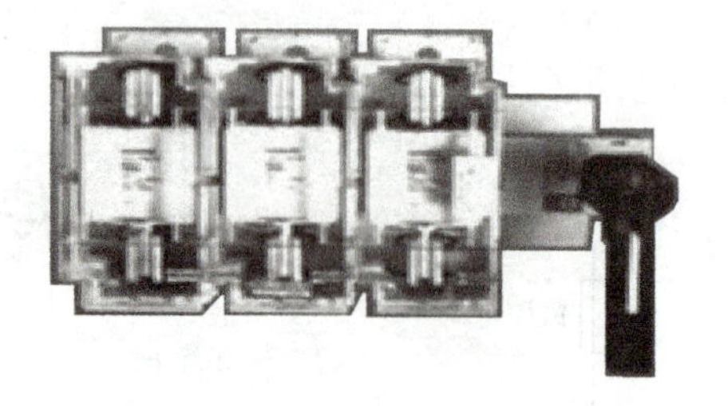

图 4-25　低压刀熔开关的实物图

刀熔开关具有刀开关和熔断器的双重功能。采用这种组合型开关电器，可以简化低压配电装置的结构，经济实用，因此广泛应用在低压配电装置上。

（3）低压断路器

低压断路器又称低压自动开关。低压断路器既能带负荷通断电路，又能在短路、过负荷和低电压（或失电压）时自动跳闸，其功能与高压断路器类似。低压断路器的图形和文字符号如图 4-26 所示。

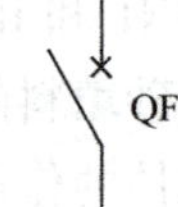

图 4-26　低压断路器的图形和文字符号

低压断路器按其灭弧介质不同，可分为空气断路器和真空断路器等；按其用途不同，可分为配电用断路器、电动机保护用断路器、照明用断路器和剩余电流保护断路器等；按保护性能不同，可分为非选择型断路器、选择型断路器和智能型断路器；按结构类型不同，可分为万能式断路器和塑料外壳式断路器两大类。

非选择型断路器一般为瞬间动作，只作短路保护用，也有的为长延时动作，限流用；选择型断路器有两段保护和三段保护，两段保护指具有瞬时或短延时动作和长延时动作两种动作特性，三段保护指具有瞬时、短延时和长延时或者瞬时、长延时和接地短路三种动作特性。

智能型断路器，其脱扣器为微机控制，保护功能很多，其保护性能的整定非常方便灵活，因此有“智能型”之称。

1）万能式低压断路器。万能式低压断路器因其保护方案和操作方式较多，装设地点也相当灵活，故有“万能式”之名，又由于它具有框架式结构，因此又称其为“框架式断路器”。其实物如图 4-27 所示。

目前推广应用的万能式低压断路器有 DW15、DW15X、DW16、DW14（ME）、DW48（CB11）和 DW914（AH）等。其中 DW16 型低压断路器保留了 DW10 型结构简单、使用维修方便和价格低廉的优点，而又克服了 DW10 型的一些缺点，技术性能显著改善，且其安装尺寸与 DW10 型相同，因此可以极方便地取代 DW10 型，应用前景广阔。

2）塑料外壳式低压断路器。塑料外壳式低压断路器因其全部机构和导电部分均装设在一个塑料外壳内，仅在壳盖中央露出操作手柄，故有“塑料外壳式”之名，又由于它通常装设在低压配电装置之中，因此又称其为“装置式断路器”。其实物图如图 4-28 所示。

低压断路器的操作机构一般采用四连杆机构，可自由脱扣。按操作方式可分为手动和电动两种。低压断路器的操作手柄有三个位置：①合闸位置；②自由脱扣位置；③分闸和再扣位置。目前推广应用的塑料外壳式低压断路器有 DZ15、DZ20 和 DZX10 等及引进技术生产的 H、C45N、3VE 等，此外还有智能型低压断路器，如 DZ40 等。

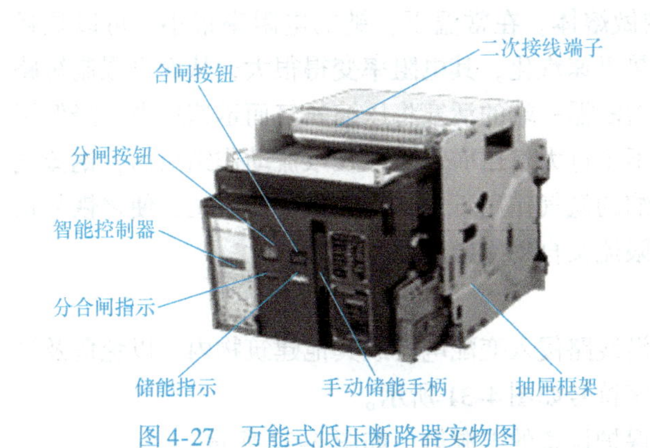

图 4-27　万能式低压断路器实物图

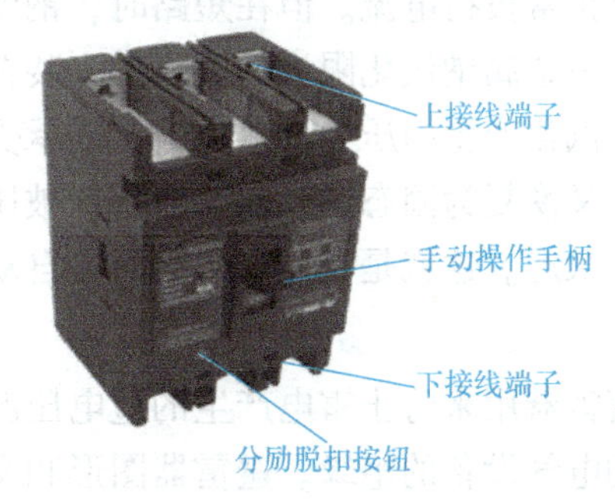

图 4-28　塑料外壳式低压断路器实物图

(4) 低压熔断器

低压熔断器的功能，主要是实现低压配电系统的短路保护，有的也能实现过负荷保护。其图形和文字符号如图 4-29 所示，实物图如图 4-30 所示。

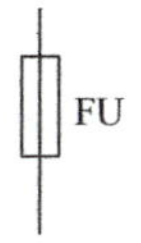

FU

图 4-29　低压熔断器的图形和文字符号

低压熔断器的类型很多，如插入式、螺旋式、无填料密封管式、有填料密封管式以及引进技术生产的有填料管式 Gf、aM 系列、高分断能力的 NT 型等。

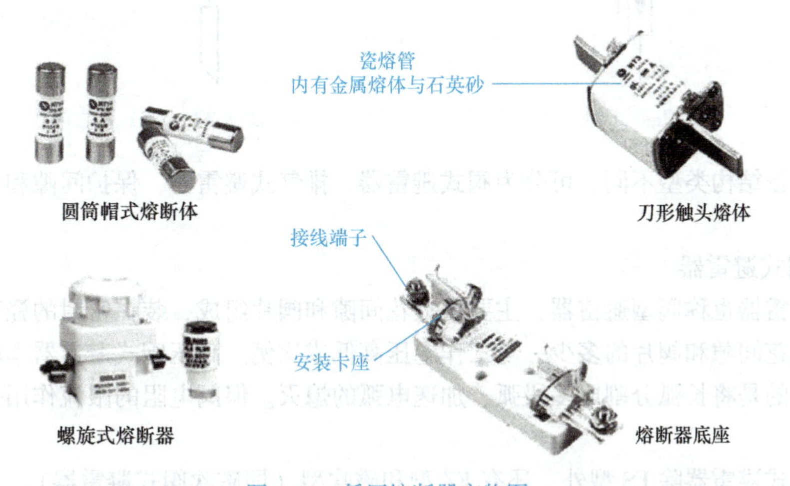

图 4-30　低压熔断器实物图

1) RM10 型低压密封管式熔断器。RM10 型熔断器由纤维熔管、变截面锌熔片和触头底座等部分组成。

2) RT0 型低压有填料管式熔断器。RT0 型熔断器主要由瓷熔管、栅状铜熔体和触头底座等部分组成。

3) RZ1 型低压自复式熔断器。一般熔断器（包括上述 RM10 型和 RT0 型），都有一个共同的缺点，就是熔体一旦熔断后，必须更换熔体才能恢复供电，从而使中断供电的时间延长，给供电系统和用电负荷造成一定的停电损失。这里介绍的自复式熔断器就弥补了这一缺点，它既能切断短路电流，又能在短路故障消除后自动恢复供电，无需更换熔体。我国设计生产的 RZ1 型自复式熔断器，采用金属钠做熔体。在常温下，钠的电阻率很小，可以顺畅地通过正常负荷电流。但在短路时，钠受热迅速汽化，其电阻率变得很大，从而可限制短路电流。在金属钠汽化限流的过程中，装在熔断器一端的活塞将压缩氩气而迅速后退，降低了由于钠汽化产生的压力，以免熔管因承受不了过大气压而爆破。在限流动作结束后，钠蒸气冷却，又恢复为固态钠。此时活塞在被压缩的氩气作用下，将金属钠推回原位，使之恢复正常工作状态。这就是自复式熔断器能自动限流又自动复原的基本原理。

5. 高低压避雷器

避雷器用来防止雷电产生的过电压波沿线路侵入变配电所或其他建筑物内，以免危及被保护的电气设备的绝缘。避雷器图形和文字符号如图 4-31 所示。

避雷器应与被保护设备并联，装在被保护设备的电源侧，如图 4-32 所示。

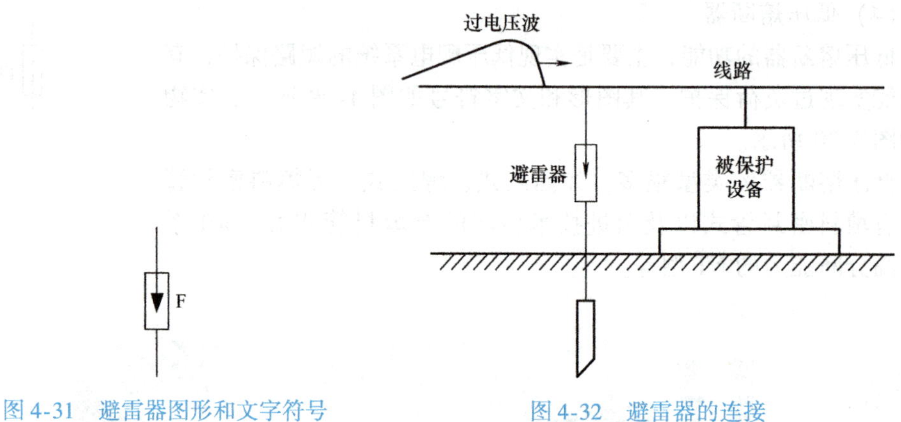

图 4-31　避雷器图形和文字符号　　图 4-32　避雷器的连接

避雷器按结构类型不同，可分为阀式避雷器、排气式避雷器、保护间隙和金属氧化物避雷器等。

(1) 阀式避雷器

阀式避雷器也称阀型避雷器，主要由火花间隙和阀片组成，装在密封的瓷套管内。阀式避雷器中火花间隙和阀片的多少，与工作电压高低成比例。高压阀式避雷器串联很多单元火花间隙，目的是将长弧分割成多段弧、加速电弧的熄灭。但阀电阻的限流作用是加速灭弧的主要因素。

普通阀式避雷器除 FS 型外，还有 FZ 型和磁吹型（即磁吹阀式避雷器）。

(2) 排气式避雷器

排气式避雷器又称管型避雷器，由产气管、内部间隙和外部间隙等三部分组成，产气管由纤维、有机玻璃或塑料制成。内部间隙装在产气管内，其一个电极为棒形，另一个电极为环形。

排气式避雷器具有简单经济、残压很小的优点，但它动作时有电弧和气体从管中喷出，因此它只能用于室外架空线路上。

(3) 保护间隙

保护间隙又称角型避雷器，它简单经济，维修方便，但灭弧能力小，保护性能差，容易造成接地或短路故障，引起线路开关跳闸或熔断器熔断，使线路停电。因此对于装有保护间隙的线路，一般都要求装设自动重合闸装置，以提高供电可靠性。保护间隙的安装是一个电极接线路，另一个电极接地。保护间隙只用于室外且负荷不重的线路上。

（4）金属氧化物避雷器

金属氧化物避雷器有两种类型。最常见的一种是无火花间隙只有压敏电阻片的避雷器。压敏电阻片是由氧化锌或氧化铋等金属氧化物烧结而成的多晶半导体陶瓷元件，具有理想的阀特性。

另一种是有火花间隙并有金属氧化物电阻片的避雷器，其结构与前述普通阀式避雷器类似，只是普通阀式避雷器采用碳化硅电阻片，但有火光间隙的金属氧化物避雷器的保护性能更优异，运行更安全可靠，是普通碳化硅阀式避雷器的更新换代产品。

6. 成套配电装置

成套配电装置是按一定的线路方案将有关一、二次设备组装为成套设备的产品，为供配电系统做控制、监测和保护之用。其中安装有开关电器、监测仪表、保护和自动装置以及母线、绝缘子等。

成套配电装置分为高压配电装置和低压配电装置两大类。

（1）高压开关柜

高压开关柜按其结构形式分，有固定式和手车式(移开式）两种类型。其实物图如图4-33所示。

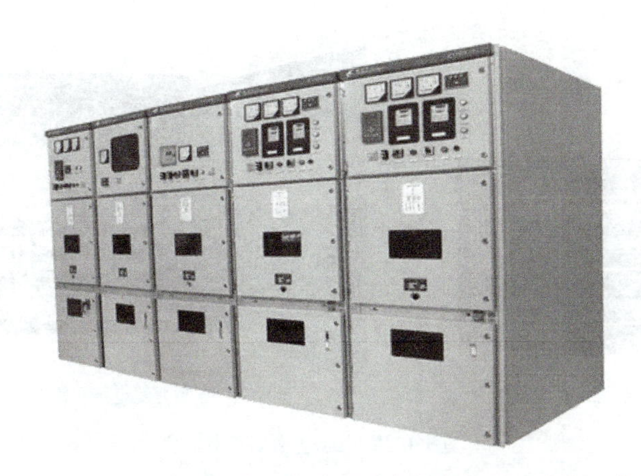

图4-33 10kV中置式真空断路器手车柜实物图（多台组合）

在一般中小型工厂中，普遍采用较为经济的固定式高压开关柜，我国现在大量生产和广泛应用的固定式高压开关柜主要为GG.1A（F）型。这种防护型开关柜装设了防止电气误操作和保障人身安全的闭锁装置，实现了“五防”，即：①防止误跳误合断路器；②防止带负荷拉合隔离开关；③防止带电挂接地线；④防止带接地线误合隔离开关；⑤防止人员误入带电间隔。目前国内已有十多种环网开关柜产品。环网开关柜一般由三个间隔组成，即两个电缆进出线间隔和一个变压器回路间隔，其主要电器元件包括负荷开关、熔断器、隔离开关、接地开关、电流互感器、电压互感器、避雷器等。环网开关柜具有可靠的防误操作设施，在我国城市电网改造和小型变配电所中得到了广泛的应用。

（2）低压开关柜

低压开关柜按其结构类型可分为固定式和抽屉式等类型。其实物图如图4-34所示。

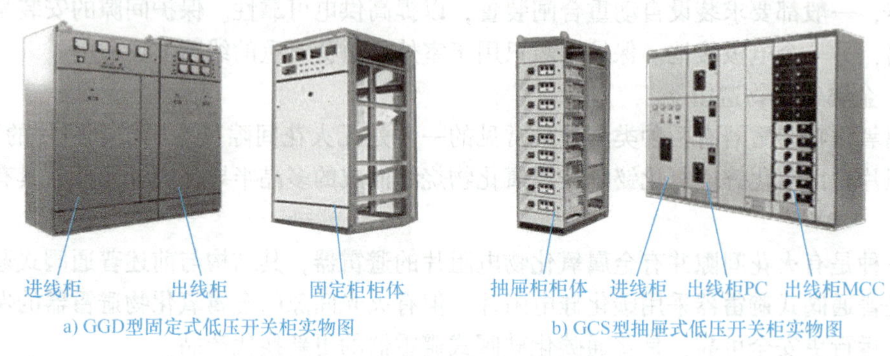

a) GGD型固定式低压开关柜实物图　　b) GCS型抽屉式低压开关柜实物图

图 4-34　低压开关柜实物图

我国应用最广泛的低压配电屏为 PGL1 和 PGL2 型，取代了 BDL、BSL 等型低压配电屏。为了提高 PGL 系列配电屏的性能指标，有关单位又联合设计了 PGL3 型配电屏，低压断路器改用 ME、DWX15、DZ20 等型号，可在变压器容量 2000kV · A 及以下、额定电流 3200A 以下、分断能力为 50kA 的低压配电系统中使用。

（3）动力和照明配电箱

动力配电箱主要用于对动力设备配电，但也可兼向照明设备配电；照明配电箱主要用于照明配电，但也可配电给一些小容量的动力设备和家用电器。配电箱实物图如图 4-35 所示。

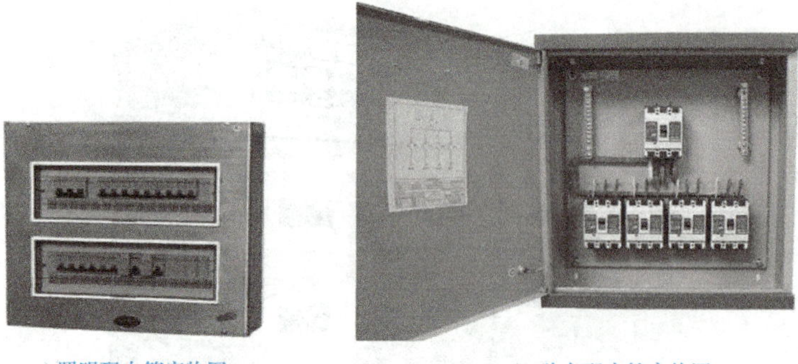

a) 照明配电箱实物图　　b) 动力配电箱实物图

图 4-35　配电箱实物图

动力和照明配电箱的类型很多，按安装方式可分为靠墙式、悬挂式和嵌入式等，靠墙式是靠墙安装，悬挂式是挂墙明装，嵌入式是嵌墙安装。

项目 4.2　建筑低压配电系统

任务 4.2.1　低压配电方式

任务导入

低压配电系统由配电装置（配电柜或盘）和配电线路（干线及支线）组成。低压配电系统又分为动力配电系统和照明配电系统。学习低压配电系统的首要任务是学习低压配电方式。

任务目标

掌握低压配电的方式；了解放射式配电方式的特点；了解树干式配电方式的特点；了解混合式配电方式的特点。

低压配电方式有放射式、树干式及混合式三种。

1. 放射式

放射式配电是指由总配电盘直接供给分配电盘或负载，如图4-36a所示。优点是各负荷独立受电，一旦发生故障只局限于本身而不影响其他回路。放射式配电方式适用于重要负荷和电动机配电回路。

2. 树干式

树干式配电是指由总配电盘与分配电盘之间采用链式连接，如图4-36b所示。优点是投资费用低、施工方便，但故障影响范围大，常用于照明电路。一条干线可连接多个照明分配电箱。

3. 混合式

在大型配电系统中，经常是放射式与树干式混合使用。如大型商场的照明配电系统，其变电所的配电方式是放射式，分支为树干式，如图4-36c所示。分配电箱中的配电方式既有放射式，也有树干式。

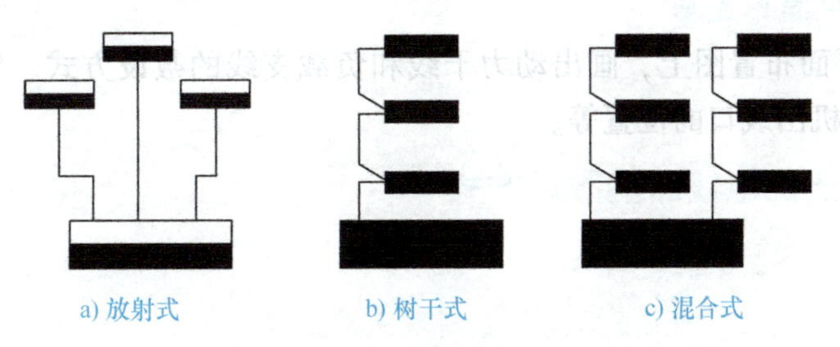

图4-36 低压配电方式

总的来说，实际的低压配电系统，往往是几种接线方式的综合运用。用户的配电线路应力求简单。

任务4.2.2 动力配电系统

任务导入

低压配电系统可分为动力配电系统和照明配电系统。学习低压配电系统必须学习动力配电系统。

任务目标

掌握动力配电方式；了解动力配电箱（柜）；了解动力配电系统；了解动力配电平面布置图。

1. 动力配电方式

民用建筑中的动力负荷按使用性质分为建筑设备机械（水泵、通风机等）、建筑机械

（电梯、卷帘门、扶梯等）、各种专用机械（炊事、医疗、实验设备）等。电价分为非工业电力电价和照明电价两种。因此先按使用性质和电价归类，再按容量及方位分路。对集中负荷（水泵房、锅炉房、厨房的动力负荷），采用放射式配电干线。对于分散的负荷（医疗设备、空调机等），应采用树干式配电，依次连接各动力分配电盘。电梯设备的配电采用放射式专用回路，由变电所电梯配电回路直接引至屋顶电梯机房。

2. 动力配电箱（柜）

动力配电箱内由刀开关、熔断器或断路器、交流接触器、热继电器、按钮、指示灯和仪表等组成。电器元件的额定值由动力负荷的容量选定，配电箱的尺寸则根据这些电器元件的大小确定。配电箱有铁制、塑料制等，一般为明装、暗装或半暗装。为了操作方便，配电箱中心距地的高度为1.5m。动力负荷容量大或台数多时，可采用落地式配电柜或控制台，应在柜底下留沟槽或用槽钢支起以便管路的敷设连接。配电柜可柜前操作维护，靠墙设立，也可柜前操作、柜后维护，要求柜前有大于1.8m的操作通道，柜后有0.8m的维修通道。

3. 动力配电系统

在动力配电中一般采用放射式配线，一台电机一个独立回路。在动力配电系统图中标注配电方式及开关、熔断器、交流接触器、热继电器等电器元件，还应标注导线型号、截面积、配管及敷设方式等，在系统中也可附材料表和说明。

4. 动力配电平面布置图

在动力配电平面布置图上，画出动力干线和负载支线的敷设方式、导线根数、配电箱（柜）及设备电动机出线口的位置等。

任务 4.2.3　低压配电线路的敷设方式

任务导入

低压供电（或称高压配电）线路是指由市电电力网（6~10kV）引至受电端（变电所）的电源引入线。低压配电线路是指由变电所的低压配电柜中引出至分配电盘和负载的线路，分为室外配电线路和室内配电线路。

任务目标

掌握室外配电线路的特点；了解室内配电线路的特点；了解配电级数的要求。

1. 室外配电线路

室外配电线路有架空线路和电缆地下暗敷设线路。

（1）架空线路

架空线路是将导线（裸铝或裸铜）或电缆通过绝缘子架设在地面之上的线路。将绝缘导线或电缆沿建筑物外墙架设在绝缘子上的线路，称为沿墙架空线路。

1）电杆架空线路。电杆有水泥杆和木杆两种，现多采用水泥杆及角钢横担。架空线路的档距（电杆间的距离）、架空线距地高度和架空线与建筑物的最小距离见表4-4，在繁华地区，进户线多采用电缆架空敷设。

表4-4 架空线路的档距、架空线距地高度和架空线与建筑物的最小距离（单位：m）

架空线路数据		高压 (6～10kV)	低压 (380V/220V)
架空线路的档距	城区	40～50	30～45
	郊区	50～100	40～60
	住宅区或院墙内	35～50	30～40
架空线距地高度	居民区	6.5	6.0
	非居民区	5.5	5.0
	交通困难地区	4.5	4.0
架空线与建筑物的最小距离	建筑物的外墙	1.5	1.0
	建筑物的外窗	3	2.5
	建筑物的阳台	4.5	4
	建筑物的屋顶	3	2.5

2）沿墙架空线路。由于建筑物之间的距离较小，无法埋设电杆的场所适用于沿墙架空。架设的部位距地高度应大于2.5m。与上方窗户的垂直距离应大于800mm，与下方窗户的垂直距离应大于300mm，所以最好设在无门窗的外墙上。若无法满足上下窗户间距大于1100mm时，现多采用导线穿钢管或电缆沿墙明设。

（2）电缆地下暗敷设线路

为了安全和美化环境，可采用电缆地下暗敷设方式。电缆地下暗敷设分为直埋、穿排管、穿混凝土块及隧道内明设等。电力电缆绝缘分为纸绝缘、塑料绝缘和橡胶绝缘；保护方式分为带铠装（绝缘导线外有金属铠保护，铠装外有防腐护套）和不带铠装之分。低压配电常用的塑料绝缘电力电缆种类及用途见表4-5。

表4-5 塑料绝缘电力电缆种类及用途

型号 铝芯	型号 铜芯	名称	主要用途
VLV	VV	聚氯乙烯绝缘、聚氯乙烯护套电力电缆	敷设在室内、隧道内及管道中，电缆不能承受机械外力作用
VLV_{22}	VV_{22}	聚氯乙烯绝缘、聚氯乙烯护套钢带铠装电力电缆	敷设在室内、隧道内及管道中，电缆能承受机械外力作用
VLV_{32}	VV_{32}	聚氯乙烯绝缘、聚氯乙烯护套内细钢丝铠装电力电缆	敷设在室内、矿井中、水中，电缆能承受相当的拉力
YJVL	YJV	交联聚乙烯绝缘、聚氯乙烯护套电力电缆	敷设在室内、隧道内及管道中，电缆可承受一定的敷设牵引，但不能承受机械外力作用
$YJVL_{32}$	YJV_{32}	交联聚乙烯绝缘、聚氯乙烯护套内细钢丝铠装电力电缆	敷设在高落差地区或矿井中、水中，电缆能承受相当的拉力和机械外力作用
—	KVV	聚氯乙烯绝缘、聚氯乙烯护套控制电缆	敷设在室内、隧道内及管道中，主要用于电力系统的控制电路和弱电控制电路
—	KVV_{22}	聚氯乙烯绝缘、聚氯乙烯护套内钢带铠装阻燃控制电缆	敷设在室内、隧道内及管道中，主要用于消防系统的动力控制电路和火灾报警与联动控制系统的线路

1）电缆直埋敷设时，应选用聚氯乙烯绝缘、聚氯乙烯护套钢带铠装电缆，如 VV_{22} 或 VLV_{22} 等型。其埋设深度为 0.4～1m。电缆四周填充细砂或软土且厚度不小于 100mm，加盖板或砖（根数较少时），然后回填土。在转弯处或接头部位及每隔 100m 的直线段埋设标示桩，以便后期检修。

2）电缆穿排管或混凝土块敷设时，可采用塑料护套电缆，排管由石棉水泥管组成，外部包以混凝土，排管内径应大于电缆外径的 1.5 倍。混凝土管块为预制，多为 6 孔一块，通信电缆常用，也可用于电力电缆。排管和混凝土块的顶部距地面应大于 0.4m，在接缝处应先缠纸或塑料条保护，再用 1∶3 水泥砂浆抱箍。底部填土夯实，用 1∶3 水泥砂浆垫（平）层。

3）电缆在隧道内敷设时，可沿隧道单侧或双侧用支架敷设，当根数少时，也可用圆钢或扁钢吊挂敷设。隧道内应有大于 1m 的人行通道，净高大于 1.9m。隧道内设低照度的安全照明（电压 36V 以下）。电缆隧道的尺寸取决于电缆根数及排列位置。电缆间水平净距为 100mm，上下层距为 250mm，最下层的电缆距沟底一般为 100～150mm，最上层的电缆距沟顶一般为 250mm。电缆隧道进入建筑物处应设带门的防火墙。

2. 室内配电线路

室内配电线路主要有明配线和暗配线两种敷设方式。

（1）明配线

明配线主要用于原有建筑物的电气改造或因土建条件而不能暗敷设线路的建筑。明配线有铝片卡、塑料线夹、瓷瓶、瓷珠、塑料线槽、塑料管、钢板线槽和钢管等。

（2）暗配线

暗配线主要用于新建筑及装修要求较高的场所，现已被普遍采用，既美观又安全。暗配线分为钢管、镀锌铁皮线槽、PVC 阻燃硬塑料管、半硬塑料管、波纹塑料管等。

1）钢管暗配线。钢管暗配线一般敷设于现浇混凝土板内、地面垫层内、砖墙内及吊顶内。钢管走向可以沿最短的路径敷设，要求所有钢管焊接成一体，统一接地。由于钢管施工困难、造价高，一般用于一类建筑的配线及特殊场合（如锅炉房等动力）的配线。

2）塑料管暗配线。塑料管暗配线的敷设方法同钢管，特别适用于预制混凝土结构的建筑，多采用穿空心楼板暗敷设。由于塑料管具有可挠性、硬度好，并具有阻燃性，施工方便，现已被广泛采用。

3. 配电级数要求

从建筑物的低压电源引入处的总配电装置（第一级配电点）开始，至最末端分配电盘为止，配电级数一般不宜多于三级，每级配电线路的长度不宜大于 30m。如从变电所的低压配电装置算起，则配电级数一般不多于四级，总配电长度一般不宜超过 200m，每路干线的负荷计算电流一般不宜大于 200A。

任务 4.2.4　电线与电缆的选择

任务导入

电线和电缆在电力系统中起传输电能的作用，只有选择合适的电线和电缆，系统才能正常运行。因此，有必要学习电线和电缆的选择。

任务目标

了解电线和电缆型号的选择；了解电线和电缆截面积的选择。

导线按材料可分为铝芯线、铜芯线、角钢滑触线等。绝缘和保护层可分为橡胶绝缘导线、塑料绝缘导线、（氯丁）橡胶绝缘导线、聚氯乙烯绝缘聚乙烯护套导线（以上统称电线）等，以及油浸纸绝缘电力电缆、交联聚乙烯绝缘电力电缆、裸铝护套电缆、裸铅护套电缆（以上统称电缆）等。

1. 电线和电缆型号的选择

（1）电线型号

电线型号有BBLX、BBX、BLVV、BLV、BVV和BV等。BBLX（BBX）型为橡胶绝缘铝（铜）芯导线，常用于架空引入线或室内明配线。BLV（BV）型为聚氯乙烯绝缘铝（铜）芯导线，常用于室内暗配线。BLVV（BVV）型为聚氯乙烯绝缘聚氯乙烯护套铝（铜）芯导线，常用于室内明配线。

（2）电缆型号

电缆型号有VLV、VV、ZLQ和ZQ等。VLV（VV）型为聚氯乙烯绝缘聚氯乙烯护套铝（铜）芯电力电缆，又称全塑电缆，常用于室内配电干线。ZLQ（ZQ）型为油浸纸绝缘铅包铝（铜）芯电力电缆，常用于室外配电干线。电缆型号有下角标，表示有铠装层保护，具有抗拉力强、耐腐蚀等特性，可直埋地下。

2. 电线和电缆截面积的选择

根据电线和电缆的使用环境条件，确定电线或电缆的型号之后，正确选择电线和电缆的截面积是保障用电安全可靠必不可少的重要条件。选择时既要考虑安全性，还要考虑经济性。

（1）电线和电缆截面积的选择原则

电线和电缆截面积的选择，主要从载流量、电压损失条件和机械强度三个方面来考虑：

1）载流量。载流量是指电线或电缆在长期连续负荷时，允许通过的电流值。若负荷超载运行，将导致电线或电缆绝缘过热而破坏（或加速老化），造成短路事故，甚至会发生火灾，造成重大的经济损失。所以按载流量选择又称按发热条件选择。

2）电压损失条件。电压损失是指线路上的电压损失，线路越长引起的电压降也就越大，将会使线路末端的负载不能正常工作。

3）机械强度。电线和电缆应有足够的机械强度，可避免在刮风、结冰或施工时被拉断，造成供电中断和其他事故。

（2）电线和电缆截面积的选择方法

电线和电缆截面积的选择方法是同时满足上述三条原则，具体做法是先用一种方法计算，再用另外两种方法验算，最后选择能满足要求的截面积（取最大的截面积）。

1）按发热条件（载流量法）选择。这种方法适合于动力系统及负载供电距离小于200m的电线和电缆截面积的选择。先求得负载的计算电流，再根据载流量来选取截面积。其计算公式为

$$I_{\mathrm{N}} \geqslant I_{\Sigma\mathrm{C}} = \frac{K_{\mathrm{x}} P_{\Sigma\mathrm{C}}}{\sqrt{3} U_{\mathrm{L}} \cos\varphi} \times 10^{3} \tag{4-17}$$

式中，$P_{\Sigma C}$为负载的计算负荷（kW）；$I_{\Sigma C}$为负载的计算电流（A）；K_x为负载的需要系数；U_L为额定线电压（380V）；$\cos\varphi$ 为总功率因数；I_N为电线和电缆长期连续允许通过的工作电流（载流量）（A）。

2）按电压损失条件选择。由于线路存在阻抗，输电过程中电线和电缆上会产生电压损失。线路越长，线路始末端电压降越大，末端的电气设备将因电压过低而不能正常工作。为保证供电质量，在按发热条件（载流量法）选择导线截面积之后，须用电压损失条件进行验证，其计算公式为

$$\Delta U\% = \frac{P_C L}{CA} \tag{4-18}$$

式中，$\Delta U\%$为电压损失，见表4-6；P_C为计算负荷功率（kW）；L为线路长度（m）；C为电压损失的计算常数，见表4-7；A为导线的截面积（mm^2）。

表4-6 电压损失 $\Delta U\%$

设备名称情况	$\Delta U\%$	说　明
一、照明		
一般照明	5	例如：线路较长或与动力共用的线路，自12V或36V降压变压器开始计算
应急照明	6	
12～36V局部照明或移动照明	10	
厂区外部照明	4	
二、动力		
正常工作	5	例如：事故情况，数量少及容量小的电机、使用不长的情况 例如：大型异步电动机、起动次数少、尖峰电流小的情况
正常工作（特殊情况）	8	
起动	10	
起动（特殊情况）	15	
吊车（交流）	9	
电热及其他设备	5	

表4-7 电压损失的计算常数 C

线路系统及电流种类	额定电压/V	C值	
		铜线	铝线
三相四线制	380/220	44	46.3
单相交流或直流	200	12.8	4.45
	110	3.2	1.9
	36	0.34	0.21
	24	0.153	0.092
	12	0.038	0.023

若用电压损失条件验证结果大于表4-6中规定值，需增大一级导线的截面积，然后再进行验证。

在照明线路中，为了保证供电质量，通常先采用电压损失条件来选择导线。若线路较长

（$L \geqslant 200$m）时，也应先按电压损失条件选择导线，其计算公式为

$$A = \frac{M}{C\Delta U} = \frac{P_C L}{C\Delta U\%} \tag{4-19}$$

式中，M 为负荷距（kW · m）。

3）按机械强度条件选择。电线和电缆在户外架空时，应承受足够的拉力和张力；在室内敷设，特别是穿管时，也应考虑拉力的作用。所以选择电线和电缆时，应有足够的机械强度。根据电线和电缆的敷设方式，按机械强度要求电线和电缆允许的最小截面积见表4-8。

表4-8 按机械强度要求电线和电缆允许的最小截面积

用 途	电线和电缆允许的最小截面积/mm^2	
	铜芯线	铝芯线
照 明：户内	0.5	2.5
户外	1.0	2.5
用于移动用电设备的软电线或软电缆	1.0	—
户内绝缘支架上固定绝缘导线的间距：2m 以下	1.0	2.5
6m 以下	2.5	4.0
25m 以下	4.0	10.0
裸导线：户内	2.5	4.0
户外	6.0	16.0
绝缘导线：木槽板敷设	1.0	2.5
穿管敷设	1.0	2.5
绝缘导线：户外沿墙敷设	2.5	4.0
户外其他方式	4.0	10.0

一般电线和电缆截面积的选择是先按发热条件（载流量法）或电压损失条件选择，最后按机械强度条件验证，取其中最大值，再按导线与电缆的标称值来选定，中性线与相线截面积相同。

任务4.2.5 低压配电系统的短路保护

任务导入

短路是供配电系统中最常见的故障之一，在低压配电系统中短路故障也很常见，因此有必要深入学习低压配电系统的短路保护。

任务目标

了解熔断器的选择；了解低压断路器的选择；了解保护装置与配电线路的配合。

1. 熔断器

熔断器的熔体由低熔点的铅锡合金制成，当线路发生短路事故时，熔体会熔断，达到保护用电设备或线路的目的。

（1）照明线路的保护

照明线路中熔体的额定电流应大于线路的计算电流，即

$$I_{NF} \geqslant I_c \tag{4-20}$$

式中，I_{NF}为熔体的额定电流（A）；I_c为线路的计算电流（A）。

（2）异步电动机的保护

由于电动机的起动电流是额定电流的4～5倍，所以熔体是按照其安秒特性来选择的：

1）单台电动机：
$$I_{NF} = \frac{I_{st}}{a} \tag{4-21}$$

2）配电线路（多台电动机）：
$$I_{NF} \geqslant I_{jf} \tag{4-22}$$

式中，I_{st}为单台电动机的起动电流（A）；I_{jf}为配电线路的尖峰电流（A）；I_{NF}为熔体的额定电流（A）；a为熔体选择计算系数，取决于起动状况和熔断器特性，见表4-9。

表4-9　熔体选择计算系数 a

熔断器型号	熔体材料	熔体电流/A	计算系数 a	
			电动机轻载起动	电动机重载起动
RT0	铜	50及以上 60～200 200以上	2.5 2.5 4	2 3 3
RM10	锌	60及以下 80～200 200以上	2.5 3 3.5	2 2.5 3
RM1	锌	10～350	2.5	2
RL1	铜、银	60及以上 80～100	2.5 3	2 2.5
RC1A	铅、铜	10～200	3	2.5

（3）电焊机回路的保护

1）单相单台电焊机：

$$I_{NF} = 1.2\frac{S_N}{U_N}\sqrt{JC_N} \times 10^3 \tag{4-23}$$

2）单相多台电焊机：

$$I_{NF} = K\frac{S_{\Sigma N}}{U_N}\sqrt{JC_N} \times 10^3 \tag{4-24}$$

式中，S_N为单相单台电焊机的额定容量（kV·A）；$S_{\Sigma N}$为单相多台电焊机的额定容量（kV·A）；K为系数，当线路接有3台或3台以下电焊机时，系数取1，3台以上电焊机时，系数取0.65；U_N为单相电焊机的额定电压（V）；JC_N为单相电焊机的额定暂载率，一般为45%～65%；I_{NF}为熔体的额定电流（A）。

2. 低压断路器

低压断路器是低压配电系统中的重要保护电器之一。它能够在电路发生短路、过载及欠电压时，自动分断电路。

（1）低压断路器的类型和技术数据

低压断路器按结构形式可分为塑壳式(装置式)、框架式(万能式)、快速式、限流式等；按电源种类可分为交流断路器和直流断路器。

1）塑壳式断路器。塑壳式断路器的开关等元器件均装于塑壳内，体积小，重量轻，一般为手动操作，适于对小电流（几安至数百安）的保护。型号有DZ系列、C45N系列、TG系列、TO系列、NLCB系列、XS系列、XH系列等。

2）框架式断路器。框架式断路器的结构为断开式，它通过各种传动机构实现手动（直接操作、杠杆连动等）或自动（电磁铁、电动机或压缩空气）操作，适于对大电流（几百安至数千安）的保护。型号有DW系列、MN系列、AH系列、QA系列，M系列等。

部分低压断路器的技术数据见表4-10。

表4-10 低压断路器的技术数据

型 号	额定电流/A	脱扣器最大额定电流	分断能力/kA	寿命（次）	备注
C45N－1P	40	1、3、6、10、16、20、25、32、40	6		一级
C45N－2P	63	1、3、6、10、18、20、25、32、40、50、63	4.5	20000	二级
C45N－3P	63				三级
C45N－4P	63				四级
DZ20Y－100	100	16、20、32、40、50、63、80、100	15	4000	三级
DZ20Y－250	250	100、125、160、180、200、225、250	30	6000	
TG－100B	100	15、20、32、40、50、63、45、100	40	15000	
TG－400B	400	250、300、350、400	42		
TO－225BA	225	125、150、145、200、225	25		
TO－600BA	600	450、500、600	45	10000	
N4CB－106/3	6	6			一级
N4CB－210/3	10	10	8		二级
N4CB－332/3	32	32			三级

（2）低压断路器的选择

在低压配电系统中，保护变压器及配电干线时，常选用DW等系列；保护照明线路和电动机线路时，常选用DZ等系列。低压断路器额定电流等级规定为：1～63A，100～630A，800～12000A。

低压断路器的选择方法如下：

1）选择额定电压。低压断路器的额定电压必须大于或等于安装线路电源的额定电压，即

$$U_N \geqslant U_L$$

2）选择额定电流。低压断路器的额定电流应大于或等于安装线路的计算电流，即

$$I_N \geqslant I_c \tag{4-25}$$

3）选择脱扣器的额定电流。脱扣器的额定电流应大于或等于安装线路的计算电流，即

$$I_{Nd} \geqslant I_c$$

4）选择瞬时动作过电流脱扣器的整定电流。瞬时动作过电流脱扣器的整定电流应从以

下几方面来考虑：

① 照明线路。在照明线路中，瞬时动作过电流脱扣器的整定电流按下式计算，即

$$I_{zd} \geqslant K_1 I_c \tag{4-26}$$

式中，I_c为照明线路的计算电流（A）；K_1为瞬间动作可靠系数，一般取6；I_{zd}为过电流脱扣器瞬时动作（或短延时）的整定电流（A）。

② 单台电动机。对单台电动机，瞬时动作的过电流脱扣器的整定电流按下式计算，即

$$I_{gzd} \geqslant K_2 I_{st} \tag{4-27}$$

式中，I_{st}为单台电动机的起动电流（A）；K_2为可靠系数，DW系列取1.35，DZ系列取1.4～2；I_{gzd}为过电流脱扣器瞬时动作（或短延时）的整定电流（A）。

③ 配电线路。对供多台设备的配电干线，在不考虑电动机的起动时，瞬时动作的过电流脱扣器的整定电流按下式计算，即

$$I_{gzd} \geqslant K_3 I_c \tag{4-28}$$

式中，I_c为配电线路中的尖峰电流（A）：K_3为可靠系数，取1.35；I_{gzd}为过电流脱扣器瞬时动作（或短延时）的整定电流（A）。

5）选择长延时动作过电流脱扣器的整定电流。长延时动作过电流脱扣器的整定电流按下式计算，即

$$I_{gzd} \geqslant K_4 I_c \tag{4-29}$$

式中，I_c为线路的计算电流（A），对于单台电动机，即为其额定电流；K_4为可靠系数，单台电动机取1.1，照明线路取1～1.1；I_{gzd}为过电流脱扣器长延时动作的整定电流（A）。

（3）保护装置与配电线路的配合

在配电线路中采用的熔断器或低压断路器等保护装置，主要用于对电缆及导线的保护。

1）用于对电缆及电线的短路保护。当采用熔断器作为短路保护时，其熔体的额定电流不大于电缆及电线长期允许通过电流的250%。

当采用低压断路器作为短路保护时，宜选用带长延时动作过电流脱扣器的断路器。其长延时动作过电流脱扣器的整定电流应不大于电缆及电线长期允许通过电流的100%，且动作时间应躲过尖峰电流的持续时间；其瞬时（或短延时）动作过电流脱扣器的整定电流应躲过尖峰电流。

2）用于对电缆及电线的过负荷保护。当采用熔断器或低压断路器作为负荷保护时，其熔体的额定电流或低压断路器长延时动作过电流脱扣器的整定电流应不大于电缆及电线长期允许通过电流的80%。

保护装置的整定值与配电线路允许持续电流的配合关系见表4-11。

表4-11　保护装置的整定值与配电线路允许持续电流的配合关系

保护装置	无爆炸危险场所			有爆炸危险场所	
	过负荷保护		短路保护	橡胶绝缘电缆及电线	纸绝缘电缆
	橡胶绝缘电缆及电线	纸绝缘电缆	电缆及电线		
	电缆及电线允许持续电流I/A				
熔断器熔体的额定电流I_{NF}	$I_{NF} \leqslant 0.8I$	$I_{NF} \leqslant I$	$I_{NF} \leqslant 2.5I$	$I_{NF} \leqslant 0.8I$	$I_{NF} \leqslant I$
低压断路器长延时脱扣器的整定电流I_{Nzd}	$I_{Nzd} \leqslant 0.8I$	$I_{Nzd} \leqslant I$	$I_{Nzd} \leqslant I$	$I_{Nzd} \leqslant 0.8I$	$I_{Nzd} \leqslant 0.8I$

3. 剩余电流保护装置

剩余电流保护装置（又称为漏电保护开关）是主要用于保护人身安全或防止用电设备漏电的一种安全保护电器。剩余电流保护装置按照结构形式不同，分为电磁式和电子式。按照动作原理不同，可分为电压型和电流型。三相四线制电源选用4极剩余电流保护装置，三相三线制电源选用3极剩余电流保护装置，单相电源选用2极剩余电流保护装置。剩余电流保护装置的技术数据见表4-12。

表4-12 剩余电流保护装置的技术数据

型号	极数	额定电流/A	分断能力电流/A	过电流脱扣器额定电流/A	额定动作剩余电流/mA	额定不动作剩余电流/mA	电寿命（次）	备注
DZL18－20/1	2	20	500	10、16、20	10、15、30		20000	漏电
DZL18－20/4	4							漏电、过载、过电压
VC45ELM－40	2 3 4	40	2000	10、15、20、30、40、60	10、15、30		20000	电磁式
E4EBN－210/30	2	10	8000	10	30	30	10000	电子式
E4EL－30/2/300	2	30		32	300	300		
E4EL－30/4/30	4	30		32	30	30		
E4EBEM－216/30	2	16		16	30	15		电磁式

项目4.3 建筑供配电工程识图

任务4.3.1 供配电系统电气安装图概述

任务导入

能读懂供配电系统电气安装图是从事相关工作的必要前提，因此本任务重点介绍供配电识图基础知识。

任务目标

掌握供配电系统电气安装图概念；了解供配电系统电气安装图分类。

1. 概述

电气安装图，又称电气施工图，是设计单位提供给施工单位进行电气安装的技术图样，也是运行单位进行竣工验收以及运行维护和检修试验的重要依据。

绘制电气安装图必须遵循有关国家标准的规定。例如，电气图形符号应符合GB/T 4728《电气简图用图形符号》的规定，文字符号应符合GB/T 7159—1987《电气技术中的文字符号制订通则》的规定，图样绘制方法应符合GB/T 6988《电气技术用文件的编制》的规定。此外在技术要求方面，应符合有关设计规范的规定。

常用的供配电系统电气安装图有两种，分别是变配电所的电气安装图和配电线路的电气安装图。

2. 变配电所的电气安装图

变配电所的电气安装图包括：

1）变配电所一次系统电路图。

2）变配电所平、剖面图。

3）无标准图样的构件安装大样图。

4）变配电所二次回路的电路图和接线图。

5）变配电所接地装置平面布置图。

6）变配电所电气照明系统图和平面图。

3. 配电线路的电气安装图

配电线路的电气安装图，主要包括电气系统图和电气平面布置图。

任务 4.3.2　供配电系统电气安装图识图举例

任务导入

能读懂供配电系统电气安装图是从事相关工作的必要前提，因此本任务通过实例学习电气安装图识图。

任务目标

了解供配电电气安装图的有关基础知识；能识读简单的供配电电气安装图。

1. 电气安装图上设备的标注与文字符号

配电线路的电气安装图主要包括电气系统图和电气平面布置图。在电气安装图上，应按规定对电气设备和线路进行必要的标注。部分电力设备的文字符号见表 4-13，部分安装方式的文字符号见表4-14，部分电力设备的标注方法见表 4-15。

表 4-13　部分电力设备的文字符号

设备名称	文字符号	设备名称	文字符号
交流（低压）配电屏	AA	照明配电箱	AL
控制（箱）柜	AC	动力配电箱	AP
并联电容器屏	ACC	插座箱	AX
直流配电屏、直流电源柜	AD	电能表箱	AW
空气调节器	EV	电压表箱	PV
蓄电池	GB	电力变压器	T，TM
柴油发电机	GD	插头	XP
电流表	PA	插座	XS
有功电能表	PJ	信息插座	XTO
无功电能表	PJR	端子板	XT
高压开关柜	AH		

表 4-14 部分安装方式的文字符号

线路敷设方式的标注		导线敷设部位的标注	
敷设方式	文字符号	敷设方式	文字符号
穿焊接钢管敷设	SC	沿梁或跨（屋架）敷设	AB
穿电线管	MT	暗敷在梁内	BC
穿硬塑料管敷设	PC	沿或跨柱敷设	AC
穿阻燃半硬聚氯乙烯管敷设	FPC	暗敷在柱内	CLC
电缆桥架敷设	TC	沿墙面敷设	WS
金属线槽敷设	MR	暗敷在墙内	WC
塑料线槽	PR	沿天棚或顶板面敷设	CC
钢索敷设	M	暗敷在屋面或顶板内	CE
直埋敷设	DB	吊顶内敷设	SCE
电缆沟敷设	TC	地板或地面下敷设	FC
混凝土排管敷设	CE		

表 4-15 部分电力设备的标注方法

标注对象	标注方法	说明	示例
用电设备	$\frac{a}{b}$	a—设备编号或设备位号 b—额定容量（kW 或 kV · A）	$\frac{21}{55}$ 21 号设备，容量为 55kW
概略图（系统图） 电气柜（柜、屏）	-a+b/c	a—设备种类代号 b—设备安装位置代号 c—设备型号	-AP1+B6/XL21-15
平面图（布置图） 电气箱（柜、屏）	-a	a—设备种类代号（前缀“-”可省）	-AP1
照明、安全、控制变压器	a b/c d	a—设备种类代号 b/c—一次电压/二次电压 d—额定容量	TL1 220/36V 500V · A
照明灯具	$a-b\frac{c\times d\times L}{e}f$	a—灯数 b—型号或编号（无则省略） c—每盏灯具的灯泡数 d—灯泡安装容量 e—灯泡的安装高度（m），“—”表示吸顶灯安装 f—安装方式 L—光源种类	$5\text{-BYS80}\frac{3\times36\times FL}{3.5}CS$ 5 盏 BYS. 80 型灯具，灯管为 3 根 36W 荧光灯管，吊链安装，距地 3.5m

（续）

标注对象	标注方法	说　明	示　例
线路	a　b－c(d×e＋f×g)i－jh	a—线缆编号 b—型号或编号（无则省略） c—线缆根数 d—电缆线芯数 e—线芯截面积（mm^2） f—PE、N线芯数 g—线芯截面积（mm^2） i—线缆敷设方式 j—线缆敷设部位 h—线缆敷设安装高度（m）	WP201 YJV－0.6/1kV－2(3×150＋40＋PE40)SC80－WS3.5 电缆编号为WP201，电缆型号规格为YJV－0.6/1kV－2(3×150＋40＋PE40)，2根电缆并联使用，敷设方式为穿DN80焊接钢管沿墙明敷，距地3.5m
电缆桥架	$\frac{a\times b}{c}$	a—电缆桥架宽度（mm） b—电缆桥架高度（mm） c—电缆桥架安装高度（mm）	$\frac{600\times 150}{3.5}$
断路器整定值	$\frac{a\times c}{b}$	a—脱扣器额定电流 b—脱扣器整定电流（脱扣器额定电流×整定倍数） c—短延时整定时间（瞬时不标注）	$\frac{500A\times 0.2s}{500A\times 3}$ 断路器脱扣器额定电流为500A，动作整定值为500A×3，短延时整定时间为0.2s

2. 低压配电系统电气安装图的绘制

（1）低压配电系统图的绘制

系统图是用规定的电气简图用图形符号概略地表示一个系统的基本组成、相互关系及其主要特征的一种简图。

绘制低压配电系统图，必须注意以下两点：

1）线路一般用单线图表示。为表示线路的导线数量，可在线路上加短斜线，短斜线数量等于导线根数，也可以在线路上画一条短斜线再加注数字表示导线根数。

2）配电线路绘制应排列整齐，并应按规定对线路和设备进行必要的标注。

（2）低压配电平面布置图的绘制

低压配电平面布置图是表示配电系统在某一配电区域内的平面布置和电气布线的一种简图，也称为电气平面图或电气平面布置图。

绘制低压配电平面布置图，必须注意以下几点：

1）有关配电装置（箱、柜、屏）和用电设备及开关、插座等，应采用规定的图形符号绘在平面图的相应位置上。

2）配电线路一般用单线图表示。

3）平面图上的配电装置、电器和线路，应按规定进行标注。

4）平面图上应标注其主要尺寸，特别是建筑外墙定位轴线之间的距离应予以标注。

5）平面图上宜附上图例，特别是平面图上使用的非标准图形符号，应在图例中加以说明。

3. 低压配电系统电气安装图示例

图 4-37 是某住宅总低压配电系统电气安装图。电源进线型号由上级确定，穿钢管敷设（2 根），管内直径均为 100mm。电源送至配电箱 AL1，该配电箱的型号是“BGM-2A 改”，设备容量为 222. 6kW，计算电流为 246. 0A。电源进入配电箱后经过隔离开关、总断路器、回路断路器后，从配电箱分配出 WL1 ~ WL9 共 9 个回路。WL1 ~ WL4 回路依次负责的是一至三层照明用电、四至六层照明、七至九层照明用电、十至十一层照明用电；WL5 是备用回路；WL6、WL7 回路分别负责的是加压风机 AT1 和 AT2 的用电；WL8 回路负责给消防电梯 AT3 供电；WL9 回路负责给应急照明供电，负荷为 8. 1kW。WL1 ~ WL4 回路的表示方法基本一样，以 WL1 为例，“BV-4 ×50 +1 ×25 SC70 FC WC”表示：塑料绝缘铜芯导线，4 根横截面积为 $50mm^2$ 的导线和 1 根横截面积为 $25mm^2$ 的导线，穿内直径为 70mm 的钢管，沿地面下暗敷设和沿墙内暗敷设。WL6 ~ WL9 回路的表示方法基本一样，以 WL6 为例，“ZRVV-5 ×16 SC70 WC FC”表示：铜芯聚氯乙烯绝缘及护套阻燃电力电缆，5 芯电缆，每芯的横截面积是 $16mm^2$，穿内直径为 70mm 的钢管，沿墙内暗敷设和沿地面下暗敷设。

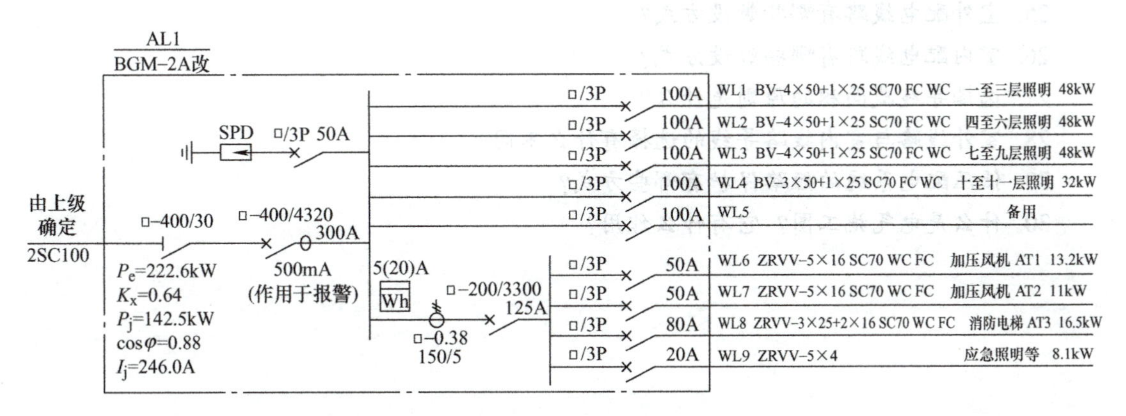

图 4-37 某住宅总低压配电系统电气安装图

思考与练习6

1. 什么是电力系统？电力系统由哪几部分组成？
2. 什么是电力负荷？可以分为哪几级？对电源的要求有什么不同？
3. 我国目前普遍采用的计算电力负荷的方法是什么？
4. 什么是 6 ~ 10kV 变电所？由哪几部分组成？
5. 变电所的形式有哪些？
6. 供配电系统的主要电气设备有哪些？
7. 变压器的作用是什么？变压器可以分为哪几类？变压器的结构由哪几部分组成？
8. 电压互感器的作用是什么？电压互感器的结构是什么？电压互感器有何特点？
9. 电流互感器的作用是什么？电流互感器的结构是什么？电流互感器有何特点？
10. 电流互感器使用时需注意什么？
11. 电压互感器使用时需注意什么？

12. 常用的高压开关电器有哪些？
13. 常用的低压开关电器有哪些？
14. 高压隔离开关有什么作用？
15. 高压负荷开关有什么作用？
16. 高压断路器有何作用？
17. 高压熔断器有何作用？
18. 低压刀开关有何作用？
19. 低压断路器有何作用？
20. 低压熔断器有何作用？
21. 什么是避雷器？有何作用？
22. 什么是成套配电装置？包括哪些种类？
23. 低压配电方式分为哪几种？分别有什么特点？
24. 低压动力配电系统包括哪些内容？
25. 室外配电线路有哪些敷设方式？
26. 室内配电线路有哪些敷设方式？
27. 选择导线截面积的原则是什么？
28. 室外线路与室内线路导线的选择有什么不同？
29. 低压配电系统的短路保护有哪些方式？
30. 什么是电气施工图？它有什么作用？

学习情境5 电动机及其控制

建筑中，电动机是重要电气设备之一，通过本学习情境的学习，熟悉常用电机的工作原理及控制。

项目 5.1　电动机原理及类型

任务 5.1.1　电动机及其类型

任务导入

生活中电动机的应用非常广泛，泵、电梯、风机等设备都会使用不同型号、不同类型的电动机。

任务目标

通过对电动机基础知识的学习，了解电动机的类型及结构；熟悉电动机的工作原理及特点；读懂电动机的铭牌参数；熟悉电动机的用途。

1. 电动机概述

电动机（Motor）是把电能转换成机械能的一种设备，如图 5-1 所示。电动机是一种旋转式电动机器，它主要包括一个用以产生磁场的固定部分（定子）和一个旋转电枢（转子）。在定子绕组旋转磁场的作用下，转子绕组有效边中有电流通过并受磁场的作用从而转动。根据可逆性原则，电机在结构上不需要发生任何改变，就既可作为电动机使用，也可作为发电机使用。通常电动机的做功部分做旋转运动，这种电动机称为转子电动机；也有做直线运动的，称为直线电动机。电动机能提供的功率范围很大，从毫瓦级到千瓦级。机床、水泵等设备，需要电动机带动；电力机车、电梯等设备，需要电动机牵引。家庭生活中的电扇、冰箱、洗衣机，甚至各种电动机玩具都离不开电动机。电动机已经应用在现代社会生活中的各个方面。

图 5-1　电动机

2. 电动机的类型

电动机的主要类型见表 5-1。

表 5-1 电动机的主要类型

<table>
<tr><td rowspan="5">交流电动机</td><td rowspan="3">同步电动机</td><td>永磁同步电动机</td></tr>
<tr><td>磁阻同步电动机</td></tr>
<tr><td>磁滞同步电动机</td></tr>
<tr><td rowspan="2">异步电动机</td><td>感应电动机</td></tr>
<tr><td>交流换向器电动机</td></tr>
<tr><td rowspan="8">直流电动机</td><td rowspan="4">电磁式直流电动机</td><td>他励</td></tr>
<tr><td>并励</td></tr>
<tr><td>串励</td></tr>
<tr><td>复励</td></tr>
<tr><td colspan="2">永磁直流电动机</td></tr>
<tr><td colspan="2">直流伺服电动机</td></tr>
<tr><td colspan="2">直流力矩电动机</td></tr>
<tr><td colspan="2">无刷直流电动机</td></tr>
</table>

1）按工作电源分类。根据电动机工作电源的不同，可分为交流电动机和直流电动机。其中交流电动机还分为单相电动机和三相电动机。

2）按结构及工作原理分类。电动机按结构及工作原理可分为直流电动机、异步电动机和同步电动机。同步电动机还可分为永磁同步电动机、磁阻同步电动机和磁滞同步电动机。异步电动机可分为感应电动机和交流换向器电动机。感应电动机又分为三相异步电动机和罩极异步电动机等。交流换向器电动机又分为单相串励电动机、交直流两用电动机和推斥电动机等。

3）按转子的结构分类。异步电动机按转子的结构可分为笼型异步电动机和绕线转子异步电动机。

4）按运转速度分类。电动机按运转速度可分为高速电动机、低速电动机、恒速电动机、调速电动机。

5）按防护等级分类。可分为：

① 开启式电动机（如 IP11、IP22）。电动机除必要的支撑结构外，对于转动及带电部分没有专门的保护。

② 封闭式电动机（如 IP44、IP54）。电动机机壳内部的转动部分及带电部分有必要的机械保护，以防止意外的接触，但并不明显的妨碍通风。

③ 网罩式电动机。电动机的通风口用穿孔的遮盖物遮盖起来，使电动机的转动部分及带电部分不能与外物相接触。

6）按安装结构类型分类。电动机安装类型通常用代号表示。前两个字母用“国际安装”的缩写字母“IM”表示，“IM”后的第一个字母表示安装类型代号，B 表示卧式安装，V 表示立式安装；之后的 1～2 位数字表示特征代号，用阿拉伯数字表示。安装类型有 B3、B5、B35、V1、V5、V6 等。

例如 IMB5 型表示机座无底座，端盖上有大凸缘，轴伸在凸缘端。

7）按绝缘等级分类。可分为：A 级、E 级、B 级、F 级、H 级、C 级。电动机绝缘结构类型是指用不同的绝缘材料、不同的组合方式和不同的制造工艺制成的电动机绝缘部分的结构类型。电动机绝缘耐热等级及温度限值见表5-2。

表5-2 电动机绝缘耐热等级及温度限值

耐热等级	A	E	B	F	H	C
最热点温度/℃	105	120	130	155	180	>180

8）按额定工作制分类。如连续工作制、断续工作制、短时工作制等。

3. 三相异步电动机的基本结构

各种电动机中应用最广的是三相异步电动机。它使用方便、运行可靠、价格低廉、结构牢固，但功率因数较低，调速也较困难。

三相异步电动机由定子、转子和其他附件组成，如图5-2所示。

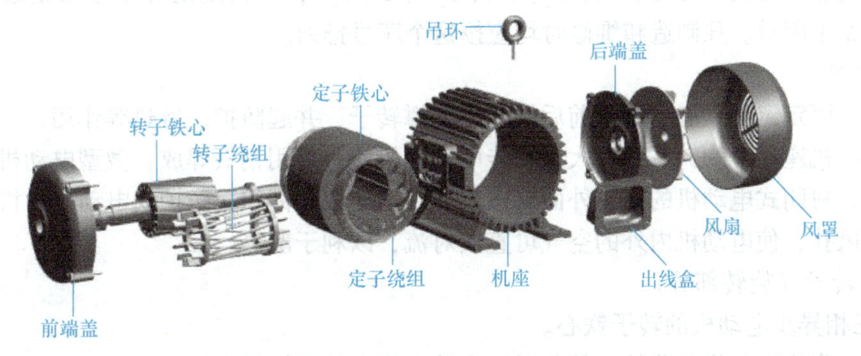

图5-2 三相异步电动机结构

（1）定子（固定部分）

1）定子铁心。

作用：电动机磁路的一部分，其上放置定子绕组。

构造：定子铁心一般由0.35～0.5mm厚表面具有绝缘层的硅钢片冲制、叠压而成，在铁心的内圆冲有均匀分布的槽，用以嵌放定子绕组，如图5-3所示。

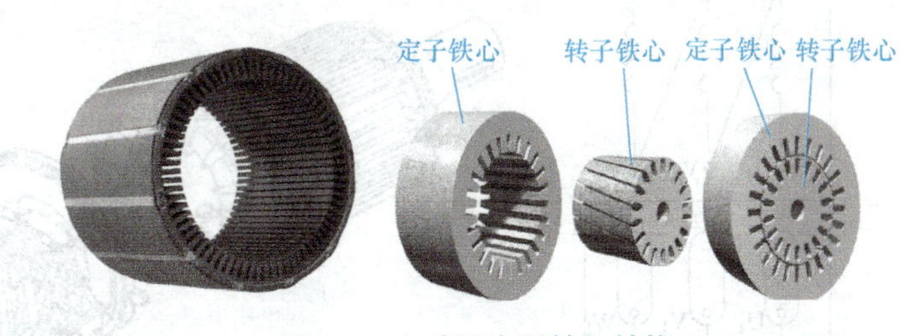

图5-3 电动机定子铁心结构

定子铁心槽型有以下几种：

① 半闭口型槽：电动机的效率和功率因数较高，但绕组嵌线和绝缘都较困难，一般用于小型低压电动机中。

② 半开口型槽：可嵌放成型绕组，一般用于大型、中型低压电动机。所谓成型绕组即绕组可事先经过绝缘处理后再放入槽内。

③ 开口型槽：用以嵌放成型绕组，绝缘方法方便，主要用在高压电动机中。

2）定子绕组。

作用：电动机的电路部分，通入三相交流电，产生旋转磁场。

构造：由三个在空间互隔120°电角度、对称排列的结构完全相同的绕组连接而成，这些绕组的各线圈按一定规律分别嵌放在定子各槽内。

定子绕组的主要绝缘项目有以下三种：

① 对地绝缘：定子绕组整体与定子铁心间的绝缘。

② 相间绝缘：各相定子绕组间的绝缘。

③ 匝间绝缘：每相定子绕组各线匝间的绝缘。

电动机接线盒内的接线：电动机接线盒内都有一块接线板，三相绕组的六个线头排成上下两排，并规定下排三个接线桩自左至右排列的编号为1(U_1)、2(V_1)、3(W_1)，上排三个接线桩自左至右排列的编号为6(W_2)、4(U_2)、5(V_2)，三相绕组可星形联结或三角形联结，如图5-4所示。凡制造和维修时均应按这个序号排列。

3）机座。

作用：固定定子铁心，固定前后端盖以支撑转子，并起防护、散热等作用。

构造：机座通常为铸铁件，大型异步电动机机座一般用钢板焊成，微型电动机的机座采用铸铝件。封闭式电动机的机座外面有散热筋以增加散热面积，防护式电动机的机座两端端盖开有通风孔，使电动机内外的空气可直接对流，以利于散热。

(2) 转子（旋转部分）

1）三相异步电动机的转子铁心。

作用：作为电动机磁路的一部分以及在铁心槽内放置转子绕组。

构造：所用材料与定子一样，由0.5mm厚的硅钢片冲制、叠压而成，硅钢片外圆冲有均匀分布的孔，用来放置转子绕组，如图5-5所示。通常用定子铁心冲落后的硅钢片内圆来冲制转子铁心。一般小型异步电动机的转子铁心直接压装在转轴上，大、中型异步电动机（转子直径在300～400mm以上）的转子铁心则借助转子支架压在转轴上。

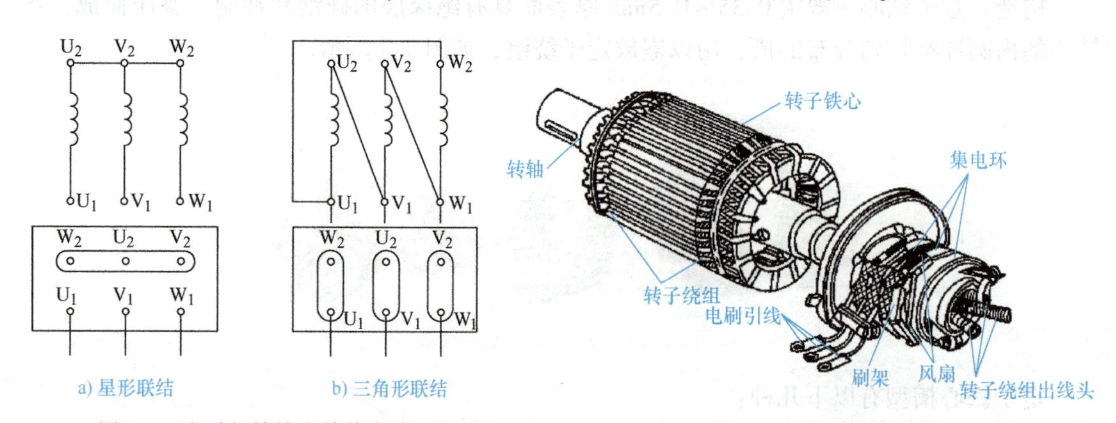

图5-4 电动机接线盒接线方式

图5-5 转子结构

2）三相异步电动机的转子绕组。

作用：切割定子旋转磁场产生感应电动势及电流，并形成电磁转矩而使电动机旋转。

构造：分为笼型转子和绕线转子，如图5-6所示。

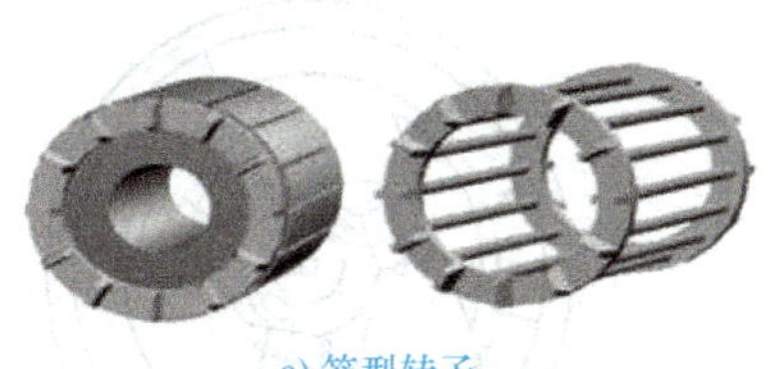
a) 笼型转子

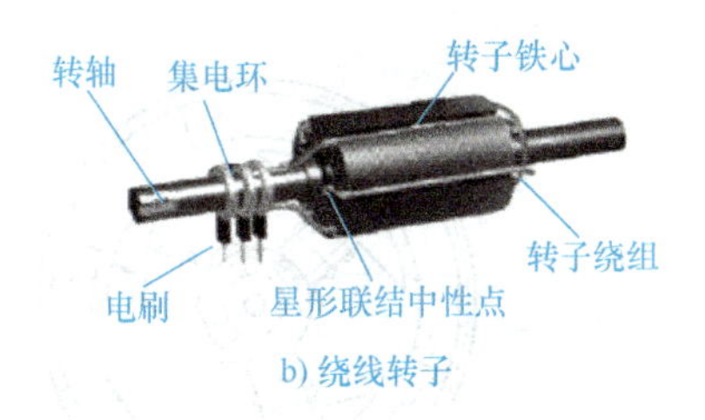

b) 绕线转子

图 5-6 笼型转子和绕线转子结构

① 笼型转子：转子绕组由插入转子槽中的多根导条和两个环行的端环组成。若去掉转子铁心，整个绕组的外形像一个鼠笼，故称笼型绕组。小型笼型电动机采用铸铝转子绕组，100kW 以上的电动机采用铜条和铜端环焊接而成。

② 绕线转子：绕线转子的绕组与定子绕组相似，也是一个对称的三相绕组，一般采用星形联结，三个出线头接到转轴的三个集电环上，再通过电刷与外电路连接。

特点：结构较复杂，故绕线转子电动机的应用不如笼型电动机广泛。但通过集电环和电刷在转子绕组回路中串入附加电阻等元件，可以改善电动机的起、制动性能及调速性能，故在要求一定范围内进行平滑调速的设备上采用，如吊车、电梯、空气压缩机等。

（3）其他附件

1）端盖：支撑作用。

2）轴承：连接转动部分与不动部分。

3）轴承端盖：保护轴承。

4）风扇：冷却电动机。

任务 5.1.2 交流电动机的工作原理

任务导入

交流电动机又分为同步电动机和异步电动机。其中三相异步电动机由于结构简单、价格低廉、维修方便、体积小、重量轻、效率高等诸多优点，应用广泛。本任务以三相异步电动机为主介绍交流电动机的工作原理。

任务目标

掌握三相异步电动机的工作原理；了解旋转磁场的概念。

电动机是应用电磁感应原理运行的旋转电磁机械，用于实现电能向机械能的转换。运行时从电力系统吸收电功率，向机械系统输出机械功率。三相电动机结构示意如图 5-7 所示。

异步电动机的定子、转子在电路上是彼此独立的，但又是通过电磁感应而相互联系的，其转子转速永远低于旋转磁场的转速，即存在转差率，故称为异步电动机。

1. 工作原理

定子通入三相交流电（见图 5-8a、b）时即可产生旋转磁场，假设旋转磁场为顺时针转动（见图 5-8c ~ e），转子铜条是闭合的，转子切割磁力线产生感应电流，通电导体在磁场中受力，且此转矩与磁场旋转方向一致，所以转子便顺着旋转磁场方向转动起来。

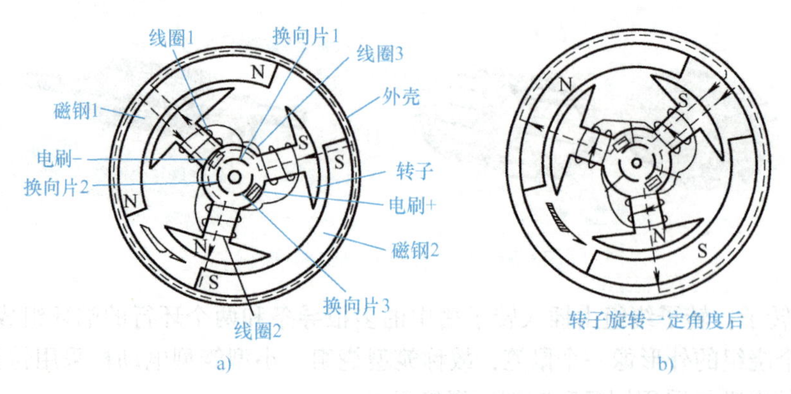

a)　　b)

图 5-7　三相电动机结构示意图

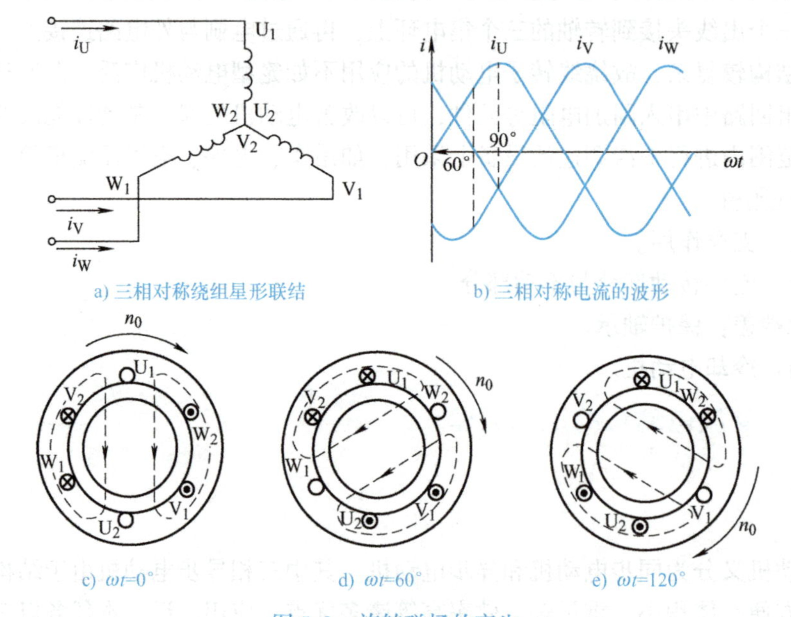

a) 三相对称绕组星形联结　　b) 三相对称电流的波形

c) ωt=0°　　d) ωt=60°　　e) ωt=120°

图 5-8　旋转磁场的产生

2. 电动机参数

(1) 同步转速 n_0

旋转磁场的转速称为同步转速。同步转速公式如下：

$$n_0 = \frac{60f_1}{p}$$

式中，f_1 为电源频率（Hz），我国的电网频率为 50Hz；p 为电动机的磁极对数；n_0 为同步转速（r/min）。工频下两者的对应关系见表 5-3。

表 5-3　磁极对数与同步转速对应关系（工频）

p	1	2	3	4	5	6
n_0/(r/min)	3000	1500	1000	750	600	500

(2) 转差率 s

转子转速 n 与旋转磁场的同步转速 n_0：①方向相同；②大小不同。同步转速与电动机转速之差，叫转差。转差与同步转速之比，叫转差率，用 s 表示，即

$$s=\frac{n_0-n}{n_0}$$

转差率 s 是异步电机的一个重要物理量。电动机静止时，$n=0$，$s=1$；电动机空载时，$n_0\approx n$，$s\approx 0$。

(3) 电磁转矩 T

电磁转矩与旋转磁场的强弱和转子铜条中的电流成正比，和电源电压的二次方成正比。

以三相笼型异步电动机为例（变频电动机除外）：在50Hz以下时，电磁转矩与频率成正比；频率达到50Hz时，电动机达到额定功率与额定转矩；频率大于50Hz时，电磁转矩与频率成反比。额定转矩的计算公式是

$$T=9550P_N/n_N$$

式中，P_N 是电动机的额定（输出）功率（kW）；n_N 是额定转速（r/min）T_N 是额定转矩（N·m）。P_N 和 n_N 可从电动机铭牌中直接查到。

任务5.1.3 电动机型号及铭牌数据

任务导入

每一台电动机，在其机座上都有一块铭牌，其上标有型号、额定值等信息，所以会看电动机铭牌数据非常重要。本任务详细介绍铭牌数据的规范及书写要求。

任务目标

了解电动机的铭牌数据及额定值，了解其书写规范及意义。

1. 电动机型号

电动机型号是便于使用、设计、制造等部门进行业务联系和简化技术文件中产品名称、规格、型式等叙述而引用的一种代号。型号含义如下：

Y2 - 160 M 2 - 4 WF

第6部分：特殊环境代码。屋外，防腐

第5部分：极数。4极

第4部分：同一机座中不同铁心长度的代码。2号铁心长

第3部分：机座长度代码。中等长度的机座

第2部分：机座号(或轴中心高，单位为mm)。为160(轴中心高为160mm)

第1部分：电机系列代号。Y系列异步电动机，第2次设计

如：Y 2 - 160 M2 -4WF

Y：表示异步电动机。

2：表示第一次基础上改进设计的产品。

160：轴中心高（mm），是轴中心到机座平面高度。

M2：机座长度规格，机座长度的字母代号采用国际通用符号表示：S是短机座型，M

是中机座型，L是长机座型。铁心长度的字母代号用数字1、2、3等依次表示。“M2”指2号铁心长，中型。

4：极数，“4”指4极电动机。

2. 铭牌参数及额定值

1）额定功率：表示额定运行时电动机轴上输出的额定机械功率，单位为kW或hp，1hp = 0.7457kW。

2）额定电压：接到定子绕组上的线电压（V）。

3）额定电流：电动机在额定电压和额定频率下，输出额定功率时定子绕组的三相线电流。

4）额定频率：指电动机所接交流电源的频率，我国规定为50Hz。

5）额定转速：电动机在额定电压、额定频率、额定负载下，电动机每分钟的转速（r/min）；2极电机的同步转速为3000r/min。

6）工作制：有10种工作制，用S1～S10表示。

7）绝缘等级：电动机绝缘材料的等级，决定了电动机的允许温升。

8）产品编号。

9）接法。电动机有星形（Y）联结和三角形（△）联结两种接法，其接法应与铭牌规定的接法相符，以保证与额定电压相适应。

项目5.2　低压电器及电动机的控制方式

任务5.2.1　常用低压电器

任务导入

电机的基本控制电路主要依靠低压电器实现，如接触器、继电器、主令电器等。

任务目标

认识常用低压电器的结构、原理、参数、符号及使用方法。

电器是能根据外界的信号（机械力、电动力和其他物理量）和要求，手动或自动地接通、断开电路，以实现对电路或非电对象的切换、控制、保护、检测、变换和调节的元件或设备。电器按工作电压等级分为高压电器和低压电器。高压电器指用于交流电压1000V以上、直流电压1500V以上的电路中的电器；低压电器指用于交流电压为1000V及以下、直流电压为1500V及以下的电路中的电器。

1. 接触器

接触器是一种用于中远距离频繁接通与断开交直流主电路及大容量控制电路的电器。接触器的型号很多，工作电流为5～1000A不等，用途相当广泛。接触器外形如图5-9a所示。

（1）接触器的工作原理

以CJ20交流接触器为例，如图5-9b所示，当接触器电磁线圈通电后，线圈电流会产生磁场，产生的磁场使静铁心产生电磁吸力，吸引衔铁，并带动交流接触器动触头动作，使常

a) 接触器外形

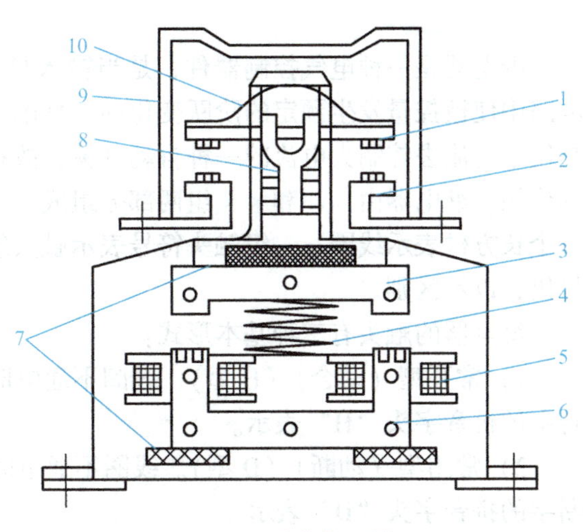

b) CJ20交流接触器结构

图 5-9 接触器外形及工作原理

1—动触桥 2—静触头 3—衔铁 4—缓冲弹簧 5—电磁线圈 6—静铁心

7—垫毡 8—触头弹簧 9—灭弧罩 10—触头压力弹簧片

闭触头断开，常开触头闭合（两者是联动的）。当电磁线圈断电时，电磁吸力消失，衔铁在缓冲弹簧的作用下释放，使动触头复原，常开触头断开，常闭触头闭合。

交流接触器利用主触头来控制主电路，用辅助触头来控制电路。主触头一般是常开触头，而辅助触头常有两对常开（动合）触头和常闭（动断）触头。常开（动合）触头指线圈未通电时处于断开状态的触头；常闭（动断）触头指线圈未通电时处于闭合状态的触头。交流接触器的触头由银钨合金制成，具有良好的导电性和耐高温烧蚀性。小型的接触器也经常作为中间继电器配合主电路使用。

（2）接触器的类型及符号

按主触头控制的电流性质不同分为直流接触器、交流接触器。按操作机构不同分为：电磁式接触器、永磁式接触器等。

接触器的图形符号和文字符号如图 5-10 所示。

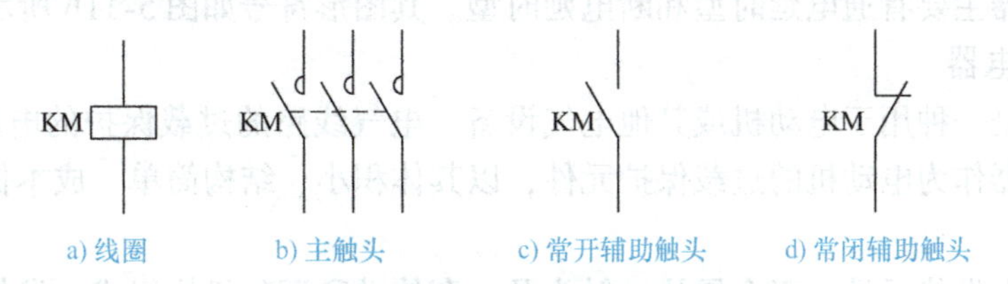

a) 线圈　b) 主触头　c) 常开辅助触头　d) 常闭辅助触头

图 5-10 接触器的图形符号和文字符号

（3）接触器的使用选择原则

1）根据电路中负载电流选择接触器的类型。

2）接触器的额定电压应大于或等于负载回路的额定电压。

3）电磁线圈的额定电压应与所接控制电路的额定电压等级一致。

4）额定电流应大于或等于被控主电路的额定电流。

2. 继电器

继电器是一种电气控制器件，是当输入量（激励量）的变化达到规定要求时，在输出电路中使被控量发生预定的阶跃变化的一种电器。通常应用于自动化控制电路中，它实际上是用小电流去控制大电流的一种自动开关，故在电路中起着自动调节、安全保护、转换电路等作用。继电器由线圈和触头组两部分组成，所以继电器在电路图中表示时也包括两部分：一个长方框表示线圈，一组触头符号表示触头组合，标上相同的文字符号，并将触头组编上号码，以示区别。

继电器的触头有三种基本形式：

1）常开型（动合）（H 型）。线圈不通电时两触头是断开的，通电后两个触头闭合。以合字的拼音字头“H”表示。

2）常闭型（动断）（D 型）。线圈不通电时两触头是闭合的，通电后两个触头断开。用断字的拼音字头“D”表示。

3）转换型（Z 型）。这是触头组型。这种触头组共有三个触头，即中间是动触头，上下各一个静触头。线圈不通电时，动触头和其中一个静触头断开，和另一个闭合；线圈通电后，动触头移动，使原来断开的触头闭合，原来闭合的触头断开，达到转换的目的。这样的触头组称为转换触头。用“转”字的拼音字头“Z”表示。

（1）时间继电器

时间继电器是电气控制系统中的重要器件，如图 5-11a 所示，在许多场合，需要使用时间继电器来实现延时控制。时间继电器是一种利用电磁原理或机械动作原理来延迟触头闭合或分断的自动控制电器。其特点是，自吸引线圈得到信号起至触头动作中间有一段延时。时间继电器一般用于以时间为函数的电动机起动过程控制。时间继电器的主要功能是作为简单程序控制中的一种执行器件，当它接受了启动信号后开始计时，计时结束后工作触头进行断开或闭合动作，从而推动后续电路工作。一般来说，时间继电器的延时性能在设计的范围内是可以调节的，从而方便调整延时时间长短。

随着电子技术的发展，电子式时间继电器在时间继电器中已成为主流，采用大规模集成电路技术的电子智能式数字显示时间继电器具有多种工作模式，不但可以实现长延时时间，而且延时精度高、体积小、调节方便、使用寿命长，使得控制系统更加简单可靠。

时间继电器主要有通电延时型和断电延时型。其图形符号如图 5-11b 所示。

（2）热继电器

热继电器是一种用于电动机或其他电气设备、电气线路的过载保护的电器，如图 5-12a 所示。热继电器作为电动机的过载保护元件，以其体积小、结构简单、成本低等优点得到了广泛应用。

热继电器由发热元件、双金属片、触头及一套传动和调整机构组成。发热元件是一段阻值不大的电阻丝，串接在被保护电路中。双金属片由两种不同热膨胀系数的金属片辗压而成。当电动机过载时，通过发热元件的电流超过整定电流，双金属片受热向上弯曲脱离扣板，使常闭触头断开。由于常闭触头是接在电动机的控制电路中的，它的断开使与其相接的接触器线圈断电，从而使接触器主触头断开，电动机的主电路断电，实现过载保护。热继电器动作后，双金属片经过一段时间冷却，按下复位按钮即可复位。

热继电器的选择原则：

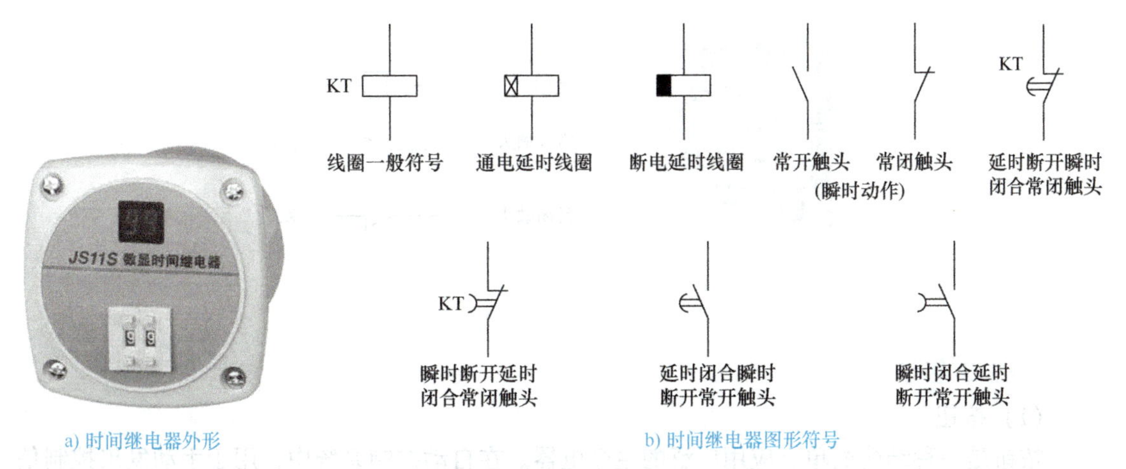

a) 时间继电器外形 b) 时间继电器图形符号

图 5-11 时间继电器

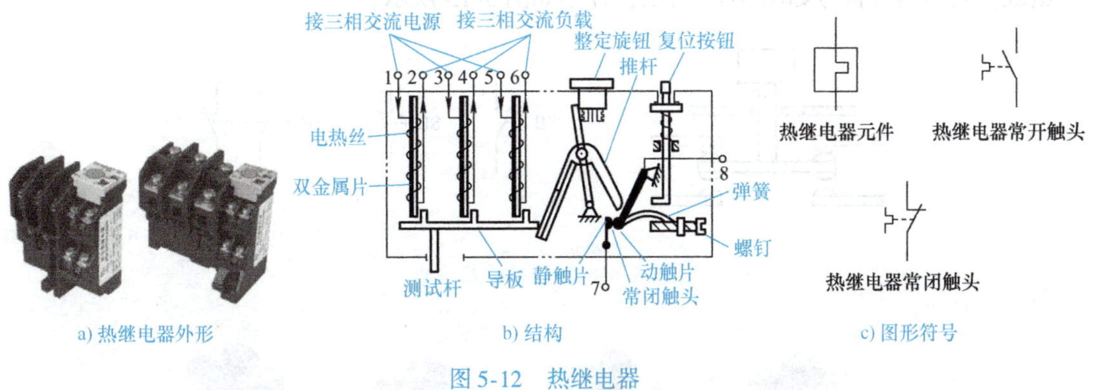

a) 热继电器外形 b) 结构 c) 图形符号

图 5-12 热继电器

1）应使热继电器的安秒特性尽可能接近电动机的过载特性，或者在电动机的过载特性之下，同时在电动机短时过载和起动的瞬间，热继电器应不受影响（不动作）。

2）当热继电器用于保护长期工作制或间断长期工作制的电动机时，一般按电动机的额定电流来选用。例如，热继电器的整定值可等于 0.95 ~ 1.05 倍的电动机的额定电流，或者取热继电器整定电流的中值等于电动机的额定电流，然后进行调整。

3）当热继电器用于保护反复短时工作制的电动机时，热继电器仅有一定范围的适应性。

4）对于正反转和频繁通断的特殊工作制电动机，不宜采用热继电器作为过载保护装置，而应使用埋入电动机绕组的温度继电器或热敏电阻。

（3）中间继电器

中间继电器用于继电保护与自动控制系统中，以增加触头数量及容量。中间继电器的结构和原理与交流接触器基本相同，与接触器的主要区别在于接触器的主触头可以通过大电流，而中间继电器的触头只能通过小电流。所以，中间继电器只能用于控制电路中。中间继电器一般是没有主触头的，因为过载能力比较小。辅助触头数量比较多。中间继电器一般是直流电源供电，少数使用交流供电。

中间继电器外形及符号如图 5-13 所示。

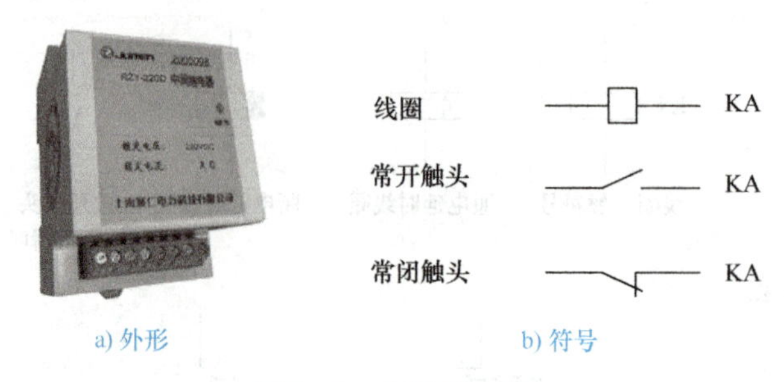

a) 外形　　b) 符号

图 5-13　中间继电器

3. 主令电器

(1) 按钮

按钮是一种结构简单、应用广泛的主令电器。在自动控制系统中，用于手动发出控制信号以控制接触器、继电器、电磁起动器等。按钮一般由按钮帽、复位弹簧、桥式触头和外壳等组成，其结构及符号如图 5-14 所示，外形如图 5-15 所示。

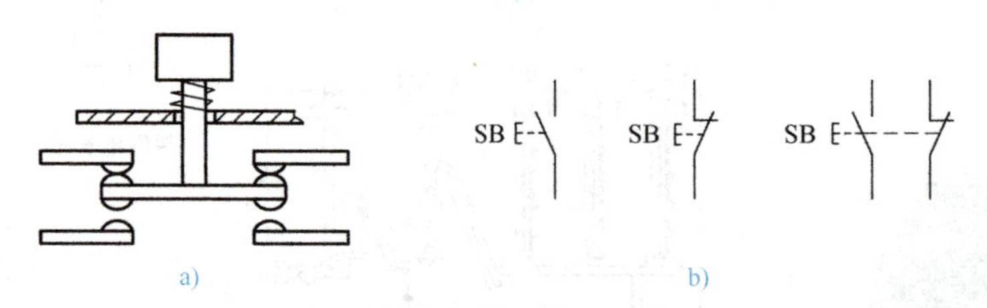

图 5-14　按钮结构及符号

图 5-15　按钮外形

按钮的结构种类很多，可分为普通揿钮式、蘑菇头式、自锁式、自复位式、旋柄式及钥匙式等，有单钮、双钮、三钮等不同组合形式。还有一种自持式按钮，按下后即可自动保持闭合位置，断电后才能打开。

为了标明各按钮的作用，避免误操作，通常将按钮帽做成不同的颜色，以示区别，其颜色有红、绿、黑、黄、蓝、白等。一般红色表示停止按钮，绿色表示起动按钮等。常用国产产品有 LAY3、LAY6、LA20、LA25、LA38、LA101、LA115 等系列。

(2) 行程开关

行程开关是一种将机器信号转换为电气信号，以控制运动部件位置或行程的自动控制电器，是一种常用的小电流主令电器，如图 5-16 所示。

图 5-16　行程开关外形

1）作用。在电气控制系统中，行程开关的作用是实现顺序控制、定位控制和位置状态的检测。

2）分类。行程开关按运动形式可分为直动式、微动式和转动式等；按复位方式可分为自动复位式和非自动复位式等；按有无触头可分为有触头式和无触头式等。

（3）万能转换开关

万能转换开关是一种多档位、多段式、可控制多回路的主令电器，当操作手柄转动时，带动开关内部的凸轮转动，从而使触头按规定顺序闭合或断开。

1）结构组成。万能转换开关是由多组相同结构的触头组件叠装而成的多回路控制电器。它由操作机构、定位装置和触头等三部分组成。触头为双断点桥式结构，动触头设计成自动调整式，静触头装在触头座内。

2）主要用途。万能转换开关主要用于各种控制电路的转换，电压表、电流表的换相测量控制，配电装置电路的转换和远程控制等。万能转换开关还可以用于直接控制小容量电动机的起动、调速和换向。

（4）接近开关

接近开关是当机械运动部件靠近到一定距离时发出信号的主令电器，在控制电路中可供位置检测、行程控制、计数控制及检测金属物体是否存在之用。目前，国内的接近开关产品主要为采用集成元器件的LJ5系列。

1）分类。按作用原理区分，接近开关有高频振荡式、电容式、感应电桥式、永久磁铁式和霍尔效应式等，其中以高频振荡式为最常用。

2）优点。工作可靠、灵敏度高、寿命长、功率损耗小、允许操作频率高，并能适应较严酷的工作环境，故在自动化机床和自动化生产线中得到越来越广泛的应用。

任务5.2.2 电气原理图的绘制原则

任务导入

读懂电气原理图是从事相关工作的必要前提，因此本任务重点介绍电气原理图的基本绘图原则和识图基础知识。

任务目标

认识电气元件的符号；掌握电气原理图主电路和控制电路的绘制方法。掌握识图方法。

电气控制系统图把各种带触头的接触器、继电器以及按钮、行程开关等电气元件，用导线按一定方式连接起来组成。常用的电气控制系统图有电气原理图、电器元件布置图和安装接线图。

1. 绘制电气原理图的原则

电气原理图一般分为主电路和辅助电路两部分。其中主电路是电气控制线路中大电流流过的部分，包括从电源到电动机之间的电气元件。而辅助电路是电气控制线路中除了主电路以外的电路，流过的电流比较小，如控制电路、照明电路等。

根据简单清晰的原则，电气原理图采用电气元件展开的形式绘制。它包括所有电气元件的导电部件和接线端点，但并不按照电气元件的实际位置来绘制，也不反映电气元件的尺寸大小。

1）所有电机、电器等元件都应采用国家统一规定的图形符号和文字符号来表示。

2）主电路用粗实线绘制在图的左侧或上方，辅助电路用细实线绘制在图的右侧或下方。

3）无论是主电路还是辅助电路或其元件，均应按功能布置，各元件尽可能按动作顺序从上到下、从左到右排列。

4）在电气原理图中，同一电器的不同部分（线圈、触点）应根据便于阅读的原则安排在图中，为了表示是同一元件，要在电器的不同部分使用同一文字符号来标明。对于同类电器，必须在名称后或下标加上数字序号以区别，如 KM1、KM2 等。

5）所有电器的可动部分均以自然状态（各种电器在没有通电和没有外力作用时的状态）画出。

6）电气原理图上应尽可能减少线条和避免线条交叉。各导线之间有电的联系时，在导线的交点处画一个实心圆点。一般地，原理图的绘制要求层次分明，各电气元件以及它们的触点安排要合理，并保证电气控制线路运行可靠，节省连接导线，便于施工、维修。

2. 电气原理图识图方法

（1）看主电路的步骤

第一步：看清主电路中用电设备

用电设备指消耗电能的电气设备，看图首先要看清楚用电设备的数量、类别、用途、接线方式及不同要求等。

第二步：弄清用电设备通过什么电气元件控制

控制用电设备的方法很多，有的直接用开关控制，有的用各种启动器控制，有的用接触器控制。

第三步：了解主电路中所用的控制电器及保护电器

前者是指除常规接触器以外的其他控制器件，如电源开关（转换开关、断路器、万能转换开关）。后者是指短路保护器件及过载保护器件，如低压断路器中电磁脱扣器及热过载脱扣器的规格，熔断器、热继电器及过电流继电器等器件的用途及规格。

第四步：看电源

了解电源电压等级（380V 或 220V），电源电压是由母线汇流排供电、配电屏供电，还是直接由发电机组供电。

（2）看辅助电路的步骤

辅助电路包含控制电路、信号电路和照明电路。分析控制电路，根据主电路中各电动机和执行电器的控制要求，逐一找出控制电路中的其他控制环节，将控制电路化整为零，按功能不同划分成若干个局部来进行分析。如果电路较复杂，则可先排除照明、显示等与控制关系不密切的电路，以便集中精力进行分析。

第一步：看电源

首先看清电源的种类（交流或直流）。其次，看清辅助电路的电源来源及其电压等级。电源一般是从主电路的两条相线上接入，其电压为 380V；也有的从主电路的一条相线和中性线上接入，电压为单相 220V；此外，也可以从专用隔离电源变压器接入，电压有 140V、127V、36V、6.3V 等。辅助电路为直流电时，直流电源可从整流器、发电机组或放大器上接入，其电压一般为24V、12V、6V、4.5V、3V等。辅助电路中的一切电气元件的线圈额定电压必须与辅助电路电源电压一致，否则，电压低时元件不动作；电压高时，则会把线圈烧坏。

第二步：了解控制电路中所采用的各种继电器、接触器的用途

如采用了一些特殊结构的继电器，还应了解他们的动作原理。

第三步：根据辅助电路研究主电路的动作情况

分析了上面这些内容再结合主电路中的要求，就可以分析辅助电路的动作过程。控制电路总是按动作顺序画在两条水平电源线或两条垂直电源线之间。因此，可从左到右或从上到下进行分析。对复杂的辅助电路，在电路中整个辅助电路构成一条大回路，在这条大回路中又分成几条独立的小回路，每条小回路控制一个用电器或一个动作。当某条小回路形成闭合回路有电流流过时，在回路中的电气元件（接触器或继电器）则动作，把用电设备接入或切除电源。对于控制电路的分析必须随时结合主电路的动作要求来进行，只有全面了解主电路对控制电路的要求以后，才能真正掌握控制电路的动作原理，不可孤立地看待各部分的动作原理，而应注意各个动作之间是否有互相制约的关系，如电动机正、反转之间应设有联锁等。

第四步：研究电气元件之间的相互关系

电路中的电气元件都不是孤立存在的，而是相互联系、相互制约的。这种互相控制的关系有时表现在一条回路中，有时表现在几条回路中。

第五步：研究其他电气设备和电器元件

如整流设备、照明灯等。

综上所述，电气原理图的识图要点为：

1）分析主电路。从主电路入手，根据每台电动机和执行电器的控制要求分析各电动机和执行电器的控制内容，如电动机起动、转向控制、制动等基本控制环节。

2）分析辅助电路。看辅助电路电源，弄清辅助电路中各电气元件的作用及相互间的制约关系。

3）分析联锁与保护环节。生产机械对于安全性、可靠性有很高的要求，实现这些要求，除了合理地选择拖动、控制方案以外，在控制电路中还会设置一系列电气保护和必要的电气联锁。

4）分析特殊控制环节。在某些电气控制线路中，还设置了一些与主电路、控制电路关系不密切，相对独立的某些特殊环节，如计数装置、自动检测系统、晶闸管触发电路、自动调温装置等。这些部分往往自成一个小系统，其读图分析的方法可参照上述分析过程，并灵活运用所学过的电力电子、自动检测与转换等知识逐一分析。

5）总体检查。经过化整为零，逐步分析了每一局部电路的工作原理以及各部分之间的控制关系之后，还必须用集零为整的方法，检查整个电气控制线路，看是否有遗漏。最后还要从整体角度进一步检查和理解各控制环节之间的联系，以清楚地理解电路图中每一电气元件的作用、工作过程及主要参数。

任务5.2.3 电动机起动方式

电动机起动是电动机各控制环节中首要的控制过程。根据不同的工业生产控制要求，电

动机采用不同的起动方式。

任务目标

掌握不同电动机起动方式的特点。

电动机起动方式包括：全压直接起动、自耦减压起动、Y-△减压起动、软起动等。

1. 全压直接起动

在电网容量和负载两方面都允许的情况下，可以考虑采用全压直接起动。优点是操作控制方便，维护简单，而且比较经济。全压直接起动主要用于小功率电动机的起动，从节能的角度考虑，大于11kW的电动机不宜用此方式。

在变压器容量允许的情况下，三相笼型异步电动机应尽可能采用全压直接起动，既可以提高控制电路的可靠性，又可以减少电器的维修工作量。

电动机单向起动控制线路常用于只需要单方向运转的小功率电动机的控制，例如小型通风机、水泵以及带式运输机等机械设备。这是一种最常用、最简单的控制线路，能实现对电动机起停的自动控制、远距离控制、频繁操作等。电路如图5-17所示。

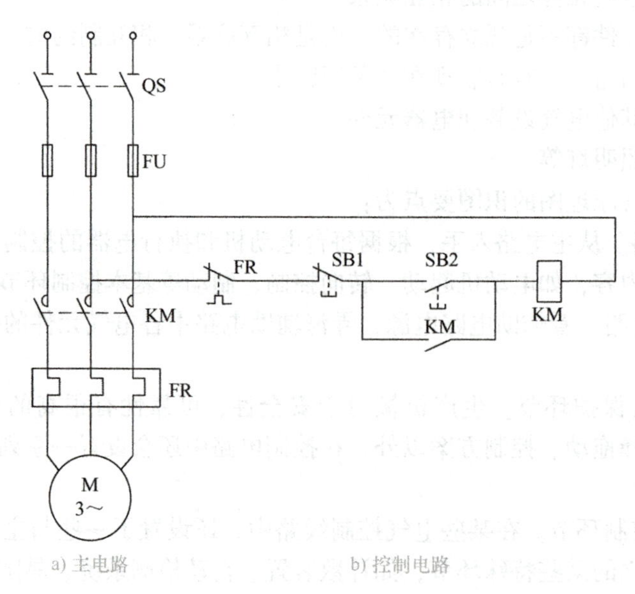

图5-17　电动机单向起动控制线路

在图5-17中，主电路由隔离开关QS、熔断器FU、接触器KM的常开主触头，热继电器FR的热元件和电动机M组成。控制电路由起动按钮SB2、停止按钮SB1、接触器KM线圈和常开辅助触头、热继电器FR的常闭触头构成。

控制电路工作原理为：

1）起动电动机。合上主电路中的三相隔离开关QS，按起动按钮SB2，按触器KM的线圈得电，三对常开主触头闭合，将电动机M接入电源，电动机起动。同时，与SB2并联的KM的常开辅助触头闭合，即使松开SB2，KM的线圈通过其常开辅助触头也可以继续保持通电，维持吸合状态。凡是接触器（或继电器）利用自己的辅助触头来保持其线圈带电的，称为自锁（自保）。这个辅助触头称为自锁（自保）触头。由于KM的自锁作用，当松开

SB2 后，电动机 M 仍能继续起动，最后达到稳定运转。

2）停止电动机。按停止按钮 SB1，接触器 KM 的线圈失电，其主触头和常开辅助触头均断开，电动机脱离电源，停止运转。这时即使松开停止按钮，由于自锁触点断开，接触器 KM 的线圈也不会再通电，电动机不会自行起动。只有再次按下起动按钮 SB2 时，电动机才能再次起动运转。

2. 自耦减压起动

自耦减压起动是将自耦变压器一次侧接在电网上，起动时定子绕组接在自耦变压器二次侧，待电动机转速达到一定值时，再将定子绕组接到电网上。其控制电路如图 5-18 所示。利用自耦变压器的多抽头减压，既能适应不同负载起动的需要，又能得到更大的起动转矩，是一种经常被用来起动较大容量电动机的减压起动方式。它的最大优点是起动转矩较大，并且可以通过抽头调节起动转矩。

图 5-18 工作原理：

按下起动按钮 SB2→KM2 线圈得电，主触头闭合→接入自耦变压器→电动机 M 得电降压起动运行→KM2 常开辅助触头闭合，时间继电器 KT 开始延时；KM2 常闭辅助触头断开，实现互锁→时间继电器延时闭合触头闭合→中间继电器 KA 线圈得电→KA 常开触头闭合、常闭触头断开→KM2 断电，切除变压器；KM1 线圈得电→KM1 主触点闭合，电动机全压运行

按下 SB1→辅助电路断电→KM 主触头复位→电动机断电停车

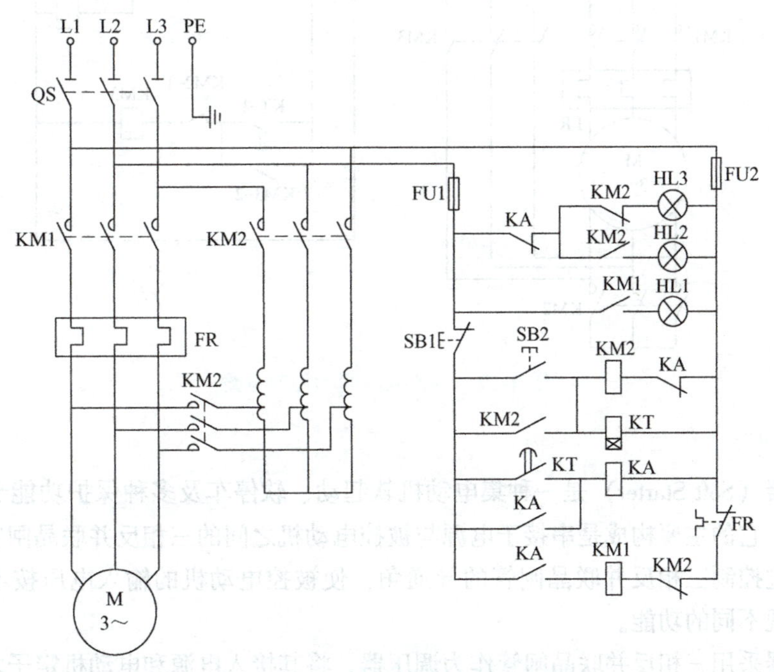

图 5-18 自耦减压起动控制电路

3. Y-△减压起动

对于正常运行时定子绕组为三角形联结的笼型异步电动机来说，如果在起动时将定子绕组接成星形，待起动完毕后再接成三角形，就可以降低起动电流，减轻对电网的冲击。这样的起动方式称为星三角减压起动，或简称为星三角起动（Y-△起动）。其控制电路如图 5-19

所示。采用星三角起动时，起动电流是三角形联结直接起动时的1/3，起动转矩也降为三角形联结直接起动时的1/3，适用于无载或者轻载起动的场合。和其他减压起动方式相比，其结构最简单，价格也最便宜。除此之外，星三角起动方式还有一个优点，即当负载较轻时，可以让电动机在星形联结下运行。此时，额定转矩与负载可以匹配，这样能使电动机的效率有所提高，并减少电力消耗。

图5-19工作原理：

按下起动按钮SB2→KM1线圈得电，主触头闭合；KM1-1常开辅助触头闭合，KT线圈得电延时；KM2线圈得电，主触头闭合，电动机M星形联结降压起动→时间继电器延时闭合触头闭合→KM3线圈得电→KM3主触头、常开触头闭合、常闭触头断开→KM2断电，KT断电→KM3主触头闭合，电动机M三角形联结全压运行

按下SB1→辅助电路断电→KM1、KM3主触头复位→电动机断电停车

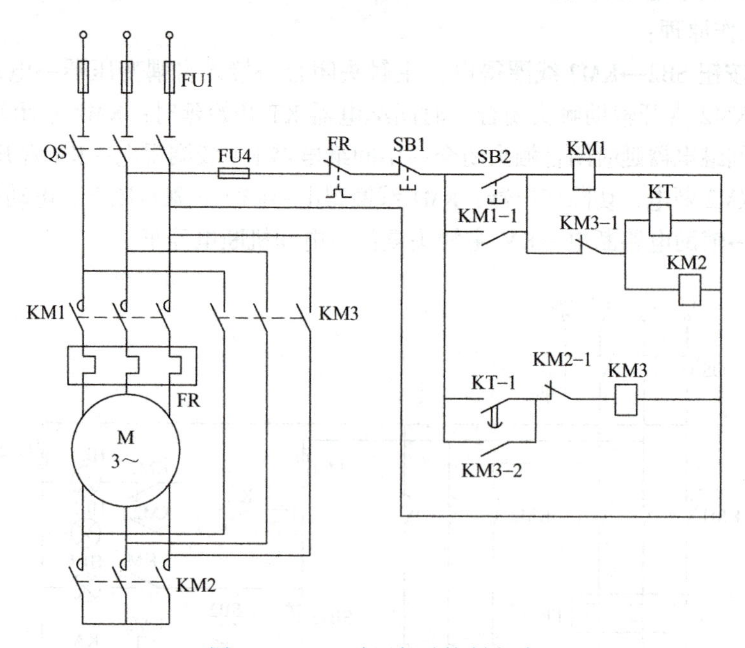

图5-19 Y-△减压起动控制电路

4. 软起动

软起动器（Soft Starter）是一种集电动机软起动、软停车及多种保护功能于一体的电动机控制装置。它的主要构成是串接于电源与被控电动机之间的三相反并联晶闸管及其电子控制电路。通过控制三相反并联晶闸管的导通角，使被控电动机的输入电压按不同的要求变化，就可实现不同的功能。

软起动器采用三相反并联晶闸管作为调压器，将其接入电源和电动机定子之间，使晶闸管的输出电压逐渐增加，电动机逐渐加速，直到晶闸管全导通，电动机工作在额定电压的机械特性上，从而实现平滑起动，即软起动，降低起动电流，避免起动过电流跳闸。软起动一般有下面几种起动方式：

1）斜坡升压软起动。

2）斜坡恒流软起动。

3）阶跃起动。

4）脉冲冲击起动。

（1）软起动优点

① 无冲击电流。利用软起动器起动电动机时，通过逐渐增大晶闸管导通角，使电动机起动电流从零线性上升至设定值，对电动机无冲击，提高了供电可靠性，减少对负载机械的冲击转矩，从而可以延长机器的使用寿命。

② 有软停车功能。即平滑减速，逐渐停机，它可以克服瞬间断电停机的弊病，减轻对重载机械的冲击，减少设备损坏。

③ 起动参数可调。可根据负载情况及电网继电保护特性选择起动参数，可自由地无级调整至最佳的起动电流。

（2）电动机软起动器的主要作用

1）有效降低了电动机的起动电流，可减少配电容量，避免电网增容投资。

2）减小了电动机及负载设备的起动应力，延长了电动机及相关设备的使用寿命。

3）软停机功能有效地解决了惯性系统的停车喘振问题，这是传统起动设备无法实现的。

4）具有多种起动模式，以适应复杂的电机和负载情况，起动效果好。

5）具有完善可靠的保护功能，可有效保护电动机及相关生产设备的使用安全。

6）电动机软起动器智能化、网络化技术的应用使得电动机控制技术能更好适应电气自动化技术的发展要求。

任务5.2.4 三相异步电动机的正反转控制及调速

任务导入

三相异步电动机的正反转控制是电动机控制环节中重要的控制过程。根据不同的工业生产和自动控制要求，电动机常需要采用正转和反转的运行方式。正反转控制需要通过改变电机的连接相序来实现。

任务目标

掌握典型的三相异步电动机正反转控制电路的构成和工作原理；能分析和绘制电气控制原理图。

1. 三相异步电动机正反转控制

三相异步电动机要实现正反转，将其电源的相序中任意两相对调即可（称之为换相），通常是V相不变，将U相与W相对调。为了保证两个接触器动作时能够可靠调换电动机的相序，接线时应使接触器的进线端子接线保持一致，在接触器的出线端子换相。由于将两相相序对调，故须确保两个KM线圈不能同时得电，否则会发生严重的相间短路故障，因此必须采取联锁。为安全起见，常采用按钮联锁（机械）与接触器联锁（电气）的双重联锁正反转控制电路（如图5-20所示）。图中使用了按钮联锁，即使同时按下正反转按钮，换相用的两接触器也不可能同时得电，机械上避免了相间短路。另外，由于采用了接触器联锁，所以只要其中一个接触器得电，其常闭触点就不会闭合，这样在机械、电气双重联锁的应用下，电动机不会发生相间短路，有效地保护了电动机，也避免烧坏接触器。

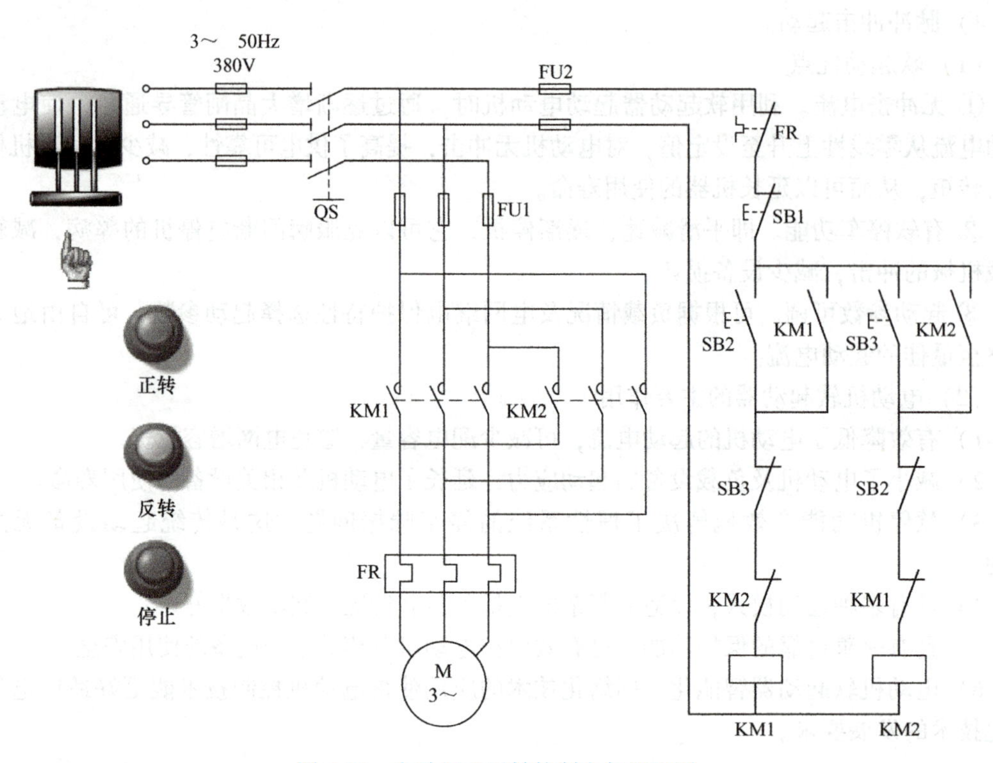

图 5-20 电动机正反转控制电气原理图

图中主回路采用两个接触器，即正转接触器 KM1 和反转接触器 KM2。当接触器 KM1 的三对主触头接通时，三相电源按 U — V — W 相序接入电动机。当接触器 KM1 的三对主触头断开，接触器 KM2 的三对主触头接通时，三相电源按 W — V — U 相序接入电动机，电动机就沿相反方向转动。电路要求接触器 KM1 和接触器 KM2 不能同时接通电源，否则它们的主触头将同时闭合，造成 U、W 两相电源短路。为此在 KM1 和 KM2 线圈各自支路中相互串联对方的一对辅助常闭触头，以保证接触器 KM1 和 KM2 不会同时接通电源，KM1 和 KM2 的这两对辅助常闭触头在电路中所起的作用称为联锁或互锁作用，这两对辅助常闭触头就叫联锁或互锁触头。

1）正向起动过程。按下起动按钮 SB2，接触器 KM1 线圈通电，与 SB2 并联的 KM1 的辅助常开触头闭合，以保证 KM1 线圈持续通电，串联在电动机回路中的 KM1 的主触头闭合，电动机正向运转。

2）停止过程。按下停止按钮 SB1，接触器 KM1 线圈断电，与 SB2 并联的 KM1 的辅助常开触头断开，以保证 KM1 线圈失电，串联在电动机回路中的 KM1 的主触头断开，切断电动机定子电源，电动机停转。

3）反向起动过程。按下起动按钮 SB3，接触器 KM2 线圈通电，与 SB3 并联的 KM2 的辅助常开触头闭合，以保证 KM2 线圈持续通电，串联在电动机回路中的 KM2 的主触头闭合，电动机反向运转。

2. 电动机调速方法

在生产机械中广泛使用的不改变同步转速的调速方法有转子串电阻调速（适用于绕线

转子电动机）、斩波调速、串级调速以及应用电磁转差离合器、液力偶合器、油膜离合器调速等。改变同步转速的调速方法有改变定子极对数调速、改变定子电压调速、变频调速等。

3. 电动机保护

电动机保护就是在电动机出现过载、断相、堵转、短路、过电压、欠电压、漏电、三相不平衡、过热、轴承磨损、定转子偏心等故障时，予以报警或保护。为电动机提供保护的装置是电动机保护器，包括热继电器、电子式保护器和智能型保护装置，目前大型和重要电动机一般采用智能型保护装置。

任务 5.2.5　PLC 控制电动机

在工业生产中，常用可编程控制器（PLC）控制电动机的运行与调速。PLC 控制技术目前在工业领域中应用广泛。

任务目标

学习 PLC 的基础知识；掌握 S7－200 系列 PLC 的基本指令，掌握各种指令的使用方法。

PLC 是以微处理器为基础的通用工业控制装置，如图 5-21 所示。PLC 功能强大、使用方便，已经成为当代工业自动化的重要装置之一。

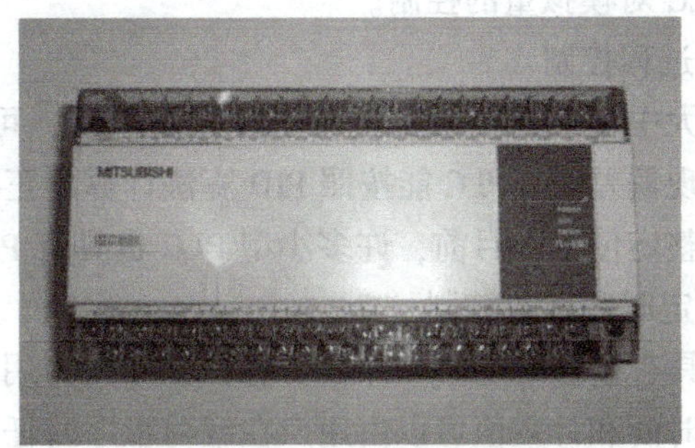

图 5-21　PLC 实物

1. PLC 介绍

可编程控制器（PLC）采用了可编程序的存储器，用来存储执行逻辑运算、顺序控制、定时、计数和算术运算等操作指令，并通过数字量或模拟量的输入和输出，控制各种类型的机械或生产过程。PLC 及其相关的外围设备，都应按易于与工业控制系统形成一个整体、易于扩充其功能的原则设计。

PLC 产品种类繁多，其规格和性能也各不相同。

1）按结构形式分类。根据 PLC 的结构形式不同，可将 PLC 分为整体式和模块式两类。

① 整体式 PLC。整体式 PLC 是将电源、CPU、I/O 接口等部件都集中装在一个机箱内，具有结构紧凑、体积小、价格低的特点。整体式 PLC 一般还可配备特殊功能单元，如模拟量单元、位置控制单元等，使其功能得以扩展。

② 模块式 PLC。模块式 PLC 将 PLC 的各组成部分分别做成若干个单独的模块，如 CPU 模块、I/O 模块、电源模块（有的含在 CPU 模块中）以及各种功能模块。模块式 PLC 由框架或基板和各种模块组成，模块装在框架或基板的插座上。模块式 PLC 的特点是配置灵活，可根据需要选配不同规模的系统，而且装配方便，便于扩展和维修。大、中型 PLC 一般采用模块式结构。

2）按功能分类。根据 PLC 的功能不同，可将 PLC 分为低档、中档、高档三类。

3）按 I/O 点数分类。根据 PLC 的 I/O 点数多少，可将 PLC 分为小型、中型和大型三类。

2. PLC 的功能

PLC 综合了继电器-接触器控制的优点及计算机灵活、方便的优点，这就使 PLC 具有许多其他控制器所无法相比的特点。

（1）开关量逻辑控制

PLC 具有强大的逻辑运算能力，可以实现各种简单的和复杂的逻辑控制，已取代传统的继电器-接触器控制。

（2）模拟量控制

PLC 中配置有 A－D 模块和 D－A 模块。A－D 模块能将现场的温度、压力、流量、速度等模拟量转换为数字量，再经 PLC 中的微处理器进行处理（微处理器处理的只能是数字量），然后进行控制；或者再经 D－A 模块转换后变成模拟量，然后控制被控对象，这样就可实现 PLC 对模拟量的控制。

（3）过程控制

现代大中型 PLC 一般都配备 PID 控制模块，可进行闭环过程控制。当控制过程中某一个变量出现偏差时，PLC 能按照 PID 算法计算出正确的输出，进而控制调整生产过程，把变量保持在整定值上。目前，许多小型 PLC 也具有 PID 控制功能。

（4）定时和计数控制

PLC 具有很强的定时和计数功能，它可以为用户提供几十甚至上百个定时器和计数器。其计时的时间和计数值可以由用户在编写程序时任意设定，也可以由操作人员在工业现场通过编程器进行设定，进而实现定时和计数控制。如果用户需要对频率较高的信号进行计数，可以选择高速计数模块。

（5）顺序控制

在工业控制中，可采用 PLC 步进指令编程或用移位寄存器编程来实现顺序控制。

（6）数据处理

PLC 不仅能进行算术运算、数据传送、排序及查表等操作，还能进行数据比较、数据转换、数据通信、数据显示和打印等操作，具有很强的数据处理能力。

（7）通信和联网

现代 PLC 大多数都采用了通信、网络技术，有 RS－232 或 RS－485 接口，可进行远程 I/O 控制。多台 PLC 间可以联网、通信，外部器件与一台或多台可编程控制器的信号处理单元之间可以实现程序和数据交换，如程序转移、数据文档转移、监视和诊断。通信接口或通信处理器按标准的硬件接口或专有的通信协议完成程序和数据的转移。

3. PLC 的基本结构和工作原理

作为一种工控计算机，PLC 和普通计算机有着相似的结构，但是由于使用场合不同，在结构上又有一些差别。

(1) PLC 的硬件组成

PLC 硬件系统的基本结构框图如图 5-22 所示。

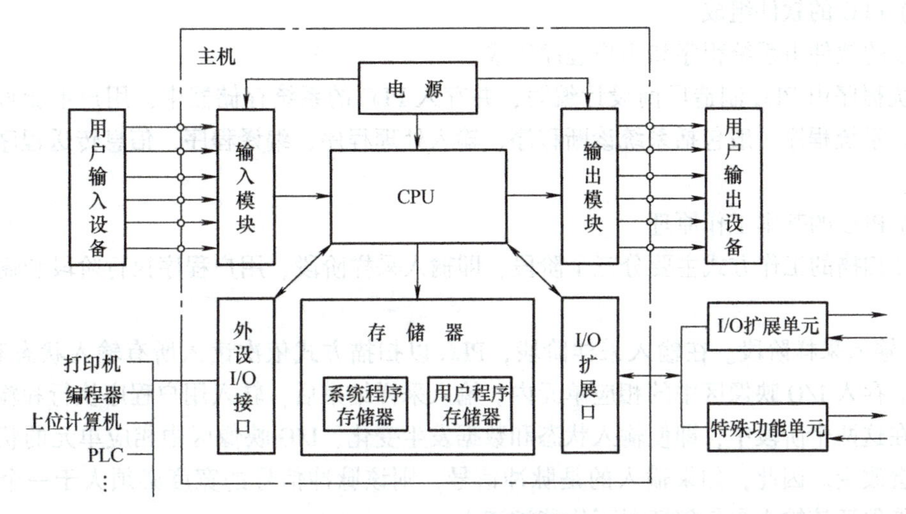

图 5-22 PLC 硬件结构

在图 5-22 中，PLC 的主机由 CPU、存储器（EPROM、RAM）、输入/输出模块、外设 I/O 接口、通信接口及电源等部件组成。

1）CPU。CPU 是 PLC 的控制中枢，PLC 在 CPU 的控制下有条不紊地协调工作，从而对现场的各个设备进行控制。CPU 由微处理器和控制器组成，它可以实现逻辑运算和数学运算，协调控制系统内部各部分的工作。

2）存储器。PLC 配有两种存储器，即系统存储器和用户存储器。系统存储器用来存放系统管理程序，用户不能访问和修改这部分存储器的内容。用户存储器用来存放编制的应用程序和工作数据状态。存放工作数据状态的用户存储器部分也称为数据存储区，它包括输入/输出数据映像区、定时器/计数器预置数和当前值的数据区及存放中间结果的缓冲区。

3）输入/输出（I/O）模块

① 开关量输入模块。开关量输入设备是各种开关、按钮、传感器等，PLC 的输入类型通常可以是直流、交流和交直流。输入电路的电源可由外部供给，也可由 PLC 内部提供。

② 开关量输出模块。开关量输出模块的作用是将 CPU 执行用户程序所输出的 TTL 电平的控制信号转化为生产现场所需的能驱动特定设备的信号，以驱动执行机构动作。

4）编程器。编程器是 PLC 重要的外部设备，利用编程器可将用户程序送入 PLC 的用户程序存储器，调试程序、监控程序的执行过程。编程器从结构上可分为以下三种类型：①简易编程器；②图形编程器；③通用计算机编程器。

5）电源。电源单元的作用是把外部电源（220V 的交流电源）转换成内部工作电压。外部连接的电源，通过 PLC 内部配有的专用开关式稳压电源，将交流/直流供电电源转化为

PLC 内部电路需要的工作电源（直流5V、±12V、24V），并为外部输入设备（如接近开关）提供24V 直流电源（仅供输入点使用）。驱动 PLC 负载的电源由用户提供。

6）外设 I/O 接口。I/O 接口电路用于连接手持编程器或其他图形编程器、文本显示器，并能通过外设 I/O 接口组成 PLC 的控制网络。PLC 使用 PC/PPI 电缆或者 MPI 卡通过 RS-485 接口与计算机连接，可以实现编程、监控、联网等功能。

(2) PLC 的软件组成

PLC 的软件由系统程序和用户程序组成。

系统程序由 PLC 制造厂商设计编写，并存入 PLC 的系统存储器中，用户不能直接读写与更改。系统程序一般包括系统诊断程序、输入处理程序、编译程序、信息传送程序及监控程序等。

(3) PLC 的基本工作原理

PLC 扫描的工作方式主要分三个阶段，即输入采样阶段、用户程序执行阶段和输出刷新阶段。

1）输入采样阶段。在输入采样阶段，PLC 以扫描方式依次读入所有输入状态和数据，并将它们存入 I/O 映像区中的相应单元内。输入采样结束后，转入用户程序执行和输出刷新阶段。在这两个阶段中，即使输入状态和数据发生变化，I/O 映像区中相应单元的状态和数据也不会改变。因此，如果输入的是脉冲信号，则该脉冲信号的宽度必须大于一个扫描周期，才能保证该输入在任何情况下均能被读入。

2）用户程序执行阶段。在用户程序执行阶段，PLC 总是按由上而下的顺序依次扫描用户程序（梯形图）。在扫描每一条梯形图时，又总是先扫描梯形图左边由各触点构成的控制电路，并按先左后右、先上后下的顺序对由触点构成的控制电路进行逻辑运算；然后根据逻辑运算的结果，刷新在系统 RAM 存储区中对应位的状态，或者刷新该输出在 I/O 映像区中对应位的状态，或者确定是否要执行该梯形图所规定的特殊功能指令。

3）输出刷新阶段。当用户程序扫描结束后，PLC 就进入输出刷新阶段。

4. PLC 的编程语言

PLC 的用户程序，是设计人员根据控制系统的工艺控制要求，遵循 PLC 编程语言的编制规范，按照实际需要的功能来设计的。

PLC 有 5 种标准编程语言：梯形图、指令表、功能模块图、顺序功能流程图、结构化文本。

1）梯形图。梯形图是 PLC 程序设计中最常用的编程语言。它是与继电器线路类似的一种编程语言。电气原理图与梯形图示例如图 5-23 所示。梯形图符号含义见表 5-4。

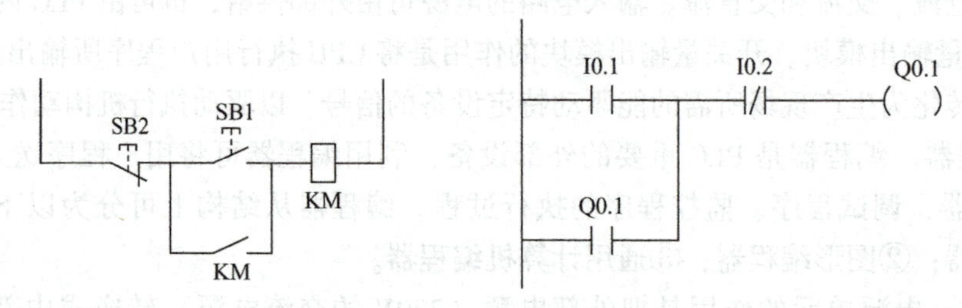

图 5-23　电气原理图及梯形图

表 5-4 梯形图符号含义

名　　称		梯形图符号
触头	常开触头	─┤├─
	常闭触头	─┤/├─
线圈		─(　)
数据处理指令		─[　]
母线		├……┤

梯形图中的位操作指令由触头或线圈符号和直接位地址两部分组成。梯形图中的触头符号代表 CPU 对存储器的读操作。当 CPU 运行扫描到触头符号时，到触头位地址指定的存储器位访问。若该位数据为“1”，则触头为动态（常开触头闭合，常闭触头断开）；若该位数据为“0”，则触头为常态（常开触头断开，常闭触头闭合）。由于 CPU 对同一个存储器位的读操作次数没有限制，所以在用户程序中，常开、常闭触头使用的次数不受限制。

梯形图的线圈符号代表 CPU 对存储器的写操作。线圈左侧触头组成逻辑运算关系，若逻辑运算结果为“1”，则电能可以到达线圈，使线圈通电，CPU 将线圈位地址指定的存储器位置“1”；若逻辑运算结果为“0”，则线圈断电，CPU 将线圈位地址指定的存储器位置“0”。由于 PLC 采用自上而下的扫描方式工作，在用户程序中，如果同一个线圈使用多次，则其状态以最后一次输出为准。

2）指令表。指令表是与汇编语言类似的一种助记符编程语言。在指令表中，位操作指令由指令助记符和操作数两部分组成，操作数由可以进行位操作的寄存器元件及地址组成。基本位操作指令操作数的寻址范围是：I（输入继电器）、Q（输出继电器）、M（内部标志位存储器）、SM（特殊标志位存储器）、T（定时器）、C（计数器）、V（全局变量存储器）、S（状态继电器）、L（局部变量存储器）。在无计算机的情况下，适合采用 PLC 手持编程器对用户程序进行编制。同时，指令表与梯形图一一对应，在 PLC 编程软件下可以相互转换，如图 5-24 所示。

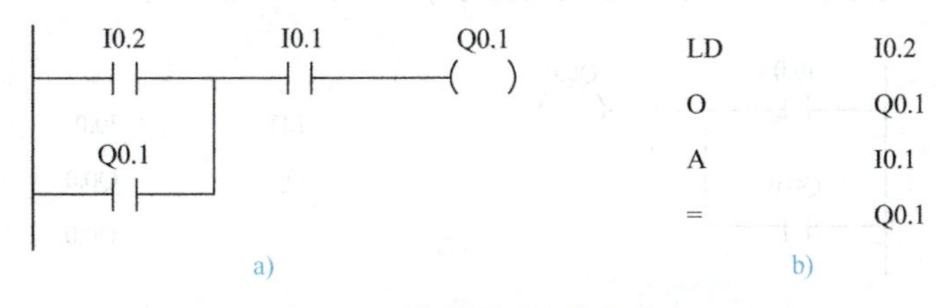

图 5-24 梯形图对应的指令表

3）功能模块图。功能模块图是与数字逻辑电路类似的一种 PLC 编程语言。采用功能模块图的形式来表示模块所具有的功能，不同的功能模块有不同的功能。

4）顺序功能流程图。顺序功能流程图是为了满足顺序逻辑控制而设计的编程语言。编程时将顺序流程动作的过程分成步和转换条件，根据转移条件对控制系统的功能流程顺序进行分配，逐步按顺序动作。每一步代表一个控制功能任务，用方框表示。在方框内含有用于完成相应控制功能任务的梯形图逻辑。

5）结构化文本。结构化文本语言是用结构化文本来描述程序的一种编程语言。它是类似于高级语言的一种编程语言。在大中型 PLC 系统中，常采用结构化文本来描述控制系统中各变量的关系，主要用于其他编程语言较难实现的用户程序编制。

5. PLC 基本指令

1）取指令（LD）：装载常开触头指令，对应梯形图从左侧母线开始，连接常开触头，如图 5-25a 所示。

取反指令（LDN）：装载常闭触头指令，对应梯形图从左侧母线开始，连接常闭触头，如图 5-25b 所示。

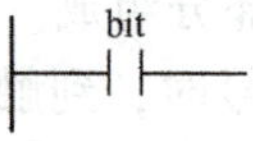

bit　　LD　bit

a) 取指令

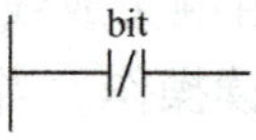

bit　　LDN　bit

b) 取反指令

图 5-25　取指令、取反指令

2）与指令（A）：用于单个常开触头的串联，如图 5-26 所示。

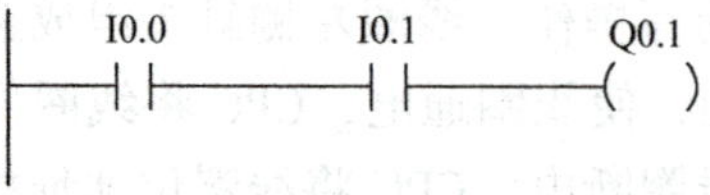

I0.0　I0.1　Q0.1

a) 梯形图

LD	I0.2
A	I0.1
=	Q0.1

b) 指令表

图 5-26　与指令

与非指令（AN）：用于单个常闭触头的串联，如图 5-27 所示。

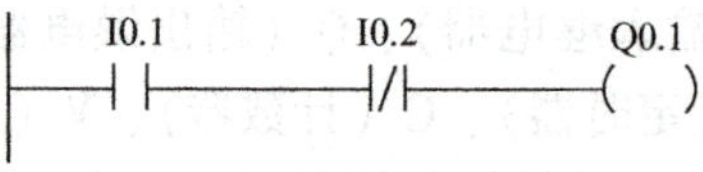

I0.1　I0.2　Q0.1

a) 梯形图

LD	I0.0
AN	I0.2
=	Q0.1

b) 指令表

图 5-27　与非指令

3）或指令（O）：用于单个常开触头的并联，如图 5-28 所示。

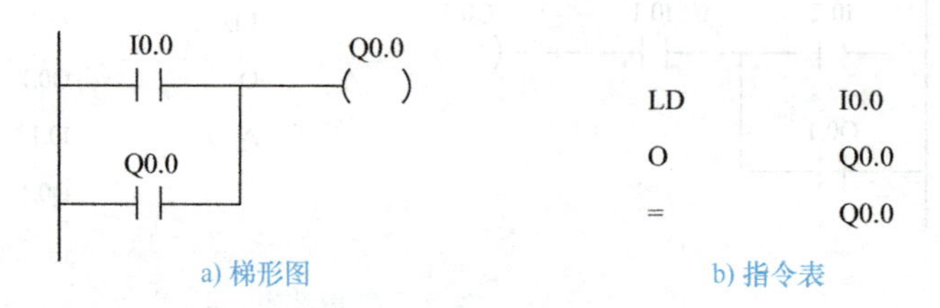

图 5-28　或指令

或非指令（ON）：用于单个常闭触头的并联，如图 5-29 所示。

4）输出指令（=）：在执行输出指令时，映像寄存器中的指定参数位被接通，如图 5-30 所示。

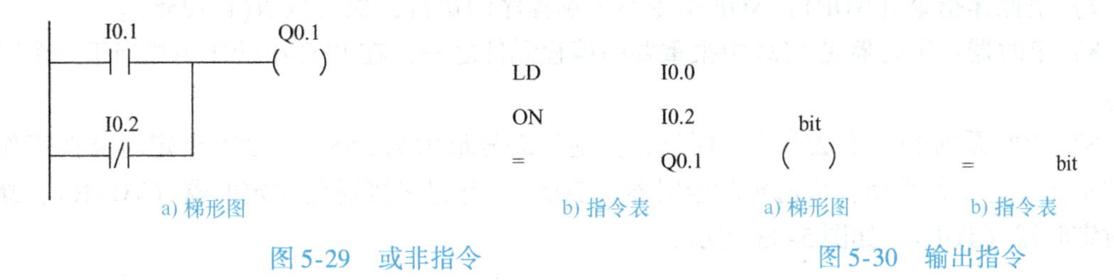

图 5-29 或非指令　　图 5-30 输出指令

指令使用时注意事项：

① LD、LDN 指令的操作数可以是输入继电器（I）、输出继电器（Q）、辅助继电器（M）、特殊标志位存储器（SM）、定时器（T）、计数器（C）、全局变量存储器（V）、状态继电器（S）、局部变量存储器（L）。

② LD、LDN 指令除了用于与母线相连的常开或常闭触点的逻辑运算，也可以在分支电路块的开始使用。

③ 并联的输出指令可连续使用任意次。

④ 线圈输出指令不能驱动输入继电器（I）。

⑤ 在同一程序中不能使用双线圈输出，即同一个输出元器件在同一程序中只使用一次。

5）正跳变指令（EU）：在检测到一个正跳变（从 OFF 到 ON）之后，使电路接通一个扫描周期，如图 5-31a 所示。

负跳变指令（ED）：在检测到一个负跳变（从 ON 到 OFF）之后，使电路接通一个扫描周期，如图 5-31b 所示。

图 5-31 正负跳变指令

6）置位指令（S）：执行置位（置 1）指令时，从 bit 或 OUT 指定的地址参数开始的 N 个点都被置位。

复位指令（R）：执行复位（置 0）指令时，从 bit 或 OUT 指定的地址参数开始的 N 个点都被复位。

置位与复位的点数可以是 1 ~ 255，当用复位指令时，如果 bit 或 OUT 指定的是 T 或 C，那么定时器或计数器被复位，同时当前值将被清零。置位、复位指令如图 5-32 所示。

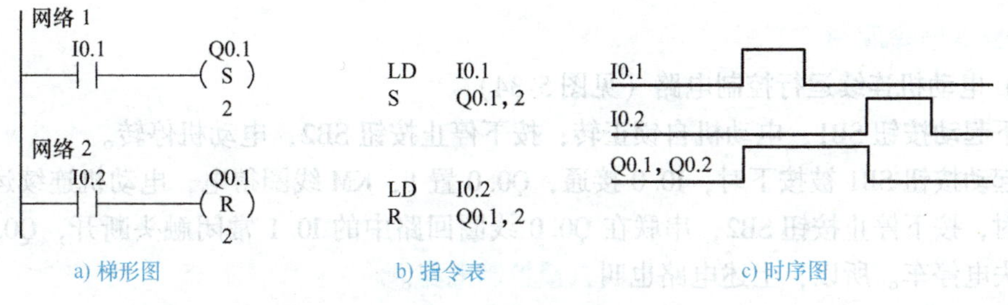

图 5-32 置位、复位指令

7）空操作指令（NOP）：NOP 指令不影响程序的执行，执行数 N(1～255)。

8）定时器：定时器是 PLC 中很重要的编程元件之一，在 PLC 中的作用相当于一个时间继电器。

S7－200 系列 PLC 有 256 个定时器，其地址编号最大为 255。这 256 个定时器按工作方式的不同分为三种类型：接通延时定时器（TON）、有记忆接通延时定时器（TONR）、断开延时定时器（TOF），如图 5-33 所示。

a) 接通延时定时器　b) 有记忆接通延时定时器　c) 断开延时定时器

图 5-33　定时器

IN：表示输入的是一个位置逻辑信号，起使能输入端的作用。

T×××：表示定时器的编号，为常数 0～255。

PT：定时器的初值，数据类型为 INT 型（整型）。操作数可为 VW、IW、QW、MW、SW、SMW、LW、AIW、T、C、AC、*VD、*AC、*LD 或常数，其中常数最为常用。

① 接通延时定时器（TON）。输入端 IN 接通时，接通延时定时器开始计时，当定时器当前值等于或大于设定值 PT 时，该定时器位被置为 1。定时器累计值达到设定时间后，继续计时，一直计到最大值 32767。输入端 IN 断开时，定时器复位，即当前值为 0。

② 有记忆接通延时定时器（TONR）。输入端 IN 接通时，有记忆接通延时定时器开始计时，当定时器当前值等于或大于设定值 PT 时，该定时器位被置为定时器累计值。达到设定时间后，继续计时，直到最大值 32767。

输入端 IN 断开时，定时器的当前值保持不变，定时器位不变。输入端 IN 再次接通时，定时器当前值从原保持值开始继续向上计时，即可累计多次输入信号的接通时间。保持的当前值可利用复位指令（R）清除。

③ 断开延时定时器（TOF）。输入端 IN 接通时，定时器位被置为 1，并把当前值设为 0。输入端 IN 断开时定时器开始计时，当当前值等于设定值时，定时器位断开为 0，并且停止计时。

6. 基本指令应用

（1）电动机连续运行控制电路（见图 5-34）

按下起动按钮 SB1，电动机自锁正转；按下停止按钮 SB2，电动机停转。

当起动按钮 SB1 被按下时，I0.0 接通，Q0.0 置 1，KM 线圈得电，电动机连续运行。需要停车时，按下停止按钮 SB2，串联在 Q0.0 线圈回路中的 I0.1 常闭触头断开，Q0.0 置 0，电动机失电停车。所以，上述电路也叫自锁控制电路。

（2）电动机可逆运行控制电路

该电路是在单向运转电路的基础上增加一个反转起动按钮和一只反转接触器，在实际运

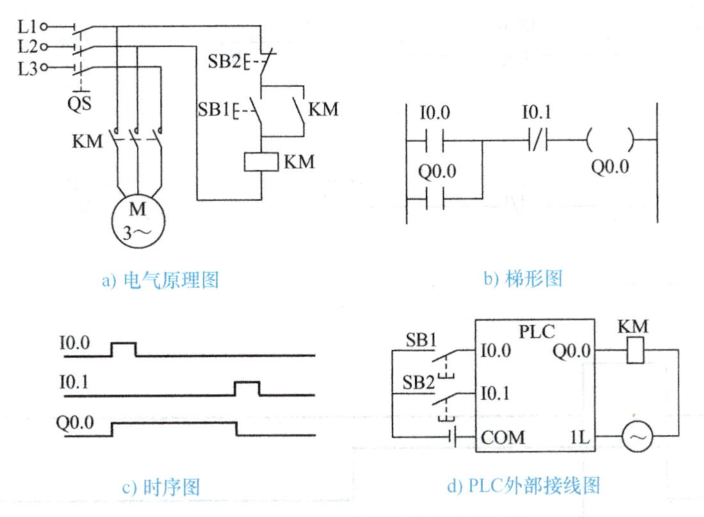

a) 电气原理图　　b) 梯形图

c) 时序图　　d) PLC外部接线图

图 5-34　电动机连续运行控制电路

行过程中，考虑正、反转两个接触器不能同时接通，在两个接触器的控制电路中分别串联另一个接触器的常闭触头，即形成互锁电路。对应的梯形图程序如图 5-35 所示。

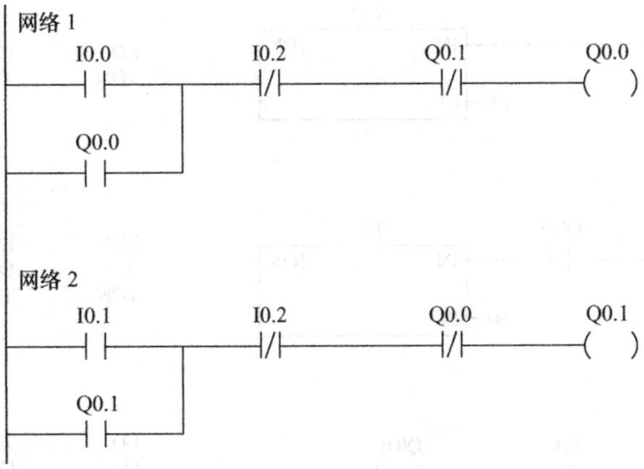

网络 1
I0.0　I0.2　Q0.1　Q0.0
Q0.0

网络 2
I0.1　I0.2　Q0.0　Q0.1
Q0.1

图 5-35　电动机可逆运行梯形图

（3）瞬时接通/延时断开电路

瞬时接通/延时断开电路要求在输入信号有效时，马上有输出，输入信号无效后，输出信号延时一段时间停止。其梯形图、指令语句表、时序图如图 5-36 所示。

在梯形图程序中用到一个编号为 T37 的定时器，在 I0.0 有输入的瞬间，Q0.0 有输出并保持，当 I0.0 变为 OFF 时，T37 开始计时，3s 后定时器触点闭合，使输出 Q0.0 断开。即 I0.0 断开后，Q0.0 延时 3s 断开。

（4）延时接通/延时断开电路

延时接通/延时断开电路要求在输入信号有效时，延时一段时间输出信号才接通；输入信号断开后，输出信号延时一段时间才断开。与瞬时接通/延时断开电路相比，在该电路中多加了一个输入延时，如图 5-37 所示。

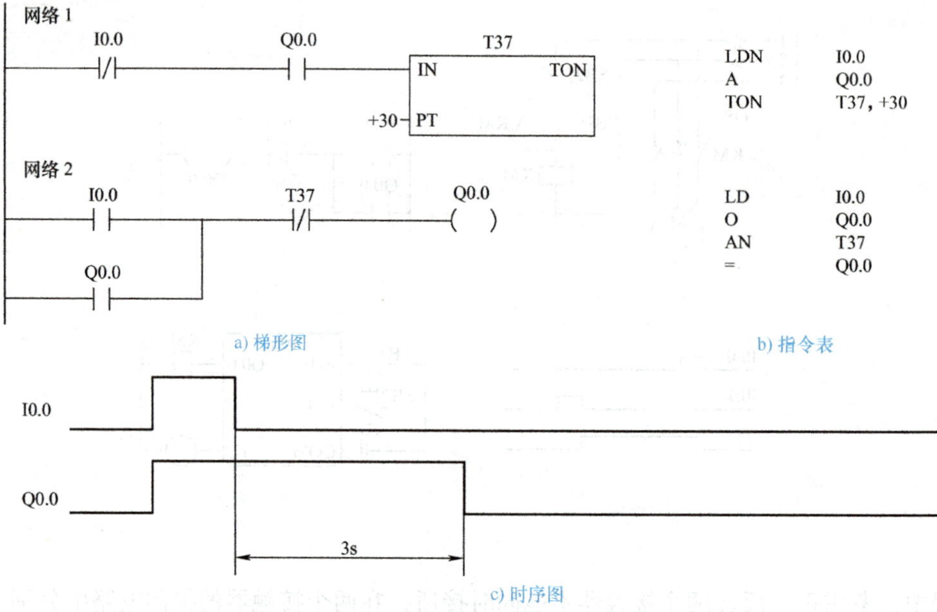

a) 梯形图　　b) 指令表

c) 时序图

图 5-36　瞬时接通/延时断开电路

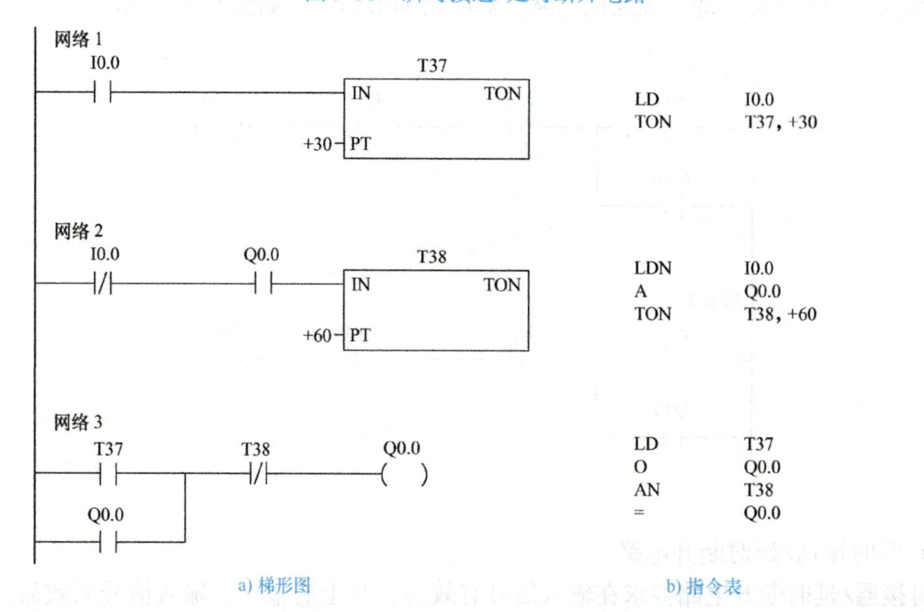

a) 梯形图　　b) 指令表

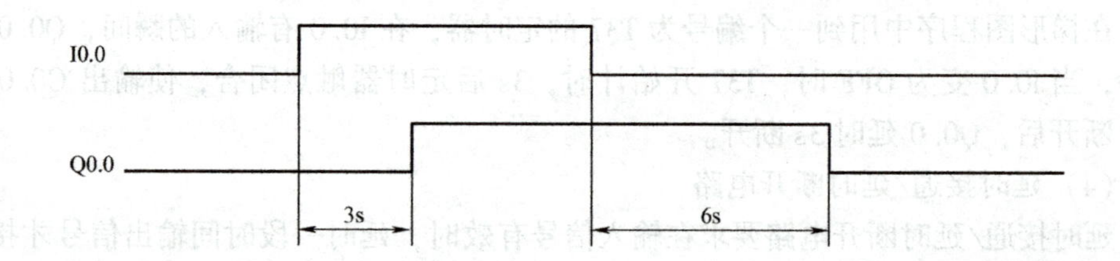

c) 时序图

图 5-37　延时接通/延时断开电路

思考与练习7

一、填空题

1. 把________能变换为________能的电机称为电动机。

2. 三相笼型异步电动机减压起动常用的方法有________、________及________。

3. 变频调速是通过改变电源频率，使电动机的________变化，从而达到调速的目的。

4. 三相异步电动机旋转磁场的方向由________决定。

5. Y-△起动适用于定子绕组正常接法为________的三相笼型异步电动机。

6. 三相笼型异步电动机主要由________和________组成。

7. 接触器的结构主要由________、________和________等组成。

8. 线圈未通电时触头处于断开状态的触头称为________，处于闭合状态的触头称为________。

9. PLC是在________控制系统的基础上发展起来的。

二、单项选择题

1. 三相异步电动机的额定转速为 $n_N = 970\text{r/min}$，其转差率 s_N 为（ ）。

A. 0.04　B. 0.03　C. 0.02　D. 0.01

2. 为了使三相异步电动机能采用Y-△减压起动，电动机在正常运行时必须是（ ）。

A. 星形联结　B. 三角形联结

C. 星/三角形联结　D. 延边三角形联结

3. 变极调速适用于三相（ ）异步电动机。

A. 笼型转子　B. 绕线转子

C. 笼型转子和绕线转子　D. 杯型转子

4. 三相异步电动机带额定负载运行时，若电源电压下降，电机转速将（ ）。

A. 不变　B. 上升　C. 下降

5. 一台三相笼型异步电动机接在交流电源上工作，其额定转速 $n_N = 960\text{r/min}$，该电动机的磁极对数为（ ）。

A. $p=1$　B. $p=2$　C. $p=3$　D. $p=4$

6. 要改变三相异步电动机的转向，须改变（ ）。

A. 电源电压　B. 电源频率　C. 电源有效值　D. 电源相序

7. 三相异步电动机的转差率变化范围是（ ）。

A. $0 \leqslant s \leqslant 1$　B. $0 < s \leqslant 1$　C. $0 < s < 1$　D. $0 \leqslant s < 1$

8. 一台磁极对数为6的异步电动机，其旋转磁场的转速 n_0 应为（ ）。

A. 1000r/min　B. 1500r/min　C. 500r/min　D. 3000r/min

9. 异步电动机的最大转矩（ ）。

A. 与短路电抗无关　B. 与电源电压无关

C. 与电源频率无关　D. 与转子电阻无关

10. 大型异步电动机不允许直接起动，其原因是（ ）。

A. 机械强度不够 B. 电机温升过高

C. 起动过程太快 D. 对电网冲击太大

11. 选用交流接触器应全面考虑（ ）的要求。

A. 额定电流、额定电压、吸引线圈电压、辅助触头数量

B. 额定电流、额定电压、吸引线圈电压

C. 额定电流、额定电压、辅助触头数量

D. 额定电压、吸引线圈电压、辅助触头数量

三、简答题

1. 电动机的常用调速方法有哪几种？

2. 三相笼型异步电动机减压起动的方法有哪些？各有什么特点？

3. 什么是三相异步电动机的同步转速？它的大小与哪些因素有关？

4. 电气原理图中QS、FU、KM、KA、KI、KT、SB、SQ分别是什么电器元件的文字符号？

5. 从接触器的结构上，如何区分交流接触器和直流接触器？

6. 简述可编程序控制器的常用编程语言。

7. 请将下列指令表程序转化成梯形图。

```
LD    I0.0
A     I0.1
LD    I0.2
LDN   I0.3
OI    I0.4
ALD
OLD
=     Q0.0
```

技能训练8 电动机的全压起动（自锁）控制电路

1. 实训目的

1）熟悉按钮、断路器、交流接触器、热继电器的工作原理。

2）掌握电动机全压起动控制电路的原理。

2. 实训设备、仪器、工具

1）万用表一只、螺钉旋具一套。

2）电动机一台、断路器一只、交流接触器一只、热继电器一只、按钮红色与绿色各一只、导线若干。

3. 实训原理

电动机全压起动控制电路的电气原理图如图5-38所示，电气接线图如图5-39所示。

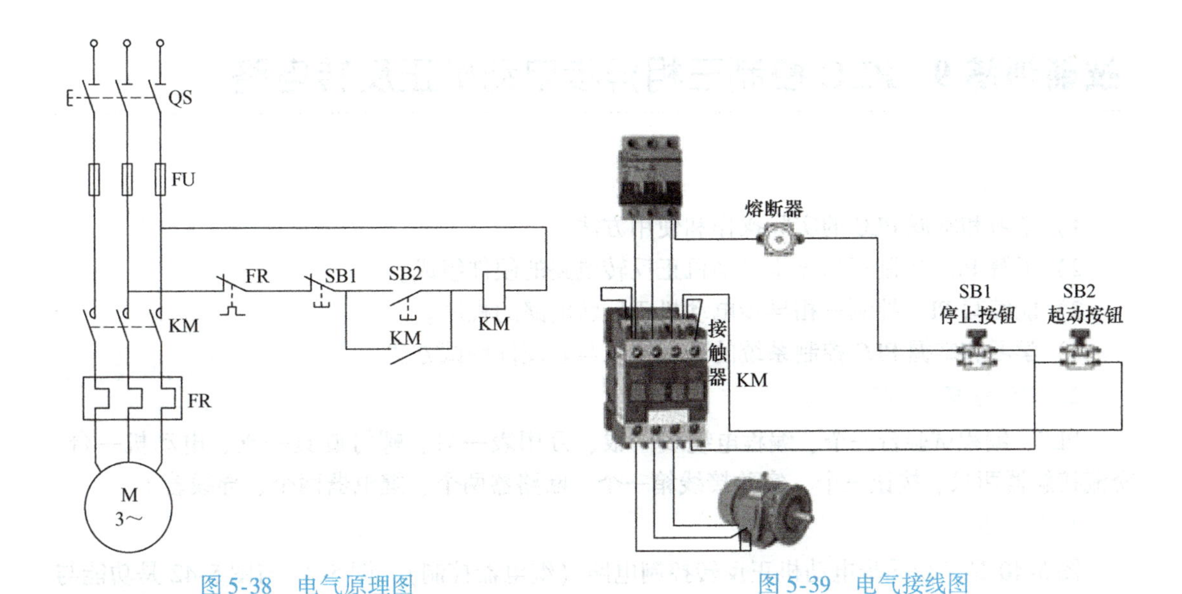

图 5-38 电气原理图 图 5-39 电气接线图

按下按钮 SB2→接触器 KM 线圈得电→KM 主触头和辅助常开触头闭合→电动机 M 全压起动运行。

松开按钮 SB2→接触器 KM 的辅助常开触头仍闭合，KM 线圈继续得电→KM 主触头也保持闭合→电动机 M 连续运转。

按下停止按钮 SB1→KM 线圈失电→主触头和辅助常开触头断开→电动机停转。

在电动机连续运行控制电路中，当起动按钮松开后，接触器 KM 的线圈通过其辅助常开触头的闭合仍继续保持通电，从而保证电动机的连续运行。这种依靠接触器自身辅助常开触头的闭合而使线圈保持通电的控制方式，称自锁或自保。

4. 实训步骤

1）用万用表检查交流接触器、断路器、按钮、热继电器，应良好无损坏。

2）按照电气接线图连接实物。

3）检查无误后通电。合上隔离开关，观察，无异常，继续下一步。

4）按下起动按钮 SB2，电动机应运转，松开 SB2 按钮，电动机应继续运转。按下停止按钮 SB1，电动机应停转。

5）完成实训报告。

5. 思考题

1）本实训中，使电动机持续运转的部件是什么？

2）熔断器和热继电器的作用是什么？

3）“断路器具有短路保护作用，所以广泛地代替隔离开关和熔断器。”这句话的表述对吗？

技能训练 9 PLC 控制三相异步电动机正反转电路

1. 实训目的

1）学习和掌握 PLC 的实际操作和使用方法。

2）了解 PLC 控制三相异步电动机正反转电路的硬件组成。

3）能编写 PLC 控制三相异步电动机正反转电路的程序。

4）学习和掌握 PLC 控制系统的现场接线与软硬件调试方法。

2. 实训设备、仪器、工具

PLC、编程试验台一个、编程电缆线一根、万用表一只、螺钉旋具一支、电动机一台、交流接触器两只、按钮三个、实验接线箱一个、断路器两个、继电器两个、导线若干。

3. 实训原理

图 5-40 是三相异步电动机正反转控制电路（继电器控制），图 5-41 与图 5-42 是功能与它相同的 PLC 控制系统的外部接线图和梯形图，其中，KM1 和 KM2 分别是控制正转运行和反转运行的交流接触器。

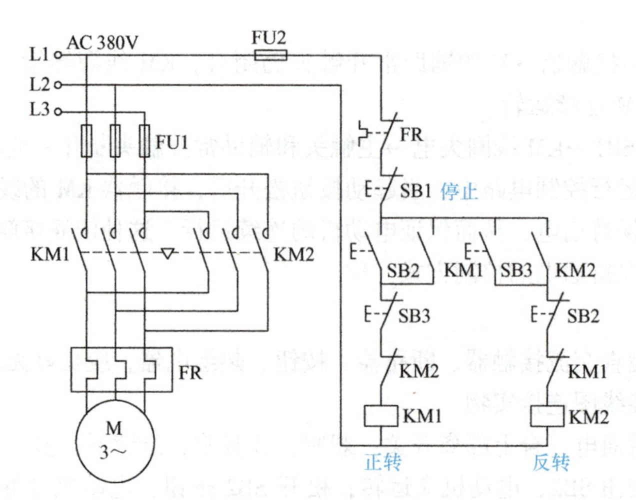

图 5-40 三相异步电动机正反转控制电路（继电器控制）

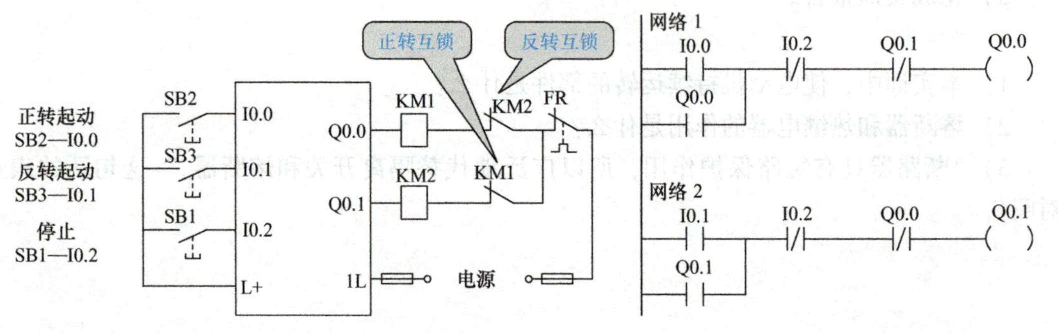

图 5-41 PLC 控制系统的外部接线图

图 5-42 PLC 控制系统的梯形图

4. 实训步骤

(1) 接线

按照控制电路的要求，将正转起动按钮、反转起动按钮和停止按钮接入 PLC 的输入端，将正转继电器和反转继电器接入 PLC 的输出端。注意正转、反转控制继电器必须有互锁。

(2) 编程和下载

在个人计算机运行编程软件 STEP 7 Micro-WIN4.0，首先对电动机正反转控制程序的 I/O 接口及存储器进行分配和符号表的编辑，然后实现电动机正反转控制程序的编制，并通过编程电缆传送到 PLC 中。在 STEP 7 Micro-WIN4.0 中，单击“查看”视图中的“符号表”，弹出图 5-43 所示窗口，在符号栏中输入符号名称（中英文均可），在地址栏中输入寄存器地址。

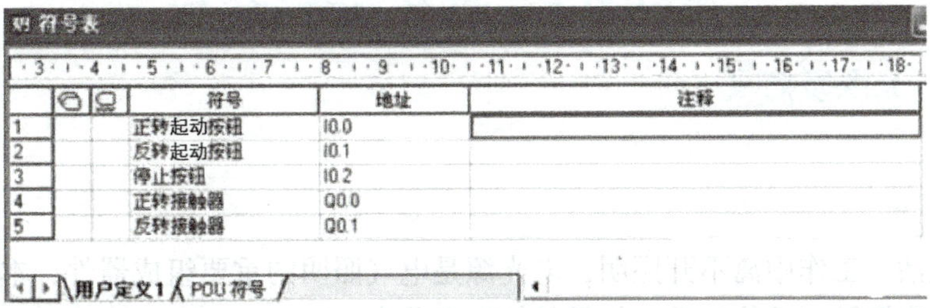

符号表

			符号	地址	注释
1			正转起动按钮	I0.0	
2			反转起动按钮	I0.1	
3			停止按钮	I0.2	
4			正转接触器	Q0.0	
5			反转接触器	Q0.1	

用户定义1 POU 符号

图 5-43 符号表

图符号表定义完符号地址后，在程序块中的主程序内输入程序。

注意当菜单“察看”中“√符号寻址”选项选中时，输入地址，程序中自动出现的是符号编址。若选中“查看”菜单的“符号信息表”选项，每一个网络中都有程序中相关符号信息。

(3) 程序监控与调试

通过个人计算机运行编程软件 STEP 7 Micro-WIN4.0，在软件中应用程序监控功能和状态监视功能，监测 PLC 中各按钮的输入状态和继电器的输出状态。

5. 实训前的准备

1) 预习实验报告，复习教材的相关章节。

2) 熟悉 PLC 编程工具、编程方法以及调试监控方法。

3) 根据实训电路，编写好如下程序（梯形图、指令语句均可）。

① 按“正转起动”按钮，主轴正转；按“反转起动”按钮，主轴反转。但主轴由正转变反转或由反转变正转必须先停止。

② 无论主轴处于何种状态（正转、反转或停止），按“正转起动”按钮，主轴正转，按“反转起动”按钮，主轴反转。

6. 实训报告要求

画出调试好的程序梯形图，分析实训结果。

学习情境6

电气照明技术

通过本学习情境的学习，学生应掌握照明系统的组成；能进行照度计算、负荷计算及照明控制；熟悉建筑电气照明设计标准，常用光源及灯具的技术数据、性能指标，能读懂照明施工图并能正确连接。

本学习情境的教学重点包括照明系统的组成，照明原理图与施工图的转换，照度设计原则。教学难点包括照明施工图中各线路的性质以及开关、灯具、电源之间的连接。

项目 6.1　照明相关知识

任务 6.1.1　光源及灯具

任务导入

在日常生活、工作中离不开照明，电光源是电气照明的重要组成器件，本任务介绍基本光度量、常见光源及其性能参数、灯具的特性及分类。

任务目标

熟悉常用的光源及灯具的性能参数。

1. 基本光度量

（1）光通量

光源在单位时间内向周围空间辐射并能使人眼产生光感的能量，称为光通量，用符号 Φ 表示，单位为 lm（流明）。

（2）立体角与发光强度

1）立体角。以 O 点为原点作一射线，该射线围绕原点在空间运动，且最终仍回到初始位置，则射线所扫过的区域就形成一个锥面，该锥面所包围的空间称为立体角。

$$d\Omega = dA/r^2 \qquad (6\text{-}1)$$

式中，$d\Omega$ 为某方向的立体角元（sr）；dA 为包括给定点的射束截面积（mm^2）；r 为半径（mm）。立体角的单位为球面度（sr）。

2）发光强度（光强）。发光体在给定方向上的发光强度是该发光体在该方向的立体角 $d\Omega$ 内传输的光通量 $d\Phi$ 与该立体角之比，即单位立体角的光通量，如图 6-1 所示，其公式为

$$I_\theta = d\Phi/d\Omega \qquad (6\text{-}2)$$

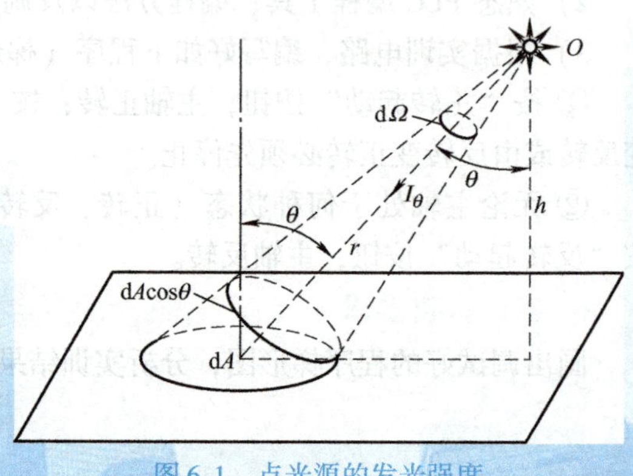

图 6-1　点光源的发光强度

单位为坎德拉（cd），1cd = 1lm/sr。

（3）照度

物体表面上一点的照度是入射在包含该点的面元上的光通量 dΦ 与该面元面积 dA 之比，即单位面积内所接受的光通量，如图 6-2 所示。

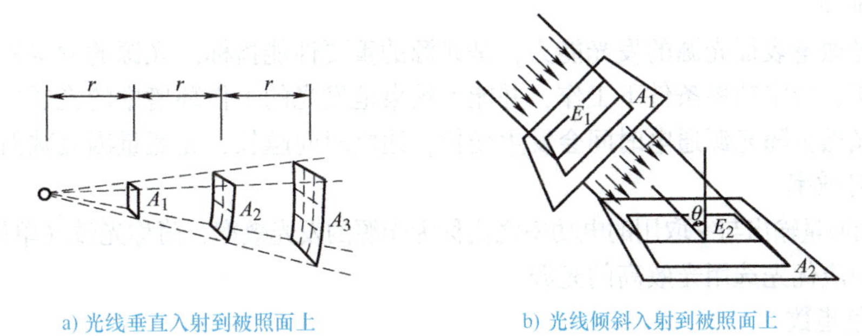

a) 光线垂直入射到被照面上　　b) 光线倾斜入射到被照面上

图 6-2　点光源的发光强度与照度的关系

其公式为

$$E = \mathrm{d}\Phi/\mathrm{d}A \tag{6-3}$$

单位为勒克斯（lx），1lx = 1lm/m^2。

（4）亮度

发光体在视线方向单位投影面积上的发光强度，称为该发光体表面的亮度，如图 6-3 所示，其公式为

$$L = \frac{\mathrm{d}I_\theta}{\mathrm{d}A \cdot \cos\theta} \tag{6-4}$$

单位为坎德拉每平方米（cd/m^2）。

图 6-3　亮度示意图

亮度的定义对于一次光源和被照物体是同等适用的。亮度是一个客观量，但它直接影响人眼的主观感觉。

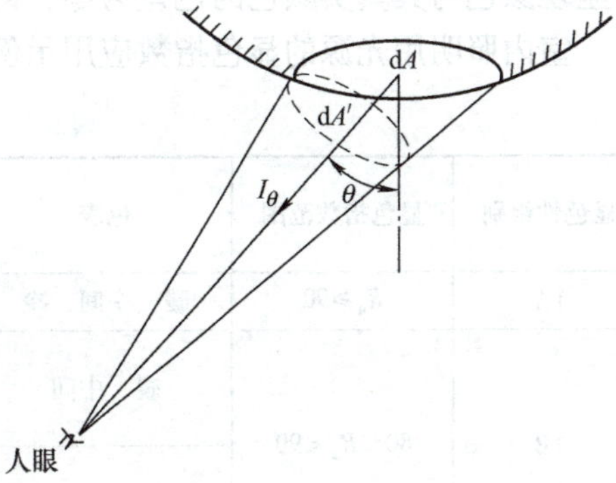

常用光度量参数的不同：光通量表征的是发光体的发光能力；光强表明了光源辐射光通量在空间的分布状况；照度表示被照面接受光通量的面密度，用来衡量被照面的照射程度；亮度则表明了直接发光体和间接发光体在视线方向上单位面积的发光强度，即物体表面的明亮程度。

2. 常见光源

（1）热辐射光源

热辐射光源指以热辐射作为光辐射原理的电光源，利用电能使物体加热到白炽程度而发光。目前主要是以钨丝作为辐射体。常见的有白炽灯和卤钨灯。

（2）气体放电光源

气体放电光源主要是以原子辐射形式产生光辐射。根据光源中气体的压力不同，又可分为低压气体放电光源或高压气体放电光源。低压气体放电光源有荧光灯和低压钠灯等，高压气体放电光源有高压钠灯、高压汞灯、金属卤化物灯、氙灯等。

(3) 固体光源

固体光源指在电场作用下，使固体物质发光的电源。它将电能直接转化为光能。常用的有 LED 灯。

3. 光源性能指标

(1) 光通量

光源的光通量表征光源的发光能力，是光源的重要性能指标。光源的额定光通量是指光源在额定电压、额定功率条件下工作，并能无约束地发光的工作环境中的光通量输出。

光源的光通量随光源通电时间会发生变化，通电时间越长，光通量因衰减而变得越小。

(2) 发光效率

光源的光通量输出与它取用的电功率之比称为光源的发光效率，简称光效（单位是 lm/W）。在照明设计中应优先选用光效高的光源。

(3) 显色指数

显色性指的是光源显现被照物体表面本来颜色的能力。物体表面颜色的显示除了取决于物体表面特征外，还取决于光源的光谱能量分布。不同光谱能量分布的光源，显现被照物体表面的颜色也会有所不同。光源的显色性通常用显色指数来表征，对某些颜色有特殊要求时则应采用特殊显色指数。显色指数是照明光源的一项重要的性能指标。显色指数可定量分析颜色样品在照明光源下与其真实颜色的符合程度，最大为 100，表示颜色样品在照明光源下所呈现颜色与其真实颜色的色差为零，即完全相符。

室内照明用光源的显色指数应用示例见表 6-1。

表 6-1　显色指数应用示例

显色性组别	显色指数范围	色表	应用示例	
			优　先　的	允　许　的
1A	$R_a \geq 90$	暖、中间、冷	颜色匹配、医疗诊断、画廊	
1B	$80 \leq R_a < 90$	暖、中间	家庭、旅馆、餐馆、商店、办公室、学校、医院	
		中间、冷	印刷、油漆纺织行业、视觉费力的工业生产	
2	$60 \leq R_a < 80$	暖、中间、冷	工业生产	办公室、学校
3	$40 \leq R_a < 60$		粗加工工业	工业生产
4	$20 \leq R_a < 40$			粗加工工业、显色性要求低的工业生产

(4) 色表

光源的色表指的是其表观颜色。在照明技术中一般用色温或相关色温表示光源的色表。

当某一光源的色度与某温度下的完全辐射体（黑体）的色度相同时，完全辐射体（黑体）的温度（绝对温度，单位为开尔文 K）即为该光源的色温。

色温为 2000K 的光源所发出的光呈橙色，2500K 左右呈浅橙色，3000K 左右呈橙白色，4000K 呈白色略带橙色，4500～7500K 近似白色。

同一色温下，照度值不同，人的感觉也不同。

光源的色表和显色性是两个不同的概念。例如荧光高压汞灯的灯光从远处看又白又亮，色表较好，但在该灯光下人的脸部呈现青色，说明它的显色性并不很好。

色表的选择是心理学、美学问题，它取决于照度、室内和家具的颜色、气候环境和应用场所条件等因素。通常在低照度场所宜用暖色表、中等照度用中间色表、高照度用冷色表，另外，在温暖气候条件下采用冷色表，而在寒冷条件下采用暖色表，一般情况下，采用中间色表。

常见光源的主要性能参数见表6-2。

表6-2 常见光源的主要性能参数

类别		型号	功率/W	色温/K	光通量/lm	显色指数	寿命/h
热辐射光源	白炽灯	PZ220-40	40	2900	350	95	1000
	卤钨灯	LZQ220-500	500	3000	8500	95	1000
低压气体放电光源	荧光灯	FH 35W	35		3300	>80	3000
	紧凑型荧光灯	S/E 9W	9		600	>80	5000
	环形荧光灯	YH22	22		1000	>80	5000
高压气体放电光源	金卤灯	HQI-E 70N	70		5000	>80	2000
	高压钠灯	NAV-T 150	150		14500	60	24000
		NAV-E 400	400		4700	70	2400
LED光源	筒灯	XS-TD85-3	3W	2700	240	>80	30000
	LED日光灯	XS-RG-25	25W	6500	2000	>80	30000
	嵌入式灯	XS-QP-1	1W	2700	350	>80	3000

4. 灯具概述

（1）灯具的组成

灯具指能透光并分配和改变光源光分布的器具，包括了除光源以外所有用于固定和保护光源所需的零件及电源连接器。实际应用中常把照明器当作灯具看待，照明器由电光源、照明灯具及其附属装置组成。灯具的主要作用是将电光源合理布置、安装固定，并实现与电源的连接，保护光源不受外力的破坏和外界潮湿气体的影响，防止光源引起的眩光，装饰、美化环境，保证满足场所的防护要求，达到安全照明要求，如防爆、防水、防尘等。

（2）灯具的光学特性

灯具的光学特性主要包括光强分布、灯具遮光角和灯具效率三个主要指标。

1）光强分布。灯具的光强分布是一项重要光学特性，也是进行照明计算的主要依据。灯具在空间各个方向上的光强分布称为配光，即光的分配。配光特性主要是指光源和灯具在空间各个方向上的光强分布状态。配光特性可以有不同的表示方法，常用的有曲线法、列表法。

① 曲线法。在通过光源中心的测光平面上，测出灯具在不同角度的光强值。从某一给定的方向起，以角度为函数，将各个角度的光强用矢量标注出来，连接矢量顶端的连线就是灯具配光的极坐标曲线。对于有旋转对称轴的灯具，在与轴线垂直的平面上各方向的光强值相等，因此只用通过轴线的一个测光面上的光强分布曲线就能说明其光强在空间的分布，如图6-4所示。

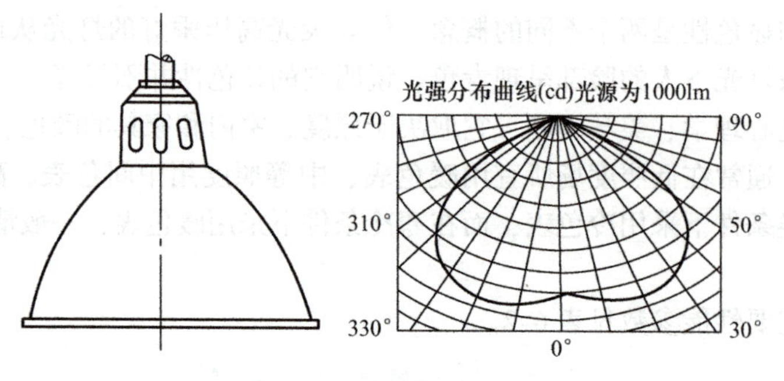

图 6-4　极坐标配光曲线

为了便于比较不同灯具的配光特性，通常将光源化为光通量为 1000lm 的假想光源来绘制光强分布曲线。当被测光源光通量不是 1000lm 时，可用下式换算：

$$I_\theta = \frac{\Phi_S}{1000} I'_\theta \tag{6-5}$$

式中，I_θ为光源在 θ 方向上的实际光强（cd）；I'_θ为光源的光通量为 1000lm 时，在 θ 方向上的光强（cd）；Φ_S 为灯具实际配用的光源光通量。

室内照明灯具多采用极坐标配光曲线来表示其光强的空间分布。

② 列表法。配光特性也可用列表形式表示，见表 6-3，实质与垂直配光曲线的极坐标表示法是一样的，只是将曲线用表中的数值表示而已。实际应用中曲线比较形象，便于定性分析。但照明计算中曲线法精度不易保证，列表可以获得较为精确的光强值。表中列出了部分垂直角下的光强值，表中未列出的垂直角则可根据前后相邻的两个垂直角用插入法求得其光强值，同时参考曲线可以使光强估算更精确一些。

表 6-3　GC5 型深照型工厂灯的配光特性（$\Phi = 1000\text{lm}$）

θ/(°)	0	10	20	30	40	50	60	70	80	90
I_θ/cd	174	149	143	143	143	142	130	90	40	0

2）灯具遮光角。灯具的遮光角是根据眩光作用的强弱与视线角度，为避免使眼睛受到光源的直射光而设计的。

灯具的遮光角 α，是指灯具出光口平面与刚好看不见发光体的视线之间的夹角，如图 6-5 所示。

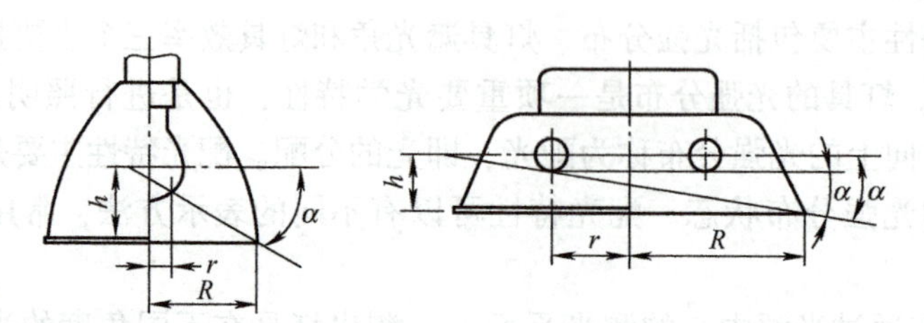

图 6-5　灯具的遮光角

遮光角计算公式为

$$\alpha = \arctan \frac{h}{R + r} \tag{6-6}$$

式中，α 为灯具的遮光角；h 为发光体中心至灯具沿口的垂直距离；R 为灯具横断面开口宽度的一半；r 为发光体半径或最边位置光源中心至灯具横截面中心的距离。

3）灯具效率。灯具效率是反映灯具的技术经济效果的指标，指在规定使用条件下灯具发出的总光通量与灯具内所有光源发出的总光通量之比。光源所产生的光通量经照明灯具的反射和透射必然要损失一些。因此，灯具的效率总是小于1。灯具效率计算公式为

$$\eta=\frac{\Phi_L}{\Phi_S} \tag{6-7}$$

式中，η 为灯具的效率；Φ_S 为光源发出的光通量（lm）；Φ_L 为灯具向空间投射的光通量（lm）。

η 一般在0.8以上。灯具效率很大程度上取决于灯具的形状、材料和光源在灯具内的位置。

（3）灯具的分类

1）按安装方式分类。在建筑电气照明中，根据安装方式的不同，大体上可将照明灯具分为以下几种：

① 悬吊式：悬吊式是最普通的，也是应用最广泛的安装方式。如图6-6a所示，它是利用线吊、链吊和管吊来吊装灯具，以达到不同的使用效果。

② 吸顶式：吸顶式是将灯具吸贴装在顶棚上，如图6-6b所示。吸顶式照明灯具应用广泛，常用于厕所、盥洗室、走廊等场所。

③ 壁式：如图6-6c所示，灯具安装在墙壁、庭柱上，主要用作局部照明和装饰照明。

④ 嵌入式（暗式）：如图6-6d所示，在有吊顶的房间内，将灯具嵌入吊顶内安装。这种安装方式能消除眩光作用，与吊顶结合有较好的装饰效果。

⑤ 半嵌入式（半暗式）：如图6-6e所示，灯具一部分嵌入顶棚内，另一部分露出顶棚外。它能削弱一些眩光作用，多用在吊顶深度不够的场所，或有特殊装饰要求的位置。

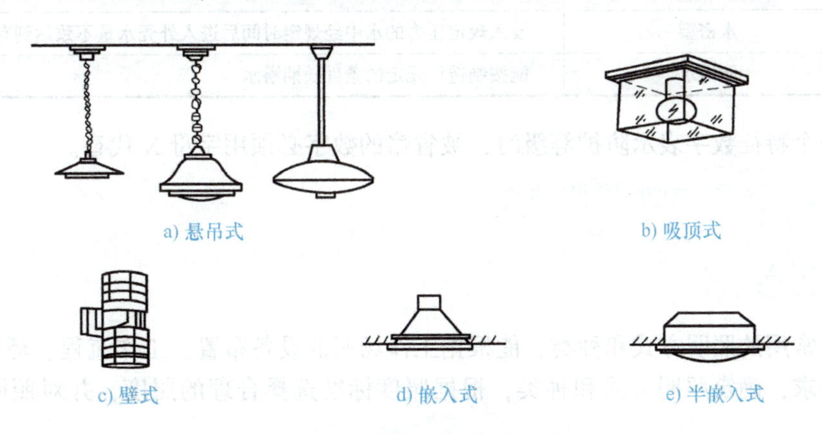

a) 悬吊式　b) 吸顶式　c) 壁式　d) 嵌入式　e) 半嵌入式

图6-6　灯具的不同安装方式

2）按外壳防护等级分类。外壳的防护型式包括：①防止人体触及或接近外壳内部的带电部件和触及活动部件，防止固体异物进入外壳内部；②防止水进入外壳内部达到有害程度。

防护等级代号由“IP”两字母和两个特征数字组成，第一位特征数字指防护型式①中的防护等级；第二位特征数字指防护型式②中的防护等级，见表6-4及表6-5。

表 6-4　第一位特征数字所表示的防护等级

第一位特征数字	防护等级	
	简短说明	含义
0	无防护	没有特殊防护
1	防大于 50mm 的固体异物	人体某一大面积部分，如手（但对有意识的接近并无防护），固体异物直径超过 50mm
2	防大于 12mm 的固体异物	手指或类似物，长度不超过 80mm，固体异物直径超过 12mm
3	防大于 2.5mm 的固体异物	直径或厚度大于 2.5mm 的工具、金属丝等，固体异物直径超过 2.5mm
4	防大于 1mm 的固体异物	厚度大于 1mm 的金属丝或细带，固体异物直径超过 1mm
5	防尘	不能完全防止尘埃进入，但进入量不能达到妨碍设备正常运转的程度
6	尘密	无尘埃进入

表 6-5　第二位特征数字所表示的防护等级

第二位特征数字	防护等级	
	简短说明	含义
0	无防护	没有特殊防护
1	防滴水	滴水（垂直滴水）无有害影响
2	15°防滴水	当外壳从正常位置向上倾斜 15°时，垂直滴水无有害影响
3	防淋水	与垂直 60°范围以内的淋水无有害影响
4	防溅水	从任何方向向外壳溅水无有害影响
5	防喷水	用喷嘴以任何方向朝外壳喷水无有害影响
6	防猛烈海浪	猛烈海浪或强烈喷水时，进入外壳水量不致达到有害程度
7	水密型	浸入规定压力的水中经规定时间后进入外壳水量不致达到有害程度
8	防潜水	能按制造厂规定的条件长期潜水

如仅需用一个特征数字表示防护等级时，被省略的数字必须用字母 X 代替。

任务 6.1.2　照明方式和照明种类

应了解常用的照明方式和种类，能根据工作场所的设备布置、工作流程、环境条件及对光环境的要求，确定照明方式和种类，根据照度标准选择合理的照度，并对照明质量进行评价。

任务目标

正确选择照明方式和照明种类。

1. 照明方式

灯具按其布局方式或使用功能而构成的基本形式，称为照明方式。它分为一般照明、分区一般照明、局部照明、混合照明和重点照明。

（1）一般照明

为使整个照明场所获得均匀明亮的水平照明，照明器在整个场所基本均匀布置的照明方式，称为一般照明。对于工作位置密度很大而对光照方向无特殊要求的场所，或受生产技术限制不适合装设局部照明或采用混合照明不合理的场所，可单独装设一般照明。其特点是在室内可获得较好的亮度分布和照度均匀度。

（2）分区一般照明

根据需要提高特定区域照度的一般照明称为分区一般照明。该照明方式根据工作面布置的实际情况，将照明器集中或分区集中均匀地布置在工作区上方，使室内不同被照面上产生不同的照度，不仅改善照明质量，而且有利节约能源。

（3）局部照明

为满足工作场所某些部位的特殊需要而设置的照明，称为局部照明。例如，局部需要有较高的照度；由于遮挡而使一般照明照不到的某些范围；需要减少工作区内的反射眩光；加强某方向光照以增强质感；视功能降低的人需要较高照度等。但规定在一个工作场所内，不应只装设局部照明，因为这样会造成工作点和周围环境间极大的亮度对比。

局部照明的特点是灵活、方便、节电，在局部可获得较高照度，还可减少工作面上的反射眩光。

（4）混合照明

由一般照明和局部照明共同组成的照明称为混合照明。其实质是在一般照明的基础上，在另外需要提供特殊照明的局部，采用局部照明。对于工作位置视觉要求较高，同时对照射方向又有特殊要求的场所，一般照明或分区一般照明都不能满足要求时，往往采用混合照明方式。此时，一般照明的照度宜按不低于混合照明总照度的5%～10%选取，且最低不低于20lx。混合照明的优点是可获得高照度、减少工作面上的阴影和光斑、易于改善光色、减少装置功率和节约运行费用。

（5）重点照明

为提高指定区域或目标的照度，使其比周围区域突出的照明，为重点照明。在商场建筑、博物馆建筑、美术馆建筑等场所，需要突出显示某些特定的目标，采用重点照明提高该目标的照度。

不同的照明方式各有优劣，在照明设计中，不能将它们简单地对立，而应该视具体的设计场所和对象选择一种或几种合适的照明方式。

2. 照明种类

照明种类是按照明的功能来划分的，分为正常照明、应急照明、值班照明、警卫照明及障碍照明。

（1）正常照明

为满足正常工作而设置的室内外照明，称为正常照明。它起着满足人们基本视觉要求的作用，是照明设计中的主要照明。所有使用房间、人行屋顶、室外庭院和用于工作、运输的场地，皆应设置正常照明。一般可单独使用，也可与应急照明和值班照明同时使用，但控制电路必须分开。

（2）应急照明

在正常照明因事故熄灭后，保障事故情况下继续工作、人员安全或顺利疏散的照明，称

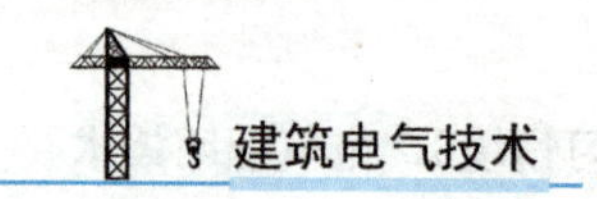

为应急照明，包括备用照明、安全照明和疏散照明。

用于确保正常活动继续或暂时继续进行的照明，称为备用照明。其中供暂时继续工作的备用照明，其照度值不低于该场所一般照明照度值的10%。应在下列场所设置备用照明，如展览厅、多功能厅、餐厅、营业厅和危险场所、避难层等。供继续工作的备用照明不低于正常照明的最低照度，如配电室、消防控制室、消防泵房、发电机房、蓄电池室、火灾广播室、电话站、楼宇自动化系统中控室以及其他重要房间。

备用照明的照度标准值应符合以下规定：

1）供消防作业及救援人员在火灾时继续工作的场所，应符合现行国家标准GB 50016—2014《建筑设计防火规范》的有关规定。

2）医院手术室、急诊抢救室、重症监护室等应维持正常照明的照度。

3）其他场所的照度值除另有规定外，不应低于该场所一般照明照度标准值的10%。

用于确保处于潜在危险中的人员安全的照明，称为安全照明。安全照明的照度值不低于该场所一般照明照度值的10%，如裸露的圆盘锯、医院的手术室、急救室、高层建筑、公共建筑的电梯内，均应设置安全照明。

安全照明的照度值应符合下列规定：

1）医院手术室应维持正常照明照度的30%。

2）其他场所不应低于该场所一般照明照度标准值的10%，且不应低于15lx。

用于确保疏散通道被有效地辨认和使用的照明称为疏散照明。疏散通道的疏散照明的照度不低于1lx。在电梯轿厢内、消火栓处、自动扶梯安全出口、台阶处、疏散走廊、室内通道、公共出口处，均应设置疏散照明。疏散照明的设置如图6-7所示。

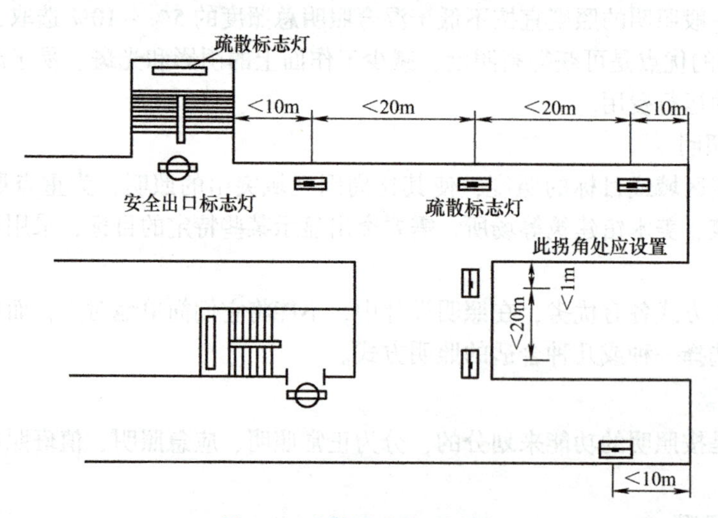

图6-7　疏散照明设置示例

疏散照明的地面平均水平照度值应符合下列规定：

1）水平疏散通道不应低于1lx，人员密集场所、避难层（间）不应低于2lx。

2）垂直疏散区域不应低于5lx。

3）疏散通道中心线的最大值与最小值之比不应大于40∶1。

4）寄宿幼儿园和小学的寝室、老年公寓、医院等需要救援人员协助疏散的场所不应低于 5lx。

（3）值班照明

在非工作时间内供值班人员用的照明，为值班照明。在非三班制生产的重要车间、仓库，或非营业时间的大型商店、银行等处，通常宜设置值班照明。值班照明可利用正常照明中能单独控制的一部分或利用应急照明的一部分或全部。

（4）警卫照明

在夜间为改善对人员、财产、建筑物、材料和设备的保卫，用于警戒而安装的照明，为警卫照明。可根据警戒任务的需要，在厂区或仓库区等警卫范围内装设。

（5）障碍照明

为保障航空飞行安全，在高大建筑物和构筑物上安装的标识照明，为障碍照明。表示障碍标志用的照明，可按民航和交通部门的有关规定装设。

3. 照明标准

我国现行的标准是 GB50034—2013《建筑照明设计标准》，该标准按不同建筑、不同用途的房间或场所，分别规定了不同的照度要求，包括居住建筑、公共建筑、工业建筑三类建筑和通用房间或场所的照明设计照度标准值。

（1）照度标准一般规定

照度等级的级差一般为 1.5～2.0 倍，这个级差倍数恰能反映出主观感觉到的最小显著差别，并且此分级的数值与 CIE（国际照明委员会）的数值一致。我国照度标准的分级如下：0.5lx，1lx，2lx，3lx，5lx，10lx，15lx，20lx，30lx，50lx，75lx，100lx，150lx，200lx，300lx，500lx，750lx，1000lx，1500lx，2000lx，3000lx，5000lx。照度标准只有一个标准数值，为维持平均照度值，即规定表面上的平均照度不得低于此数值。维持平均照度是在照明装置必须进行维护时，在规定表面上的平均照度，是为确保工作时视觉安全和视觉功效所需要的照度。

（2）居住建筑

居住建筑照明标准值见表 6-6。

表 6-6 居住建筑照明标准值

房间或场所		参考平面及其高度	照度标准值/lx	R_a
起居室	一般活动	0.75m 水平面	100	80
	书写、阅读		300*	
卧室	一般活动	0.75m 水平面	75	80
	床头、阅读		150*	
餐厅		0.75m 餐桌面	150	80
厨房	一般活动	0.75m 水平面	100	80
	操作台	台面	150*	80
卫生间		0.75m 水平面	100	80
电梯前厅		地面	75	60
走道、楼梯间		地面	50	60
车库		地面	30	60

注：* 指混合照明照度。

（3）办公建筑

办公建筑照明标准值见表6-7。

表6-7　办公建筑照明标准值

房间或场所	参考平面及其高度	照度标准值/lx	统一眩光值 UGR	照明均匀度 U_0	R_a
普通办公室	0.75m水平面	300	19	0.60	80
高档办公室	0.75m水平面	500	19	0.60	80
会议室	0.75m水平面	300	19	0.60	80
视频会议室	0.75m水平面	750	19	0.60	80
接待室、前台	0.75m水平面	200	—	0.40	80
服务大厅、营业厅	0.75m水平面	300	22	0.40	80
设计室	实际工作面	500	19	0.60	80
文件整理、复印、发行室	0.75m水平面	300	—	0.40	80
资料、档案存放室	0.75m水平面	200	—	0.40	80

4. 照明节能

1）各类房间或场所的一般照明均采用照明功率密度（*LPD*）作为建筑照明节能的评价指标，其单位为W/m^2。

*LPD*限值是限定一个房间或场所的照明功率密度最大允许值，设计中实际计算的*LPD*值不应超过标准规定值，计算式如下：

$$LPD = \frac{\sum P}{A} = \frac{\sum (P_L + P_B)}{A} \tag{6-8}$$

式中，P为单个光源的输入功率（含配套镇流器或变压器功耗）（W）；P_L为单个光源的额定功率（W）；P_B为光源配套镇流器或变压器的功耗（W）；A为房间或场所的面积（m^2）。

2）住宅建筑每户照明功率密度限值应符合表6-8的规定。

表6-8　住宅建筑每户照明功率密度限值

房间或场所	照度标准/lx	照明功率密度限值/(W/m^2)	
		现行值	目标值
起居室	100	≤6.0	≤5.0
卧室	75		
餐厅	150		
厨房	100		
卫生间	100		
职工宿舍	100	≤4.0	≤3.5
车库	30	≤2.0	≤1.8

3）办公建筑和其他类型建筑中具有办公用途场所的照明功率密度限值应符合表6-9的规定。

表 6-9 办公建筑和其他类型建筑中具有办公用途场所照明功率密度限值

房间或场所	照度标准/lx	照明功率密度限值/(W/m^2)	
		现行值	目标值
普通办公室	300	≤9.0	≤8.0
高档办公室、设计室	500	≤15.0	≤13.5
会议室	300	≤9.0	≤8.0
服务大厅	300	≤11.0	≤10.0

思考与练习8

一、填空题

1. 光源在单位时间内向周围空间辐射并能使人眼产生光感的能量，称为________。

2. 电光源 NG100 型高压钠灯额定光通量为 9500lm，则电光源的光效是________。

3. 灯具的光学特性主要包括________、________、________三个重要指标。

4. 某灯具的外壳防护等级为 IP34，其中数字________表示防人、固体物等级。

5. 已知某灯具的电光源所发出的总光通量为 22000lm，测量该灯具发出的光通量为 20500lm，该灯具的发光效率为________。

6. 为使整个照明场所获得均匀明亮的水平照明，照明器在整个场所基本均匀布置的照明方式，称为________。

二、单选题

1. 下面哪个是照度的单位？(　　)

A. cd　　B. lm　　C. lx

2. 下列电光源中透雾性最好的是 (　　)。

A. 高压汞灯　　B. 高压钠灯　　C. 卤钨灯

3. 灯具的效率总是 (　　)。

A. 小于 1　　B. 不能确定　　C. 大于 1

4. 备用照明的照度不低于一般照明的 (　　)。

A. 5%　　B. 10%　　C. 15%

5. 安全照明的照度不低于一般照明的 (　　)。

A. 5%　　B. 10%　　C. 15%

6. 为满足工作场所某些部位的特殊需要而设置的照明，称为 (　　)。

A. 局部照明　　B. 重点照明　　C. 一般照明

7. *LPD* 限值是限定一个房间或场所的照明功率密度 (　　) 允许值。

A. 最大　　B. 最小　　C. 任意值

8. *LPD* 的计算公式是 (　　)。

A. $LPD=\frac{\sum P_L}{A}$　　B. $LPD=\frac{\sum P_B}{A}$　　C. $LPD=\frac{\sum P}{A}=\frac{\sum (P_L+P_B)}{A}$

三、多选题

1. 常用的基本光度量有（　　）。

A. 照度　　B. 发光强度　　C. 彩度　　D. 亮度

2. 照度与（　　）有关。

A. 发光强度　　B. 光通量　　C. 亮度　　D. 距离

3. 在建筑电气照明中，常用的安装方式有（　　）。

A. 直接型　　B. 吸顶式　　C. 间接型　　D. 壁式

4. 灯具的光学特性主要包括（　　）三个重要指标。

A. 光强分布　　B. 遮光角　　C. 光源效能　　D. 灯具效率

5. 应在下列哪些场所中设备用照明？（　　）

A. 配电室　　B. 发电机室　　C. 办公室　　D. 火灾广播室

6. 应急照明包括（　　）。

A. 一般照明　　B. 备用照明　　C. 安全照明　　D. 疏散照明

7. 照明种类是按照明的功能来划分的，分为（　　）。

A. 一般照明　　B. 正常照明　　C. 应急照明　　D. 警卫照明

8. 降低 *LPD* 应采取哪些措施？（　　）

A. 采用光效低的光源　　B. 采用光效高的光源

C. 提高利用系数　　D. 合理确定照度标准值

四、判断题

1. 照度与光源在这个方向上的光强成正比，与它至光源的距离成反比。（　　）

2. 为了便于比较不同灯具的配光特性，通常将光源化为 1000lm 光通量的假想光源来绘制光强分布曲线。（　　）

3. 光源的色表与显色性之间没有联系。（　　）

4. 在正常照明因事故熄灭后，保障事故情况下继续工作、人员安全或顺利疏散的照明，称为应急照明。（　　）

5. 各类房间或场所的一般照明均采用照明功率密度（*LPD*）作为建筑照明节能的评价指标，其单位为 W/m^2。（　　）

6. 当房间或场所的照度高于或低于表中的照度值时，不改变照明功率密度值。（　　）

7. 应急照明应选用能快速点亮的光源。（　　）

项目 6.2　照 明 计 算

任务 6.2.1　平均照度计算

照明计算通常有两种形式：1）当照明器的型号、悬挂高度及布置方案初步确定后，根据拟定的方案计算工作面上的照度，并检验是否符合照度标准的要求。2）在初步确定照明器的型号、悬挂高度之后，按工作面上的照度标准要求计算出照明器的数量，安装功率，并

据此确定布置方案。

平均照度计算采用利用系数法，适用于一般照明的水平面上照度计算。因各种参数不精确，计算结果允许有 -10% ~ +10% 的误差。

学会平均照度的计算。

1. 利用系数法照度计算

（1）基本计算公式

落到工作面上的光通量可分成两部分，一是从灯具发出的光通量直接落到工作面上的部分（直接部分），另一是从灯具发出的光通量经室内表面反射后最后落到工作面上的部分（间接部分），它们的和即为灯具光通量中最后落到工作面上的部分，该值与工作面面积之商，即为工作面上的平均照度。若每次都要计算落到工作面上的直接光通量与间接光通量，则太过复杂，因此人们引入利用系数的概念，事先计算出各种条件下的利用系数，供设计人员使用。对于每个灯具来说，由最后落到工作面上的光通量与光源发出的额定总光通量之比值称为光源光通量利用系数（简称利用系数）：

$$\mu = \frac{\Phi_f}{\Phi_s} \tag{6-9}$$

式中，μ 为利用系数；Φ_f为最后落到工作面上的光通量（lm）；Φ_s为每个灯具中光源发出的额定总光通量（lm）。

有了利用系数的概念，则室内平均照度可由下式计算：

$$E_{av} = \frac{\mu K N \Phi_s}{A} \tag{6-10}$$

式中，E_{av}为工作面平均照度（lx）；Φ_s 为每个灯具中光源发出的额定总光通量（lm）；N 为灯具数；μ 为利用系数；A 为工作面面积（m^2）；K 为维护系数，查表6-10 可得。

表 6-10 维护系数

环境污染特征		房间或场所举例	灯具最少擦拭次数（次/年）	维护系数值
室内	清洁	卧室、办公室、餐厅、阅览室、教室、病房、客房、仪器仪表装配间、电子元器件装配间、检验室等	2	0.80
	一般	商店营业厅、候车室、影剧院、机械加工车间、机械装配车间、体育馆等	2	0.70
	污染严重	厨房、锻工车间、铸工车间、水泥车间等	3	0.60
室外		雨篷、站台	2	0.65

（2）利用系数的有关概念

1）室形指数。工作面上的平均照度除了与照明器的配光特性及照明器的布置有关外，还与房间的尺寸、形状有很大的关系。例如大而矮的房间，工作面从照明器获得的直射光通量比例就大一些，光的利用率就会高一些。反之，小而高的房间照明器直射到工作面上的光通量比例就小些，光的利用率就会低一些，如图 6-8 所示。

房间的尺寸和形状可以用室形指数来表征，对于矩形房间，其定义式为

$$RI=\frac{LW}{h(L+W)} \tag{6-11}$$

式中，RI 为室形指数；L 为房间的长度（m）；W 为房间的宽度（m）；h 为房间高度（m）。

2）空间比。为了表示房间的空间特征，引入空间系数的概念，将一矩形房间分成三部分：灯具出光口平面到顶棚之间的空间叫顶棚空间；工作面到地面之间的空间叫地板空间；灯具出光口平面到工作面之间的空间叫室空间，如图 6-9 所示。三个空间各自的空间系数如下：

① 室空间系数
$$RCR=\frac{5h_{rc}(L+W)}{LW} \tag{6-12}$$

② 顶棚空间系数
$$CCR=\frac{5h_{cc}(L+W)}{LW}=\frac{h_{cc}}{h_{rc}}RCR \tag{6-13}$$

③ 地板空间系数
$$FCR=\frac{5h_{fc}(L+W)}{LW}=\frac{h_{fc}}{h_{rc}}RCR \tag{6-14}$$

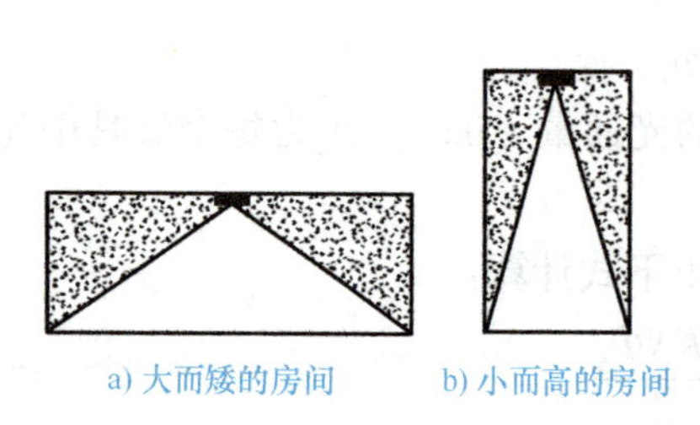

图 6-8　房间尺寸、形状与光的利用率关系

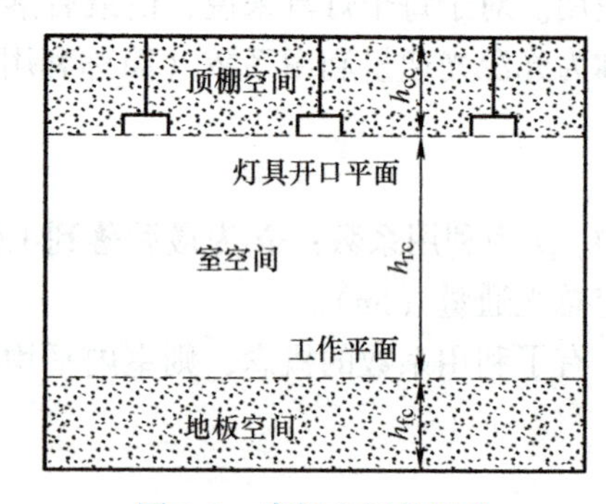

图 6-9　房间空间的划分

3）等效反射比。

① 平均反射比。假如空间由 i 个表面组成，以 A_i 表示第 i 个表面面积，以 ρ_i 表示第 i 个表面的反射比，则平均反射比由下式求出：

$$\rho=\frac{\sum\rho_i A_i}{\sum A_i} \tag{6-15}$$

② 等效反射比。灯具出光口平面（以下简称灯具出口平面）上方空间中，一部分光被吸收，一部分光经过多次反射从灯具开口平面射出，为了简化计算，把灯具开口平面看成一个具有有效反射比为 ρ_{cc} 的假想平面，光在这个假想平面上的反射效果同在实际顶棚空间的效果等价。同样地板空间的反射效果也可以用一个假想平面来表示，其有效反射比为 ρ_{fc}。

有效空间反射比可由下式求得：

$$\rho_{cc}=\frac{\rho A_0}{A_s-\rho A_s+\rho A_0} \tag{6-16}$$

式中，A_0 为顶棚（或地板）平面面积（m^2）；A_s 为顶棚（或地板）空间内所有表面的总面积（m^2）；ρ 为顶棚（或地板）空间各表面的平均反射比。

(3) 平均照度的计算步骤

1) 确定房间的各特征量。按式(6-12) 求出其室空间系数 RCR。

2) 确定顶棚空间有效反射比。按式(6-16) 求出顶棚空间有效反射比 ρ_{cc}。当顶棚空间各面反射比不等时，应求出各面的平均反射比 ρ，然后代入式(6-16) 求得 ρ_{cc}。

3) 确定墙面平均反射比。由于房间开窗或装饰物遮挡等所引起的墙面反射比的变化，在求利用系数时，墙面反射比应采用其加权平均值，可利用式(6-15) 求得 ρ_w。

4) 确定地板空间有效反射比。地板空间与顶棚空间一样，可利用同样的方法求出有效反射比 ρ_{fc}。利用系数表中的数值是按 $\rho_{fc}=20\%$ 情况下算出来的，当 ρ_{fc} 不是该值时，若要求较精确的结果，则利用系数应加以修正，如计算精度要求不高也可不做修正。

求出室空间系数 RCR、顶棚有效反射比 ρ_{cc}、墙面平均反射比 ρ_w 以后，按所选用的灯具从利用系数表中即可查得其利用系数 μ。当 RCR、ρ_{cc}、ρ_w 不是图表中分级的整数时，可用内插法求出对应值。

【例 6-1】 有一教室长 9.0m，宽 7.2m，高 3.6m，在离顶棚 0.5m 的高度内安装有 12 只 YG2－1 型 36W 荧光灯，课桌高度为 0.80m，教室内各表面的反射比如图 6-10 所示。试计算课桌面上的平均照度（36W 荧光灯光通量取 3000lm，镇流器为 4W）。YG2－1 型荧光灯具利用系数表见表 6-11。

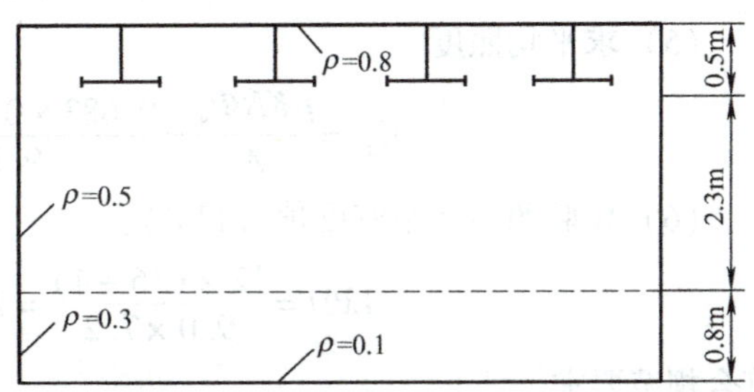

图 6-10 利用系数法举例示意图

表 6-11 YG2－1 型荧光灯具利用系数

等效顶棚反射比（%）	70				50				30				10				0
墙面平均反射比（%）	70	50	30	10	70	50	30	10	70	50	30	10	70	50	30	10	0
室空间比																	
1	0.93	0.89	0.86	0.83	0.89	0.85	0.83	0.80	0.85	0.82	0.80	0.78	0.81	0.79	0.77	0.75	0.73
2	0.85	0.79	0.73	0.69	0.81	0.75	0.71	0.67	0.77	0.73	0.69	0.65	0.73	0.70	0.67	0.64	0.62
3	0.78	0.70	0.63	0.58	0.74	0.67	0.61	0.57	0.70	0.65	0.60	0.56	0.67	0.62	0.58	0.55	0.53
4	0.71	0.61	0.54	0.49	0.67	0.59	0.53	0.48	0.64	0.57	0.52	0.47	0.61	0.55	0.51	0.47	0.45
5	0.65	0.55	0.47	0.42	0.62	0.53	0.46	0.41	0.59	0.51	0.45	0.41	0.56	0.49	0.44	0.40	0.39
6	0.60	0.49	0.42	0.36	0.57	0.48	0.41	0.36	0.54	0.46	0.40	0.36	0.52	0.45	0.40	0.35	0.34
7	0.55	0.44	0.37	0.32	0.52	0.43	0.36	0.31	0.50	0.42	0.36	0.31	0.48	0.40	0.35	0.31	0.29

【解】 利用系数法求平均照度。

(1) 求室空间系数

$$RCR=\frac{5h_{rc}(L+W)}{LW}=\frac{5\times2.3\times(9.0+7.2)}{9.0\times7.2}=2.875$$

(2) 求顶棚有效反射比

$$\rho=\frac{\sum\rho_i A_i}{\sum A_i}=\frac{0.5\times(0.5\times9.0\times2+0.5\times7.2\times2)+0.8\times9.0\times7.2}{0.5\times9.0\times2+0.5\times7.2\times2+9.0\times7.2}=\frac{59.94}{81}=0.74$$

$$\rho_{cc}=\frac{\rho A_0}{A_s-\rho A_s+\rho A_0}=\frac{0.74\times9.0\times7.2}{81-0.74\times81+0.74\times9.0\times7.2}=0.70$$

（3）求地板空间有效反射比

$$\rho=\frac{0.3\times(0.8\times9.0\times2+0.8\times7.2\times2)+0.1\times9.0\times7.2}{0.8\times9.0\times2+0.8\times7.2\times2+9.0\times7.2}=\frac{14.256}{90.72}=0.16$$

$$\rho_{fc}=\frac{0.16\times64.8}{90.72-0.16\times90.72+0.16\times64.8}=0.12$$

（4）若 $RCR=2$，$\rho_w=0.50$，$\rho_{cc}=0.70$，查表6-11 得 $\mu=0.79$

若 $RCR=3$，$\rho_w=0.50$，$\rho_{cc}=0.70$，查表6-11 得 $\mu=0.70$

用内插法可得 $RCR=2.875$ 时 $\mu=0.711$

因为 $\rho_{fc}\neq0.2$，按 $\rho_{fc}=0.1$，查设计手册得修正系数为0.96。所以

$$\mu=0.96\times0.711=0.683$$

（5）求平均照度

$$E_{av}=\frac{\mu KN\Phi_s}{A}=\frac{0.683\times0.8\times12\times3000}{9.0\times7.2}=303.6\text{lx}$$

（6）校验照明功率密度值（LPD）：

$$\text{LPD}=\frac{12\times(36+4)}{9.0\times7.2}=7.40\text{W/m}^2<9.0\text{W/m}^2$$

符合规范要求。

2. 概算曲线法照度计算

1）概算曲线是在给定灯具型式及平均照度值的条件下，求出灯数与房间面积的关系而绘制的曲线。

2）概算曲线法适用于一般均匀照明的照度计算，准确度比较高。

计算方法。根据式(6-10)，灯数可按下式计算：

$$N=\frac{E_{av}A}{\Phi\mu K}\tag{6-17}$$

式中符号意义同前。

对于某种灯具，已知其光源的光通量，并假定照度是100lx，房间的长宽比、表面的反射比及灯具的悬挂高度固定，即可编制出工作灯数 N 和工作面积关系曲线（见图6-11），称为灯数概算曲线。这些曲线使用便利，但计算精度稍差。

【例6-2】 某库房长48m，宽18m，工作面高0.8m，灯具距工作面9m，顶棚反射比 $\rho_c=0.3$，墙面反射比 $\rho_w=0.3$，地板反射比 $\rho_f=0.3$。选用 RJ - GC888 - D8 - B(400W) 型灯（400W 金属卤化物灯）照明，工作面照度要求达到50lx，用概算曲线法计算所需灯数。

【解】 灯数概算曲线如图6-9所示。

工作面积为 $A=WL=48\times18\text{m}^2=864\text{m}^2$

根据反射比和工作面面积，由灯数概算曲线查出在照度为100lx时所需灯数为5.9，故照度为50lx时所需灯数为

$$N=5.9\times\frac{50}{100}=2.95$$

根据照明现场实际情况，N 应选取整数，故 $N=3$。

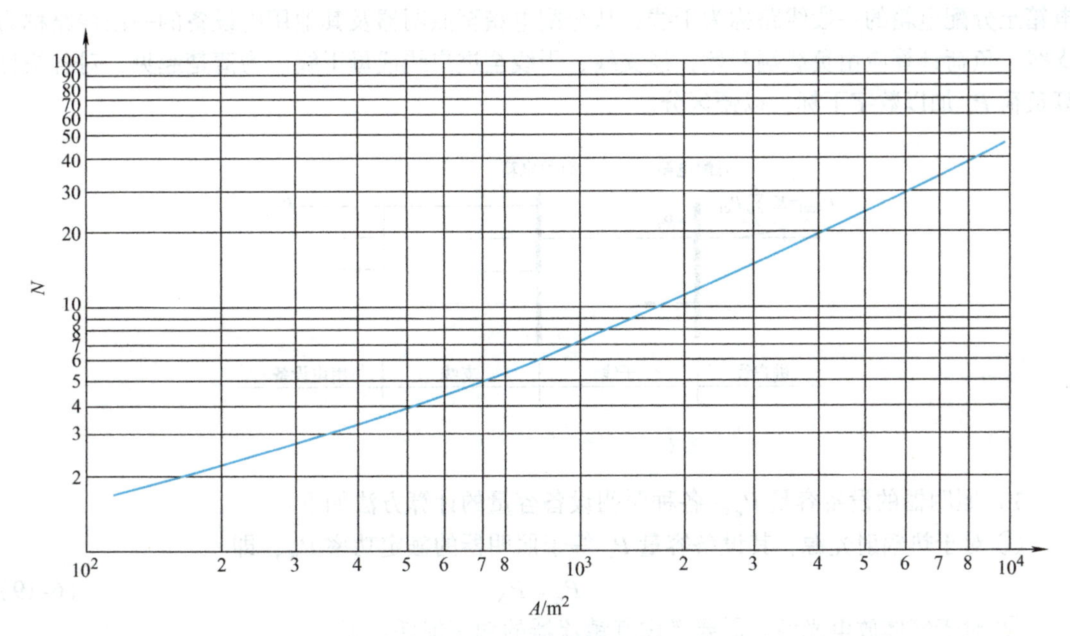

图 6-11　灯数概算曲线

校验照明功率密度（LPD）：

$$LPD=\frac{3\times400\times1.1}{864}W/m^2=1.53W/m^2<3W/m^2$$

满足规范要求。

任务 6.2.2　照明负荷计算

任务导入

负荷计算是正确选择电线、电缆的依据，也是选择保护开关的依据，是照明配电系统不可缺少的内容。

任务目标

掌握负荷计算方法。

1. 照明负荷计算

（1）需要系数法

照明供配电系统的负荷计算，通常采用需要系数法，所谓需要系数 K_d，就是线路上实际运行的计算负荷 P_c 与线路上接入的总设备容量 P_e 之比，即

$$K_d=\frac{P_c}{P_e} \tag{6-18}$$

式中，P_c 为计算负荷（kW）；P_e 为照明设备安装容量（kW），包括光源和镇流器所消耗的功率；K_d 为需要系数。

如图6-12 所示，由低压配电柜进入到总配电箱的线路称为进户线（或总干线）；从总配

电箱至分配电箱的一段线路称为干线；从分配电箱至照明器及其他用电设备的一段线路称为支线。负荷计算应由负载端开始，经支线、干线至进户线或母干线。为清楚起见，对各级计算负荷 P_c 加以数字下标，以便区分。

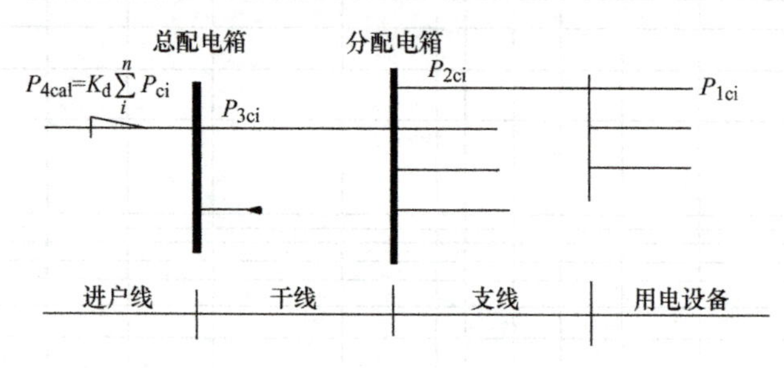

图 6-12　照明供配电系统示意图

1）照明器的设备容量 P_e。各种照明设备容量的计算方法如下：

① 对于热辐射光源，其设备容量 P_e 等于照明器的额定功率 P_N，即

$$P_e = P_N \tag{6-19}$$

② 对于气体放电光源，需要考虑其镇流器的功率损耗，则

$$P_e = (1+\alpha)P_N \tag{6-20}$$

式中，P_e 为设备容量（kW）；P_N 为照明器的额定功率（kW）；α 为镇流器的功率损耗系数。

③ 对于民用建筑内的插座，在无具体电气设备接入时，每个插座可按 100W 计算。

2）支线的计算负荷 P_{2c}。支线的计算负荷 P_{2c} 可按以下公式计算：

$$P_{2c} = K_{d1}\sum_{i=1}^{n} P_{1ci} \tag{6-21}$$

式中，P_{2c}为支线的计算负荷（kW）；P_{1ci}为第 i 个照明器的设备容量（kW）；n 为照明器的数量；K_{d1}为支线的需要系数，纯照明支干线取 1，插座回路查设计手册。

3）主干线的计算负荷 P_{3c}。主干线计算负荷的计算公式为

$$P_{3c} = K_{d2}\sum_{i=1}^{n} P_{2ci} \tag{6-22}$$

式中，P_{3c}为主干线回路的计算负荷（kW）；P_{2ci}为各支线回路的计算负荷（kW）；n 为支线回路的数量；K_{d2}为照明主干线回路的需要系数。

4）进户线的计算负荷 P_c。

$$P_c = K_d\sum_{i=1}^{n} P_{3ci} \tag{6-23}$$

式中，P_c为进户线、低压总干线的计算负荷（kW）；P_{3ci}为主干线的计算负荷（kW）；n 为主干线的数量；K_d为进户线、低压总干线的需用系数。

（2）负荷估算法

在初步设计时，为计算用电量和规划用电方案，需估算照明负荷。负荷估算法定义为单位面积上的负荷需求量与建筑面积的乘积，即

$$P_c = P_A A \tag{6-24}$$

式中，P_c 为建筑物的总计算负荷（kW）；P_A 为单位面积上的负荷需求量（W/m^2）；A 为建筑面积（m^2）。

P_A 的确定可参照设计手册所列的单位建筑面积计算负荷指标（已含一般插座容量）进行估算。

2. 线路的计算电流

线路计算电流是照明负荷计算的重要内容，是电气设备和导线电缆截面选择的重要依据。在进行照明供电设计时，应根据国家设计规范要求，三相照明中各相负荷的分配应尽量保持平衡，每个分配电箱中的最大与最小的相负荷电流之差不宜超过30%。单相负荷应尽可能均匀地分配在三相线路上，当计算范围内单相用电容量之和小于总设备容量的15%时，可全部按三相对称负荷计算，超过15%时应将单相负荷换算为等效三相负荷，再同三相对称负荷相加。等效三相负荷为最大单相负荷的3倍。具体计算方法如下。

（1）单相线路的计算电流

主干线计算负荷的计算公式为

$$I_{cp}=\frac{P_{cp}}{U_{np}\cos\varphi} \tag{6-25}$$

式中，P_{cp}为单相负荷所在线路的总计算负荷（kW）；U_{np}为单相负荷所在线路的额定相电压（kV）；$\cos\varphi$ 为单相负荷的功率因数，各种单相照明负荷的计算功率因数 $\cos\varphi$ 见表6-12。

表6-12 单相照明负荷的计算功率因数 $\cos\varphi$

照明负荷		功率因数
白炽灯		1.0
荧光灯	带有无功功率补偿装置	0.95
	不带无功功率补偿装置	0.5
高强度气体放电灯	带有无功功率补偿装置	0.9
	不带无功功率补偿装置	0.5

（2）三相等效负荷

$$P_c=3P_{pmax} \tag{6-26}$$

式中，P_c为三相等效计算负荷（kW）；P_{pmax}为三个单相负荷最大的相负荷（kW）。

（3）三相线路的计算电流

$$I_c=\frac{P_c}{\sqrt{3}U_n\cos\varphi} \tag{6-27}$$

式中，U_n为三相负荷所在线路的额定线电压（kV）；$\cos\varphi$ 为三相负荷的功率因数。

对于热辐射光源与气体放电光源混合的线路，其计算电流可由下式计算：

$$I_c=\sqrt{(I_{c1}+I_{c2}\cos\varphi)^2+(I_{c2}\sin\varphi)^2} \tag{6-28}$$

式中，I_{c1}为混合照明线路中，热辐射光源（白炽灯、卤钨灯）的计算电流（A）；I_{c2}为混合照明线路中，气体放电灯的计算电流（A）；φ 为气体放电灯的功率因数角。

思考与练习9

1. 有一办公室长6m，宽4.8m，高3.3m，在离顶棚0.5m的高度内安装有4只YG2－2型36W荧光灯，办公桌高度为0.75m，办公室内顶棚、墙面、地板的等效反射比分别是0.7、0.5、0.2。试计算办公桌面上的平均照度（36W荧光灯光通量取3000lm）。灯具的维护系数取0.8。YG2－2型荧光灯利用系数表见表6-13。

表6-13　YG2－2型荧光灯利用系数表

等效顶棚反射比/(%)	70			
墙面平均反射比/(%)	70	50	30	10
室空间比				
1	0.93	0.89	0.86	0.83
2	0.85	0.79	0.73	0.69
3	0.78	0.70	0.63	0.58
4	0.71	0.61	0.54	0.49
5	0.65	0.55	0.47	0.42

2. 上题中YG2－2型荧光灯的电子镇流器的功率为7W，试计算LPD值。

项目6.3　电气照明施工图

任务6.3.1　电气照明施工图的组成

任务导入

电气照明施工图是电气照明设计的主要成果，是建筑工程图的重要组成部分以及电气照明施工和竣工验收的重要依据。它是用统一的电气图形符号表示线路和实物，并用它们组成完整的电路，以表达电气设备的安装位置、配线方式以及其他一些特征。本任务介绍电气照明施工图的绘图标准和基本内容。

任务目标

读懂不同的建筑的施工图表达的含义。

电气照明施工图由图样目录、施工图设计说明、主要设备表、供配电系统图、照明平面图等组成。

1. 图样目录

按施工图序号，编排目录顺序并标明图样名称，便于查阅和归档保存。

2. 施工图设计说明

1）建筑概况。简单介绍建筑性质、层高、总高、结构形式。

2）设计依据。设计依据包括有关本专业的国家标准、规范，建设单位提供的设计任务书及设计要求，各市政主管部门对初步设计的审批意见，相关专业提供的工程设计资料。

3）照明系统有关设计说明

① 负荷分级及容量、供电量电源进户线的安装方式。

② 本工程的供电方式。

③ 系统接地方式、接地电阻要求和措施。

④ 设备安装方式。

⑤ 线缆的敷设方式、规格和型号。

3. 主要设备表

主要设备表指照明设计中选用的设备以及材料的名称、型号、规格、单位和数量。为说明情况常将图例加入到此表中，常用的图形符号见表6-14。

表6-14 常用图形符号

序号	图例	名称		序号	图例	名称	
1	☆ 根据需要参照代号"☆"标注在图形符号旁边区别不同类型电气箱（柜）例 AL11 AL：字母代码 11：序列号 表示为一层1号照明配电箱	AL	照明配电箱	10		三管荧光灯	
		ALE	应急照明箱	11	n	n管荧光灯	
		AC	控制箱	12		嵌入式筒灯	
		AP	电力配电箱	13	⊗★ 根据需要"★"用字母标注在图形符号旁边区别不同类型灯具。例： ⊗ST 表示为安全照明	C	吸顶灯
		AS	信号箱			E	应急灯
		AT	双电源切换箱			G	圆球灯
		AW	电能表箱			L	花灯
		AK	10kV 开关柜			P	吊灯
		AN	低压配电柜			W	壁灯
		ACC	并联电容器柜			EN	密闭灯
		APE	应急动力配电箱（柜、屏）			LL	局部照明灯
		AM	电能计量箱（柜、屏）				
2		投光灯，一般符号		14		单联单控开关	
3		聚光灯		15		双联单控开关	
4		泛光灯		16		三联单控开关	
5	E	应急疏散指示标志灯（出口）		17	n	n联单控开关	
6		应急疏散指示标志灯（向左）		18		带指示灯的开关	
7		应急疏散指示标志灯（向右）		19		两控单极开关	
8		单管荧光灯		20	t	限时开关	
9		二管荧光灯		21	t	带指示灯的限时开关	

（续）

序号	图例	名称		序号	图例	名称
22	根据需要“★”用字母标注在图形符号旁边区别不同类型插座	1P	单相（电源）插座	25		具有隔离变压器的插座
		3P	三相（电源）插座	26		向上配线
		1C	单相暗敷（电源）插座	27		向下配线
		3C	三相暗敷（电源）插座	28		缆线连接
		1EN	单相密闭（电源）插座			
		3EN	三相密闭（电源）插座			
23		具有护板的（电源）插座		29		单根连接线汇入线束示例
24		具有单极开关的（电源）插座				

4. 供配电系统图

照明供配电系统图是电气施工图中的重要部分，它表示供电系统的整体接线及配电关系，在三相系统中，通常用单线表示。从图中能够看到工程配电的规模，各级控制关系，控制设备和保护设备的型号、规格和容量，各路负荷用电容量和导线规格等。系统图上表达的主要内容有以下几项：

1）电缆进线回路数，电缆型号、规格，导线或电缆敷设方式及穿管管径。

2）总开关或熔断器的规格型号，出线回路数量、用途、用电负载功率数及各照明支路分相情况等。

3）设备容量、需要系数、计算容量、计算电流、功率因数等用电参数以及配电方式。

4）每条配电回路上，应标明其回路编号和照明设备的总容量等配电回路参数，其中包括插座和电风扇等电器的容量。

5）照明供配电系统图上标注的各种文字符号和编号，应与照明平面图上标注的文字符号和编号相一致。

5. 照明施工总平面图与照明平面图

（1）照明施工总平面图

照明施工总平面图与照明施工总平面图标明建筑物的位置、面积和所需照明及动力设备的用电容量，标明架空线路或地下电缆的位置，电压等级及进户线的位置和高度，包括外线部分的图例及简要的做法说明。

（2）照明平面图

照明平面图详细表征了各层建筑平面中的配电箱、照明器、开关、插座等设备的平面布置位置，以及电气照明线路的型号、规格、敷设路径和敷设方式，它是电气安装和管线敷设的根据。

在照明平面图上除了用规定的图形符号表示各种电气设备外，还应按照规定的文字标注规则和方法对其进行文字标注。在照明平面图中，文字标注主要表达照明器具的种类、安装数量、灯泡功率、安装方式、安装高度等，一般灯具的文字标注表达式为

$$a-b\frac{c\times d\times L}{e}f$$

式中，a 为灯具数量（套），各类灯分别标注；b 为灯具的型号或代号；c 为每套灯具的光源数；d 为每个光源的容量（W）；e 为灯具的距地安装高度（m）；f 为灯具的安装方式，见

表6-15；L为光源的种类（常省略不标）。

表6-15 灯具安装方式的标注

线吊式	链吊式	管吊式	壁装式	吸顶式	嵌入式	顶棚内安装	支架上安装	柱上安装	墙壁内安装	座装
SW	CS	DS	W	C	R	CR	S	CL	WR	HM

6. 原理图与电气照明施工图的转换

（1）供电电源

在原理图中电源由所取用的相线或中性线分别画出，而在照明供配电系统图中一般采用单线图形式绘出，在单线图上标出电线的根数及电缆的芯数。

（2）灯具控制原理

电气照明控制电路可分为基本控制电路、多控开关电气电路、节能定时开关电气电路、白炽灯调光控制电路和光电自动控制电路等。对于单人办公室或照明设施，电流低于10A的可采用简单开关控制。

1）1个开关控制1盏灯：这是最简单的控制方式，如图6-13a所示。控制要点：相线进开关（受控），中性线不进开关。

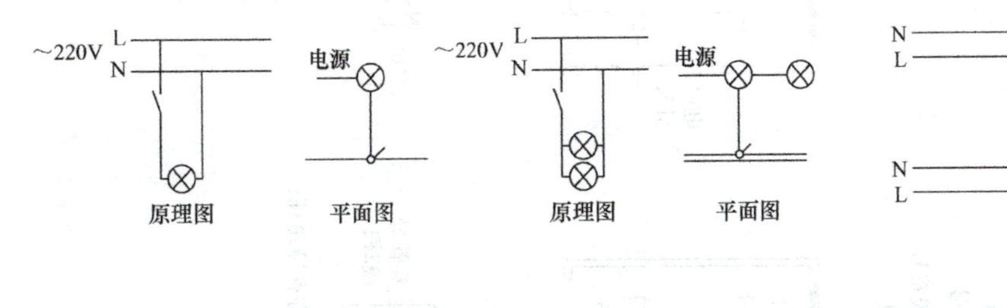

a) 1个开关控制1盏灯　b) 1个开关控制两(多)盏灯　c) 两个双联开关控制1盏灯

图6-13 原理图与平面图的转换

2）1个开关控制两（多）盏灯（分组控制）：如图6-13b所示，将两盏灯并联接入控制电路。分组控制用于教室、办公室等灯数较多的较大面积房间。

3）两个双联开关控制1盏灯（用于两地控制）：双联开关是开关内部具有4个切换位置的特殊开关，如图6-13c所示。控制特点：两处双联开关之间有两条控制连线，所以，在平面图上两套灯之间的穿管线数应为4根。

4）照明平面图及其对应接线图如图6-14所示。

（3）插座线路与平面图的转换

插座在照明平面图中相当于照明器，每一照明器在实际应用时相当于并联使用，平面图中把所用的插座按顺序连接，就等同于把插座并联，然后在平面图中或设计说明中表明根数即可。

任务6.3.2 照明设计实例

任务导入

住宅是我们每个人非常熟悉的，以住宅为例说明照明设计过程。

任务目标

能够对住宅完成电气照明设计。

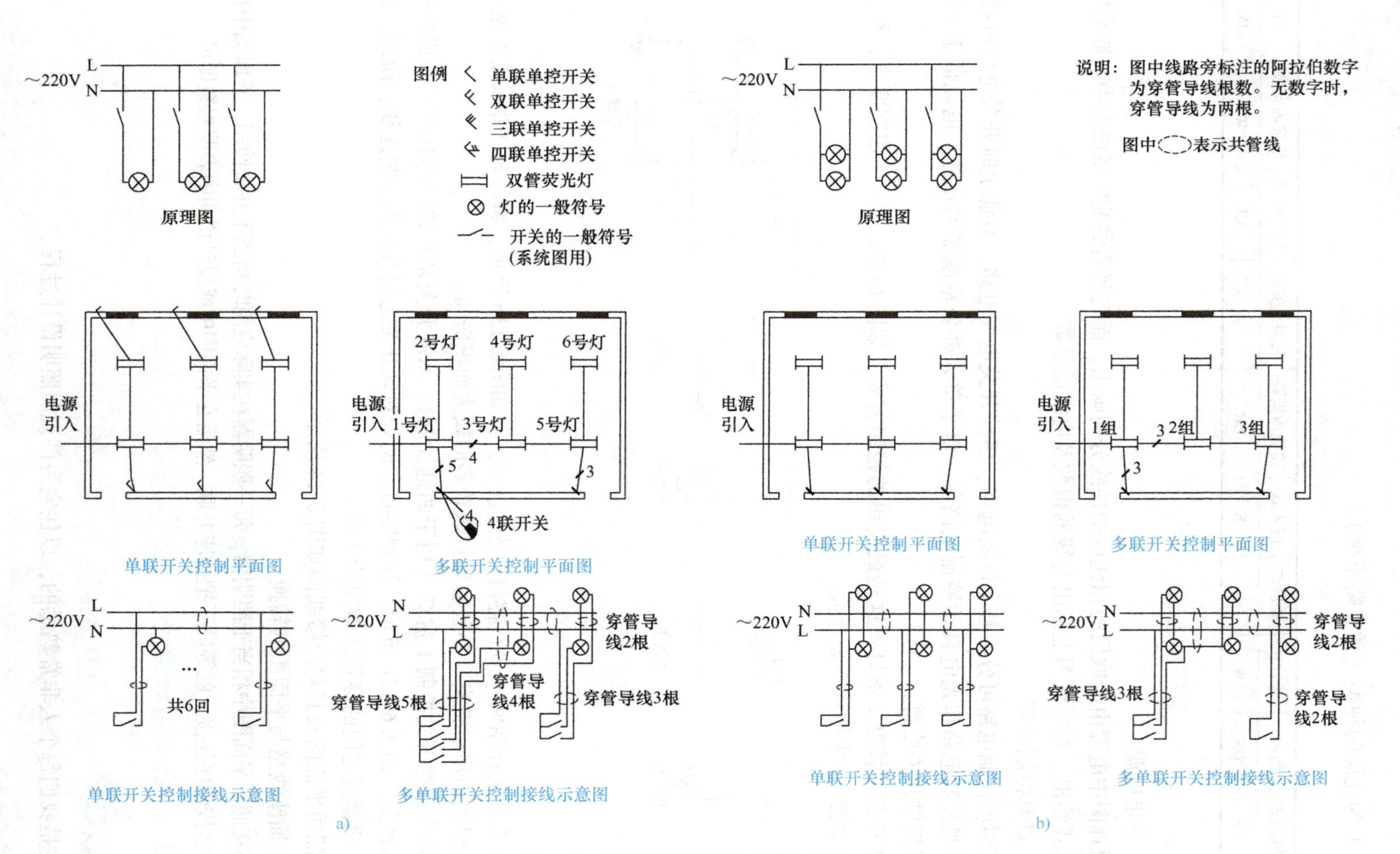

图6-14　照明平面图及其对应接线图

1. 要点

1）留有足够的照明灯具出线口和插座数，并合理确定其安装位置，保证用电安全，为二次装修留有余地。

2）合理选择光源及照度：优先选用色温不高于3300K、显色指数大于80的节能型光源（如紧凑型荧光灯、三基色圆管荧光灯等）。

3）根据房间分布及用途划分插座回路。根据用途，插座回路可分为一般插座回路、厨卫插座回路和空调插座回路。

4）卫生间、浴室等潮湿且易污场所，宜采用防潮易清洁灯具。

5）每户应配置一块电能表、一个配电箱（分户箱）。每户电能表宜集中安装于电表箱内（预付费、远传计量的电能表可除外），电能表出线端应装设保护电器。电能表的安装位置应符合当地供电部门的要求。

6）住宅配电箱（分户箱）的进线端应装设短路保护电器、过负荷保护电器和过电压保护电器、欠电压保护电器。住宅配电箱（分户箱）宜设在住户走廊或门厅内便于检修、维护的地方。

2. 灯具布置及控制

1）起居室：当起居室净高2.7m左右、面积为25~35m^{2}时，可采用吸顶式或吊灯，吊灯底部距地面高度不宜低于2.3m。当灯具距地面高度小于2.4m时，灯具的可接近裸露导体必须接在保护线（PE线）上，即当灯具安装高度小于2.4m时，照明回路必须采用单相三线（相线L、中性线N和保护线PE）。当起居室净高低于2.5m时，其一般照明灯具首选吸顶式。采用吊灯时，可将吊灯悬挂在餐桌或茶几上方，吊灯底部距地面高度不宜低于2.0m。起居室还宜根据多功能使用要求，设置台灯、落地灯等。

起居室灯具控制以方便使用者操作为原则。

2）卧室：卧室一般照明宜设置在床具靠近脚部边沿上方，其控制宜采用无线遥控或采用双联开关进行两地控制等。

3）厨卫：卫生间布灯位置应避免安装在便器上方或背后，并满足距淋浴喷头不小于1.2m或距浴缸边不小于0.6m的要求。对于明卫生间，灯具宜安装在与采光窗垂直的墙壁上，以避免在窗上映出人体影像。照明灯具应选择防水防雾型。卫生间开关为翘板式时，宜设于卫生间门外，否则应采用防水防潮型面板或使用绝缘绳操作的拉线开关。

厨房的灯具应选用易清洁型，如玻璃或搪瓷制品灯罩配以防潮灯口。光源宜与餐厅光源一致或相近。

4）住宅（公寓）的公共走道、走廊、楼梯间应设一般照明，除高层住宅（公寓）电梯厅和火灾应急照明外，均应安装节能型自熄开关或带指示灯（或自发光装置）的双控开关。

3. 插座布置

为了满足家具及家电的摆放要求，除空调制冷机、电采暖、厨房电器具、电灶、电热水器、洗衣机等应按设备所在位置设置专用电源插座外，宜在起居室、卧室、书房等的各面墙上设置不少于两组（单相2孔+单相3孔）一般插座。两组电源插座的间距不应大于2~2.5m，距端墙不应超过0.5m。专用电源插座宜选用的安装高度距地不宜低于1.8m，采取必要的安全防护措施后（如防水防溅型），可不低于1.4m安装。

住宅内电源插座皆应选择安全型（带防护门插座）。一般插座为10A。

4. 标准层电气及照明平面图

标准层电气及照明平面图如图6-15及图6-16所示。

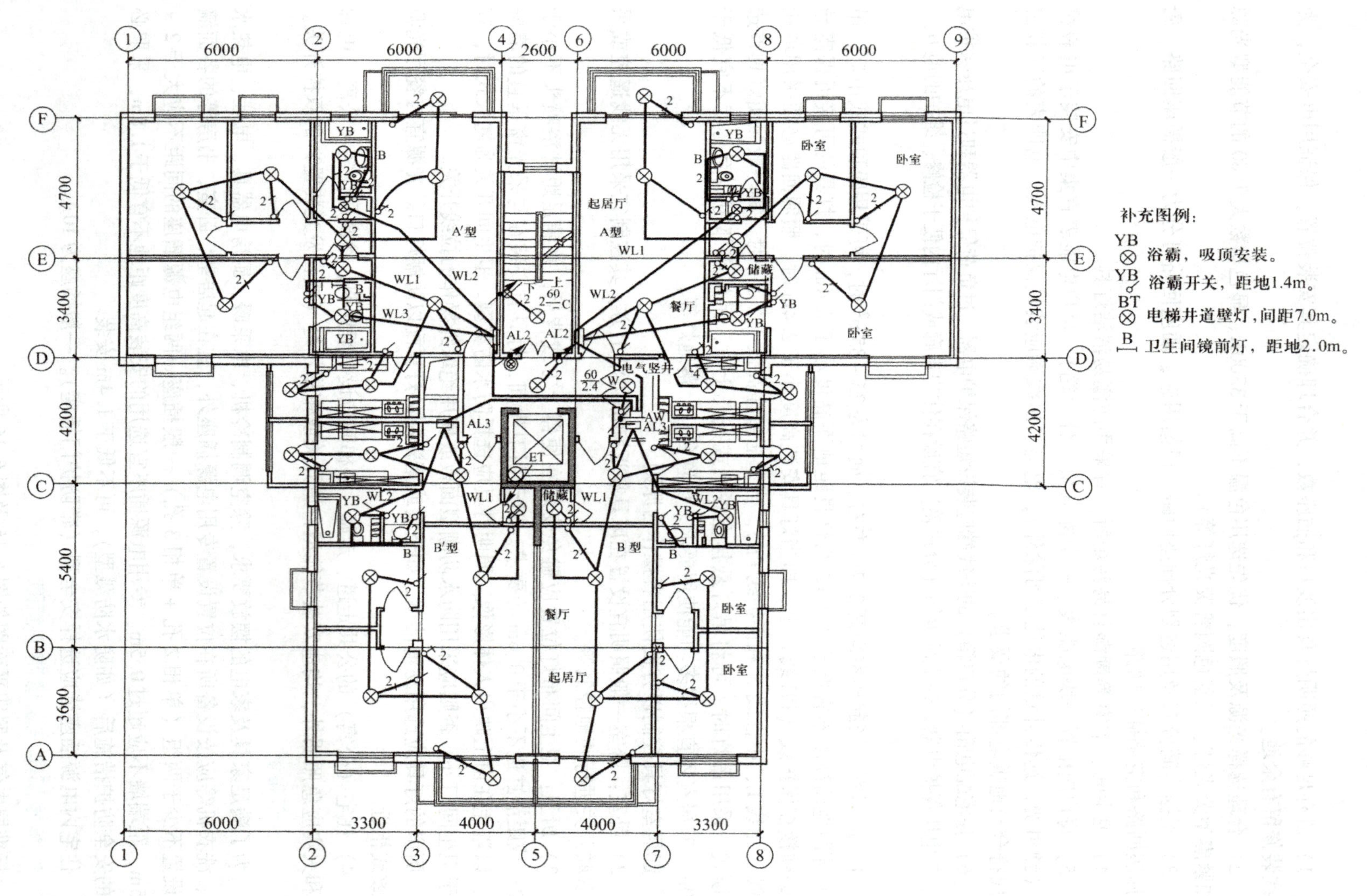

图6-15 标准层电气平面图

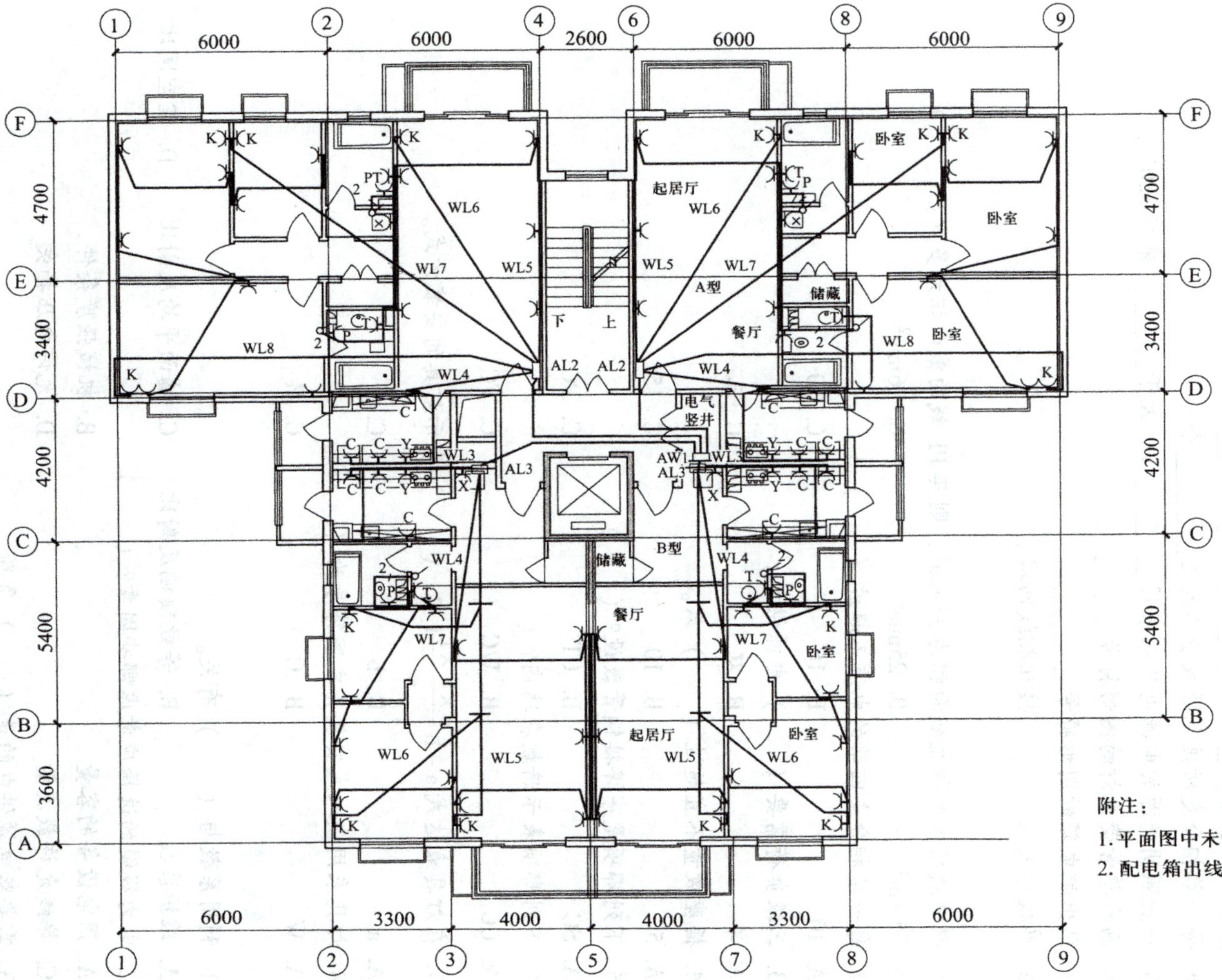

补充图例：

- K 空调插座，距地2.0m。
- T 剃须插座，距地1.4m。
- X 洗衣机插座，距地1.4m。
- C 厨房插座，距地1.2m。
- P 排气扇插座，距地2.2m。
- Y 抽油烟机插座，距地2.0m。

附注：

1. 平面图中未注明的导线均为3根。
2. 配电箱出线型号、规格见图8.5。

图6-16　标准层照明平面图

思考与练习10

一、填空题

1. 设计照度值与照度标准值相比较，可允许有________偏差。

2. 除设置单个灯具的房间外，每个房间灯的开关数不宜少于________个。

3. 照明负荷根据对供电可靠性的要求及中断供电在政治、经济上造成的损失或影响的程度进行分级，分为________、________、________。

4. 每一单相分支所接光源数量不超过________个。

5. 一般照明光源的电源电压应采用________V，大于________采用380V。

6. 画出单管荧光灯的图形符号________。

7. 画出配电箱的图形符号________。

8. 单极开关应________接在相线回路。

二、单选题

1. 配电线路中其相线截面积为35mm^2，则其PE线的截面积为多少？(   )

A. 35mm^2　　B. 25mm^2　　C. 16mm^2

2. 每一单相分支回路的电流不超过（   ）A。

A. 10　　B. 16　　C. 20

3. 三级负荷需要（   ）电源供电。

A. 单　　B. 双　　C. 三

4. 插座数量不宜超过（   ）只。

A. 5　　B. 10　　C. 15

5. 下列哪项是穿焊接钢管敷设？(   )

A. SC　　B. CT　　C. PC

6. 下列哪项表示暗敷在墙内？(   )

A. CC　　B. WC　　C. FC

7. 在灯具表达式$a-b\dfrac{c\times d\times L}{e}f$中，（   ）表示灯具的安装方式。

A. a　　B. b　　C. f

8. 灯具采用嵌入式安装其文字符号为（   ）。

A. W　　B. C　　C. R

三、多选题

1. 利用系数与（   ）有关。

A. 维护系数　　B. 等效顶棚反射比　　C. 墙面平均反射比　　D. 室空间比

2. 电力线缆的选择应考虑哪些因素？(   )

A. 用电设备的容量　　B. 机械强度条件

C. 导线允许载流量　　D. 允许电压损失

3. 需要双电源供电的是（   ）负荷。

A. 一级　　B. 二级　　C. 三级　　D. 四级

4. 导线敷设方式有（　　）。

A. SC　　B. PVC　　C. CT　　D. WC

5. 导线敷设部位的标注有（　　）。

A. WC　　B. SC　　C. CC　　D. CT

6. 系统图表达的主要内容有（　　）。

A. 导线型号　　B. 灯具　　C. 穿管管径　　D. 导线截面积

7. 照明平面图的主要内容有（　　）。

A. 灯具　　B. 照明箱　　C. 开关　　D. 导线型号

四、判断题

1. 中性线截面积不应小于相线截面积。（　　）

2. 照明平面图中所有灯具都是串联连接。（　　）

3. 系统图中主要内容有：导线（或电缆）型号、根数、截面积、穿管管径、敷设方式。（　　）

4. 照明、插座均由不同的支路供电。（　　）

五、应用题

1. 画出你现在所处的教室里的灯具及开关的布置图并进行正确的连接（假设电源从楼道引到第一个开关）。

2. 某配电系统图一条线路旁标注有“BV 4×35+1×16 SC50 WC”，试说明其含义。

技能训练10 照明灯具的安装

1. 灯位盒位置的确定

1）现浇混凝土楼板屋顶灯位盒位置。当室内只有一盏灯时，其灯位盒应设在纵横轴中心的交叉处；有两盏灯时，灯位盒应设在短轴线中心与墙内净距离 $L/4$ 的交叉处，如图6-17所示。当现浇混凝土楼板上设置按几何图形组成灯具时，灯位盒的位置应相互对称。

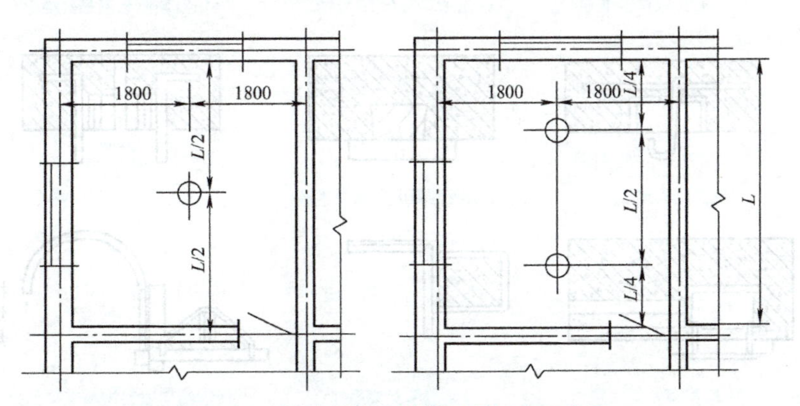

图6-17　现浇混凝土楼板屋顶灯位盒位置

2）成套组装吊链荧光灯位盒设置。应先考虑好灯具吊链的开档距离，安装简易直管吊链荧光灯的两个灯位盒的中心距离应符合下列要求：

① 20W 荧光灯为 600mm。

② 30W 荧光灯为 900mm。

③ 40W 荧光灯为 1200mm。

3）楼（屋）面板上设置三个及以上成排灯位盒时，应沿灯位盒中心处拉通线定灯位，成排的灯位盒应在同一条直线上，允许偏差不应大于 5mm。

4）室外照明灯具在墙上安装时，不可低于 2.5m；室内灯具一般低于 2.4m；住宅壁灯（或起夜灯）由于楼层高度的限制，灯具安装高度可以适当降低，但不得低于 2.2m。旅馆床头灯不宜低于 1.5m。

5）壁灯如安装在柱上，灯位盒位置应设在柱的中心位置上。成排埋设安装壁灯的灯位盒，应在同一条直线上，高低差不应小于 5mm。

2. 照明灯具的安装工序

照明灯具的安装一般在照明线路敷设完毕后进行。照明灯具的安装方式，要根据灯具的构造、建筑物的结构、设计的要求等来决定。照明灯具的一般安装工序如下：

1）做好灯具安装的准备工作。

2）将木（或塑料）台固定到设计图样要求的灯位上。固定的方式可采用预埋螺钉、膨胀螺栓、木砖、塑料胀管、铁丝缠榫预埋、弓板、抱箍等构件固定。图 6-18 是在混凝土楼板及屋架上常用的几种灯位固定方法。

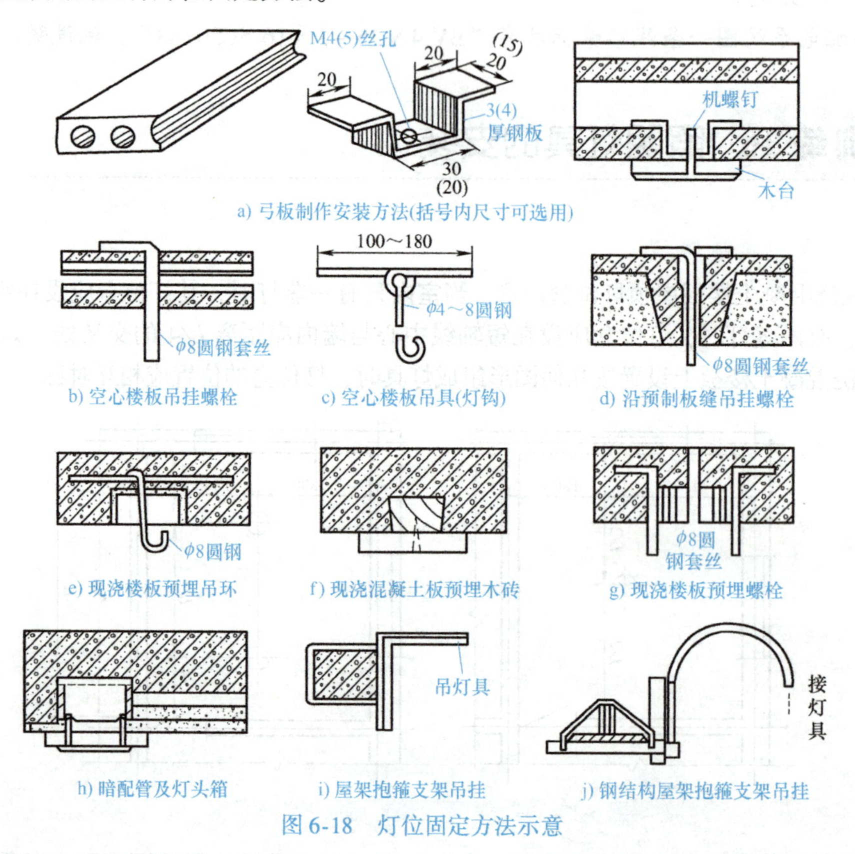

图 6-18　灯位固定方法示意

3）安装灯具的底座。

4）对灯座进行接线。

5）对灯具进行总装。

① 吊灯的安装。安装吊灯一般需要木台和吊线盒两种配件。木台规格应按吊线盒的大小来选择，既不能太大，也不能太小，否则影响美观。吊线灯的安装过程如下：

a. 准备吊线盒、灯座、软线和焊锡等。

b. 截取一定长度的软线，两端剥露线芯（不可损坏线芯），把露出的线芯拧紧后挂锡。

c. 打开灯座及吊线盒盖，将导线分别穿过灯座和吊线盒盖的孔，然后打一保险结，以防灯线接线端子处受力。

d. 软导线一端线芯与吊线盒内接线端子连接，另一端的线芯与灯座的接线端子连接。接好线后，将灯座及吊线盒盖拧好。

e. 吊线灯质量与吊装方式应符合下面的规定：当吊灯灯具质量大于3kg时，应采用预埋吊钩或螺栓固定；当软线吊灯灯具质量大于1kg时，应增设吊链；固定花灯的吊钩，其圆钢直径不应小于灯具吊挂销、钩的直径，且不得小于6mm；对大型花灯、吊装花灯的固定及悬吊装置，应按灯具质量的1.25倍做过载试验。

吊杆安装的灯具由吊杆、法兰、灯座或灯架及灯泡组成。采用钢管或吊杆时，钢管内径一般不小于10mm，钢管壁厚不应小于1.5mm。导线与灯座连接好后，另一端穿入吊杆内，由法兰（或管口）穿出，导线露出吊杆管口的长度不小于150mm。安装时先固定木台，把灯具用木螺钉固定在木台上。超过3kg的灯具，吊杆应吊挂在预埋的吊钩上。灯具固定牢固后再拧好法兰顶丝，使法兰在木台中心，偏差不应大于2mm。灯具安装好后吊杆应垂直。安装方法如图6-19所示。

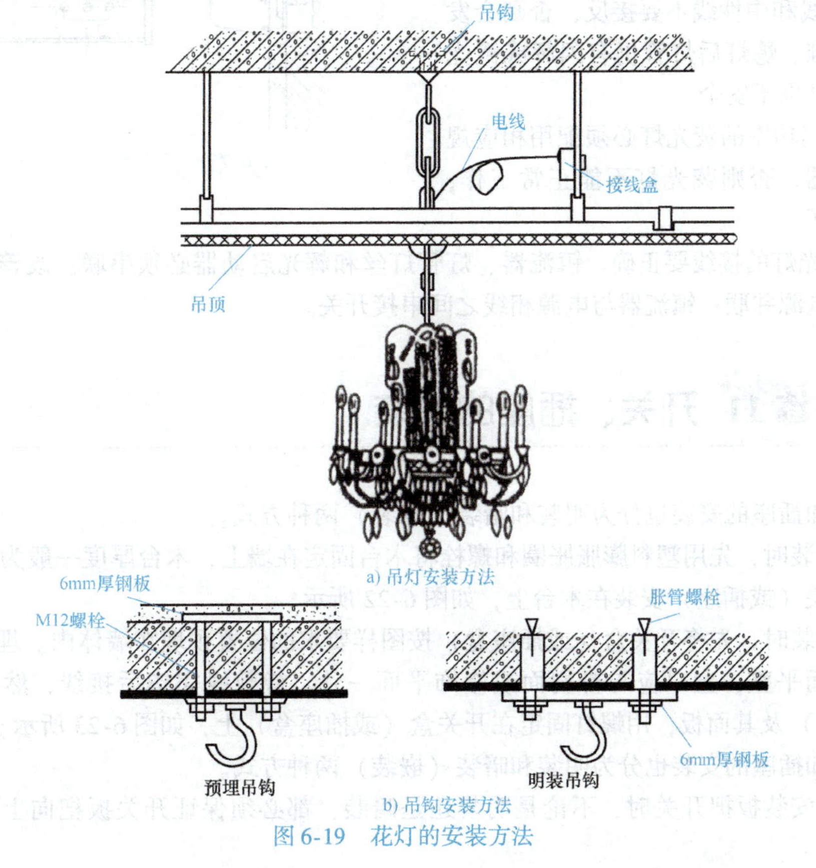

图6-19 花灯的安装方法

② 吸顶灯的安装。吸顶灯安装时一般可直接将木台固定在天花板的预埋木砖上或用预埋的螺栓固定，然后再把灯具固定在木台上。当灯泡距木台太近时（如半扁罩灯），应在灯泡与木台间放置石棉板或石棉布，如图6-20所示。

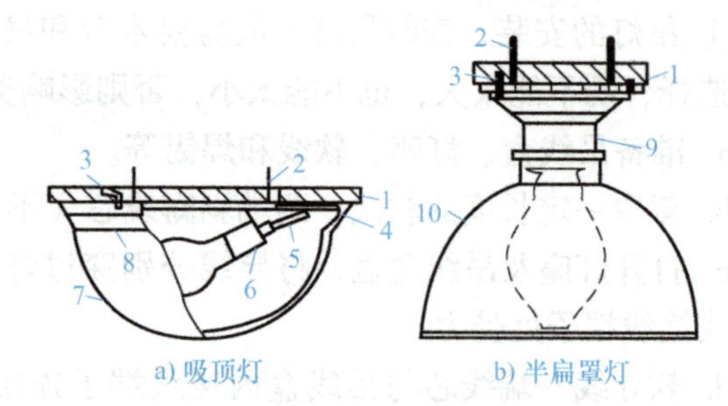

图6-20 吸顶灯安装

1—圆木（厚25mm，直径按灯架尺寸选配） 2—固定圆木用木螺钉 3—固定灯架用木螺钉 4—灯架 5—灯头引线（规格与线路相同） 6—管接式瓷质螺口灯座 7—玻璃灯罩 8—固定灯罩用机螺钉 9—铸铝壳瓷质螺口灯座 10—搪瓷灯罩（灯罩上口应与灯座铝壳配合）

③ 壁灯的安装。壁灯可以安装在墙上或柱子上。安装在墙上时，一般在砌墙时预埋木砖或金属构件，禁止用木楔代替木砖；安装在柱子上时，一般在柱子上预埋金属构件或用抱箍将金属构件固定在柱子上，然后再将壁灯固定在金属构件上，也可以用塑料胀管法把壁灯固定在墙上或柱子上。安装方法如图6-21所示。

④ 荧光灯的安装。

a. 在固定灯座时，灯管的管脚所受压力应适当，既不能太松，也不能太紧。太松，会使管脚接触不良；太紧，会使管脚受力而损坏，且装、换灯管费力。

b. 相线和中性线不要接反，否则会发生启动困难、熄灯后灯管仍有闪辉或微光现象，而且也不安全。

c. 不同功率的荧光灯必须配用相应规格的镇流器，否则荧光灯不能正常工作，或很快烧坏。

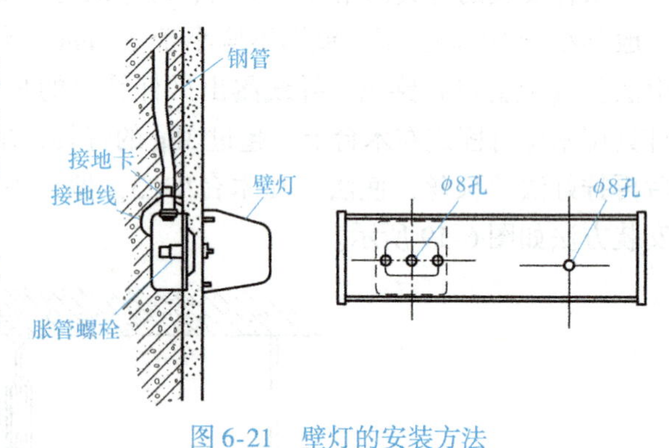

图6-21 壁灯的安装方法

d. 荧光灯的接线要正确。镇流器、灯管灯丝和辉光启动器必须串联；改善功率因数的电容器与电源并联；镇流器与电源相线之间串接开关。

技能训练11 开关、插座的安装

开关和插座的安装也分为明装和暗装（嵌装）两种方式。

1）明装时，先用塑料膨胀胀圈和螺栓将木台固定在墙上，木台厚度一般为10~15mm，然后将开关（或插座）安装在木台上，如图6-22所示。

2）暗装时，先将开关盒（或插座盒）按图样要求的位置预埋在墙体内。埋设时，应使盒体牢固而平整，盒口应与粉刷面或修饰平面一致。待敷线完毕后接线，然后将开关盒（或插座盒）及其面板，用螺钉固定在开关盒（或插座盒）上，如图6-23所示。

开关和插座的安装也分为明装和暗装（嵌装）两种方式。

3）在安装扳把开关时，不论是明装还是暗装，都必须保证开关扳把向上扳是接通电路，向下扳是切断电路，且单极开关应串接在相线回路，而不应串接在中性线回路。民用住宅严禁设床头开关。

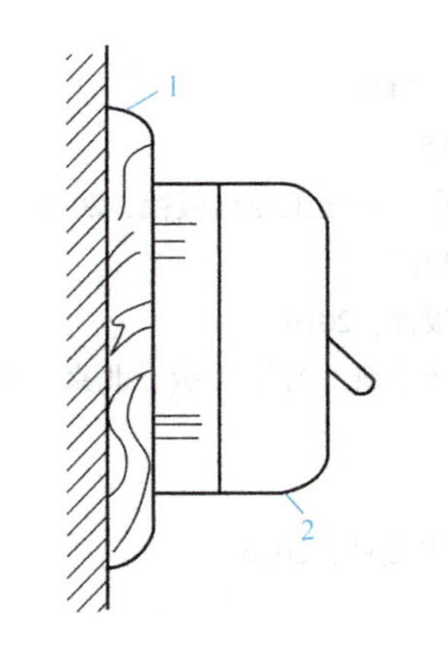

图 6-22 明装开关或插座的安装

1—木台 2—开关

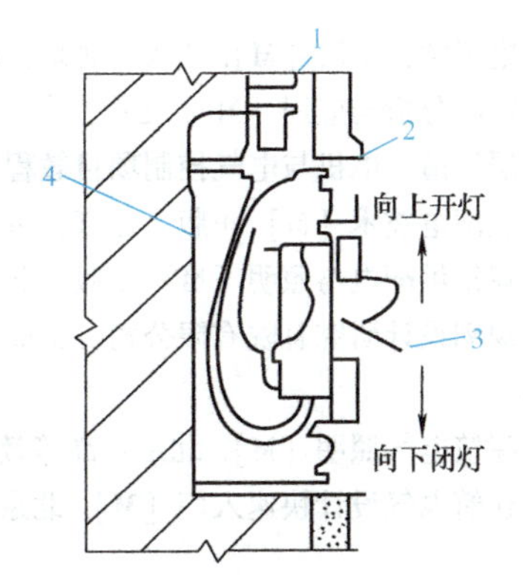

图 6-23 暗装开关或插座的安装

1—电线管 2—开关面板 3—开关 4—开关箱

4）潮湿的房间不宜安装开关，一定要安装时，应采用防水型开关。多尘、潮湿场所和室外，应采用防水瓷质拉线开关。易燃易爆的场所不宜安装开关，最好将开关移至其他场所，一定要安装时，应采用防爆型开关。

5）安装插座时，不论是明装还是暗装，其接线孔的位置必须严格按规定排列；插座接线时应面对插座操作。单相双孔插座在垂直排列时，上孔接相线，下孔接中性线；水平排列时，右孔接相线，左孔接中性线。单相三孔插座接线时，上孔接保护地线，右孔接相线，左孔接工作中性线。三相四孔插座接线时，保护地线应在正上方，下孔从左侧起分别接在相线L1、L2、L3 上。同样用途的三相插座，相序应排列一致。同一场所的三相插座，其接线的相位必须一致。PE 线或 PEN 线在插座间不串联连接。图 6-24 为插座的接线方式。

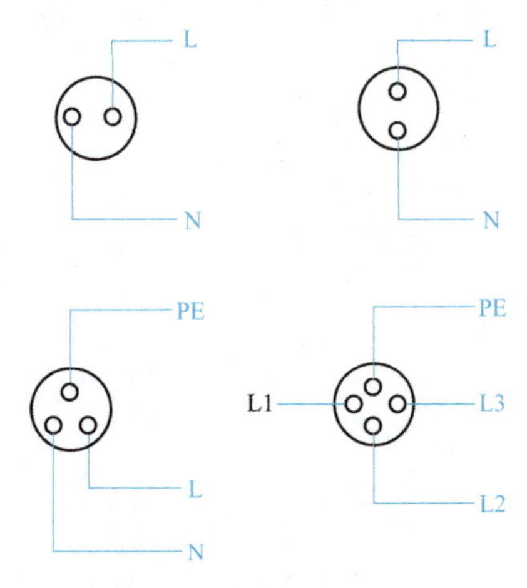

图 6-24 插座的接线方式

参 考 文 献

[1] 秦曾煌. 电工学：上册［M］. 7 版. 北京：高等教育出版社，2009.
[2] 江路明. 电路分析与应用［M］. 北京：高等教育出版社，2015.
[3] 徐建俊，居海清. 电机与电气控制项目教程［M］. 2 版. 北京：机械工业出版社，2015.
[4] 刘介才. 供配电技术［M］. 4 版. 北京：机械工业出版社，2017.
[5] 戴绍基. 建筑供配电与照明［M］. 2 版. 北京：中国电力出版社，2016.
[6] 中国航空规划设计研究总院有限公司. 工业与民用供配电设计手册［M］. 4 版. 北京：中国电力出版社，2016.
[7] 李秀珍. 建筑电气照明［M］. 北京：高等教育出版社，2016.
[8] 李秀珍. 建筑电气设计快速入门［M］. 北京：中国建筑工业出版社，2016.